现代数学基础丛书·典藏版 51

离散鞅及其应用

史及民 编著

山西省归国留学人员科研基金资助项目

科学出版社

北 京

内 容 简 介

本书介绍离散鞅的基本理论与应用，尤以停时定理、鞅收敛定理、鞅不等式等为重点．注重背景描述与应用举例，突出典型证法，严格推理，为本书的特点．

本书的读者对象为高等院校数理统计及工程、生物、金融经济等相关的应用专业的大学生、研究生、教师及有关的工作者．

图书在版编目(CIP)数据

离散鞅及其应用/史及民编著．-北京：科学出版社，1999
(现代数学基础丛书·典藏版；51)
ISBN 978-7-03-007557-4

Ⅰ．离…　Ⅱ．史…　Ⅲ．鞅，离散型-研究　Ⅳ．O211.6

中国版本图书馆 CIP 数据核字（1999）第 16906 号

责任编辑：吕　虹／责任校对：钟　洋
责任印制：徐晓晨／封面设计：陈　敬

科学出版社 出版
北京东黄城根北街 16 号
邮政编码：100717
http://www.sciencep.com

北京教图印刷有限公司 印刷

科学出版社发行　各地新华书店经销

*

1999 年 9 月第 一 版　开本：B5(720×1000)
2015 年 7 月 印　刷　印张：15 3/4
字数：197 000

定价：98.00 元

(如有印装质量问题，我社负责调换)

序

鞅(martingale)一词的原义是“公平赌博”. 设某人参加一种赌博,以 x_n 记第 n 局赌完后他手上拥有的赌本数. 若对任何 n 有 $E(x_n|x_{n-1})=x_{n-1}$,则表示他在第 n 局中的期望赢得为 0,他没有任何的先天优势或劣势,而赌博可以认为是公平的. 这一串随机变量就称为构成一个鞅. 以上所讲属于离散时间的情形. 对连续时间,鞅的定义容易作类似的推广.

鞅这个名称首先由法国概率学家莱威在 1939 年引进. 他在 30 年代已作了若干初步的工作. 但是将此发扬光大的要归功于美国的概率学家杜布. 他于 1953 年在其名著《随机过程》一书中,介绍了他自己对鞅论的系统研究成果. 自那以后,关于鞅论的研究工作突飞猛进,其在理论和应用上的重要性也日益凸显. 例如,在 50 年代,一个具有良好的独立变量概率理论基础的学者,可以从事绝大部分数理统计理论课题的研究;而如今,一个不具备较扎实的鞅论基础知识的人,要进行一项稍深刻一点的统计大样本理论问题的研究工作,也会感到困难.

自杜布的著作问世以来,鞅论已成为各种较有深度的概率论和随机过程著作的一个标准组成部分. 关于鞅的专著,包括中文专著,也出版了一些,例如严家安教授的《鞅与随机积分引论》. 可是这类专著内容一般偏于艰深. 对那些以鞅作为一个工具而非专研随机过程的学者,例如数理统计学家及科技应用工作者,显得难度过大. 另一些以鞅作为论题之一的著作,其中也有很好的,如 Slout 的“Almost Sure Convergence”一书的第二章. 但总的看,这类著作中关于鞅的论述,或则过于简略,或则偏于一些基本理论事实,对其多方面的应用无暇顾及. 这种情况给那些以鞅作为一个工具的读者带来了不便.

大约两年前，史及民教授与笔者谈到这个情况．他表示有意根据他多年从事教学工作的经验和积累的材料，写一本能填补上述空缺的著作．笔者当时很赞同他这一想法．不久前，笔者见到史教授著作的初稿，感到它很好地体现了当初的想法．这本书集中讨论离散鞅，篇幅适中，要而不繁．对鞅的基本理论及在应用上一些重要的内容，都有清楚的论述．例如停时和鞅的强大数律，中心极限定理等材料，对统计大样本理论和序贯分析理论等很重要，本书都有较仔细的介绍．另外，本书前两章对测度论和条件概率理论作了简要的讨论，使本书基本上成为自封的，这对自学者有很大的方便．

本书没有涉及连续鞅．笔者认为，对此书预想的读者对象来说，这一安排是恰当的．连续鞅理论较为艰深．在一定层次上其应用面较逊于离散鞅，且连续鞅的学习有赖于对离散鞅的掌握．以此，根据教学上时间安排的可能，应用者需要上的轻重缓急与学习上的循序渐进等多方面着想，让读者先集中精力扎实掌握离散鞅，是一个更好的做法．

史及民教授治学严谨，教学经验丰富．他这本费了不少时间与心力的著作终于得以出版，笔者也为之感到欣慰．相信它会成为数理统计学者，科技应用工作者和有关学科的教师与研究生书架上一本常备的著作．

陈希孺

1998 年 6 月 12 日

前　　言

作为概率论的一个分支，鞅论虽早在40年代形成，但获得真正的发展却是五六十年代以后的事情．今天，在经历了近二三十年以来的迅猛发展之后，鞅论在概率中的地位已日渐突出．鞅论方法成了随机过程与数理统计研究的有力工具；鞅论正向其他数学分支渗透并与结合形成新分支；鞅论已在形形色色的实际问题（像奖券收集、随机徘徊、传染病估价、U-统计量弱收敛、经验过程与对数似然过程的弱收敛、自回归定阶，以及一些经济数学问题等）中派上了用场．

有鉴于此，为坚实我们统计方向硕士生的概率基础，以利他们日后的深入研究，自1992年起我们在教学中穿插了鞅内容．这中间产生了后来的一份交流讲义．而这册书稿正是在那讲义基础上，根据反馈回来的专家意见，特别是陈希孺院士的系统修改建议，历经两年多的反复扩充、修改与教学实践后形成的．

本书共三章．第一章其实是为学（复）习测度论与概率论有关基础内容的读者勾勒了一个提纲，所列结果，除个别者外，均述而不证．第二章讨论条件概率与条件期望，为鞅论奠基．兼顾到本科生学习中多对此浓有兴趣，故尽可能地详作介绍．第三章为全书的核心，阐述离散鞅理论与应用，尤以停时定理、鞅收敛与鞅分解定理、鞅不等式、鞅差列的大数定律及鞅的中心极限定理为重点．鉴于鞅内容本身的特殊性，为适合初学，论述中注意了背景描述与实用举例及突出典型方法．论证中既追求严密推理，又注意详明各步的推理依据．三章内容（连同附录）基本构成封闭体系，可方便自学．围绕正文或全书的重点，于每章末配了一定数量的习题，教学中可依实际情况酌作增减．

尽管罄尽全力，但囿于水平，我对这册向大学高年级与硕士生介绍离散鞅基础知识的小书究竟能给读者多少真正的帮助，于心茫然．至于内容上的挂一漏万，错舛与不妥，就更不待言了．凡此，殷切希望概率界前辈、专家及广大读者不吝赐教，以期改正．

值此我诚挚感谢陈希孺院士，没有他的惠教、支持与帮助，就不可能有此书稿．最后，我必须感谢我的妻子郃玉兰，是她的贤惠、理解与全力相助，给了我这些年全心力业务投入的机会．

本书是山西省归国留学人员研究基金项目，还得到有关方面的出版资助，谨此致谢．

史及民

1998年6月于临汾

目　　录

第一章　测度与概率基础

本章概括介绍学习本书需要的测度与概率的基本概念与结果．限于本书的目的与篇幅，一切结论（除极个别者外）都述而不证．读者可以此为纲，参看书末文献，对自己鲜有了解之点作深入探究．

§1.1　集合运算

对任一固定集合 Ω（空间）的子集 A、B 等有以下集合运算：

并 $A\cup B$，交 $A\cap B$，余 $A^c\triangleq\Omega-A$．由此可得

差　$A-B\triangleq A\cap B^c$，

对称差　$A\Delta B=(A-B)\cap(B-A)$，

上极限　$\overline{\lim\limits_{n\to\infty}}A_n\triangleq\bigcap\limits_{n=1}^{\infty}\bigcup\limits_{k=n}^{\infty}A_k\triangleq\{\omega$：有无穷多个 n 使 $\omega\in A_n\}$

$\triangleq\{\omega:\omega\in A_n,\text{i. o.}\}$①；

下极限　$\underline{\lim\limits_{n\to\infty}}A_n\triangleq\bigcup\limits_{n=1}^{\infty}\bigcap\limits_{k=n}^{\infty}A_k\triangleq\{\omega$：除有限个外，对其余 n 皆有 $\omega\in A_n\}$．

显然，$\underline{\lim}A_n\subset\overline{\lim}A_n$．当 $\overline{\lim}A_n=\underline{\lim}A_n$ 时，记作 $\lim A_n$，称为 $\{A_n\}$ 的极限．若对每个 n 皆有 $A_n\underset{(\supset)}{\subset}A_{n+1}$，称集列 $\{A_n\}$ 为单调增（减）序列，统称**单调序列**．

注　若视数 a_n 与区间 $(-\infty,a_n)$ 为同一，则数列 $\{a_n\}$ 的上下极限 $\overline{\lim}a_n$ 与 $\underline{\lim}a_n$ 便是相应集列的上下极限．

---

① i. o. 为 infinitely often（无限经常地）之缩写．记号"A_n i. o."（读作"A_n 无穷多次发生"）的采用归功于钟开莱．

§1.2 示性函数

设 Ω 为参考空间 . A 的示性函数 $I_A(\omega)$ 满足

$$I_A(\omega)=\begin{cases}1, & \text{当 } \omega\in A;\\ 0, & \text{当 } \omega\in A^c.\end{cases}$$

显然

$$I_{A^c}=1-I_A,$$

$$I_A\leqslant I_B\Leftrightarrow A\subset B,$$

$$I_{A\cap B}=I_A\cdot I_B, I_{A\cup B}\leqslant I_A+I_B, I_{\overset{\infty}{\cup}A_n}\leqslant\sum_1^{\infty}I_{A_n},$$

$$I_{\bigcap\limits_{\lambda\in\Lambda}A_\lambda}=\inf_{\lambda\in\Lambda}I_{A_\lambda},\ I_{\bigcup\limits_{\lambda\in\Lambda}A_\lambda}=\sup_{\lambda\in\Lambda}I_{A_\lambda},$$

$$I_{\underline{\lim}A_n}=\underline{\lim}I_{A_n},\ I_{\overline{\lim}A_n}=\overline{\lim}I_{A_n}.$$

§1.3 σ-域 单调类 π-类 λ-类

设 $\mathscr{A}$ 为空间 Ω 的一非空子集类 . 若 $\mathscr{A}$ 关于余、并运算封闭,就称 $\mathscr{A}$ 为一个**代数**(**或域**);若 $\mathscr{A}$ 还对可列并封闭,就称 $\mathscr{A}$ 为一个 **σ-代数**(或 **σ-域**). 今后将依习惯与方便,使用术语代数或域,不再一一说明.

若 $\mathscr{A}$ 中单调序列 $\{A_n\}$ 的极限 $\lim A_n$ 仍属于 $\mathscr{A}$,就称 $\mathscr{A}$ 为**单调类** . 显然,σ-代数是单调类,而单调代数也是 σ-代数.

对 Ω 的非空子集类 $\mathscr{E}$,若有一 σ-代数 $\mathscr{E}'$ 满足:(i)$\mathscr{E}\subset\mathscr{E}'$;(ii)若 $\mathscr{E}''(\supset\mathscr{E})$ 为任一 σ-代数,则 $\mathscr{E}'\subset\mathscr{E}''$. 就称 $\mathscr{E}'$ 为**含 $\mathscr{E}$ 的最小 σ-代数**(或**由 $\mathscr{E}$ 生成的 σ-代数**),记作 $\mathscr{E}'\triangleq\sigma(\mathscr{E})$.(由 $\mathscr{E}$ 生成的代数 $\mathscr{A}(\mathscr{E})$ 与由 $\mathscr{E}$ 生成的单调类 $m(\mathscr{E})$ 的**定义类此** .)

若 Ω 的子集的非空类 $\mathscr{A}$ 为关于交封闭,即称 $\mathscr{A}$ 为一个 **π-类** .

若 $\mathscr{A}$ 满足:(i)$\Omega\in\mathscr{A}$(含空间);(ii)当 A、$B\in\mathscr{A}$ 且 $AB=\varnothing$

时就有 $A\cup B\triangleq A+B\in\mathscr{A}$(对和封闭);(iii)当 A、$B\in\mathscr{A}$ 且 $B\subset A$ 时就有 $A-B\in\mathscr{A}$(对真差封闭);(iv)若单增列 $\{A_n\}\subset\mathscr{A}$,则 $\lim A_n\in\mathscr{A}$(对单增列封闭);就称 $\mathscr{A}$ 为一个 **λ-类**.

与单调类、π-类、λ-类等有关的结果是:

定理 1.3.1 若 $\mathscr{A}$ 为代数,则 $m(\mathscr{A})=\sigma(\mathscr{A})$.

注 由此易得下面的定理.

定理 1.3.1′ 若 $\mathscr{A}$ 为代数,$\mathscr{M}$ 为单调类,且 $\mathscr{A}\subset\mathscr{M}$,则 $\sigma(\mathscr{A})\subset\mathscr{M}$.

时常要证 $\sigma(\mathscr{A})\subset\mathscr{M}$. 而据此只须证 $\mathscr{A}$ 是代数,$\mathscr{M}$ 是单调类及 $\mathscr{A}\subset\mathscr{M}$. 这方法叫**单调类法**.

定理 1.3.2 若 $\mathscr{A}$ 兼为 π-类与 λ-类,则 $\mathscr{A}$ 是一个 σ-代数.

定理 1.3.3 若 $\mathscr{D}$ 为 π-类,$\mathscr{A}$ 为 λ-类,而 $\mathscr{D}\subset\mathscr{A}$,则 $\sigma(\mathscr{D})\subset\mathscr{A}$.

证 设 $\mathscr{G}$ 为包含 $\mathscr{D}$ 的最小 λ-类. 若可证 $\mathscr{G}$ 为 π-类,则(据定理 1.3.2)$\mathscr{G}$ 为 σ-代数,从而有 $\sigma(\mathscr{D})\subset\mathscr{G}$;又对包含 $\mathscr{D}$ 的任一 λ-类 $\mathscr{G}'$ 有 $\mathscr{G}'\supset\mathscr{G}$,特别有 $\sigma(\mathscr{D})\subset\mathscr{G}\subset\mathscr{A}$.

往证 $\mathscr{G}$ 为 π-类. 令 $\mathscr{G}_1=\{A:A\subset\Omega,AD\in\mathscr{G}$ 对一切 $D\in\mathscr{D}\}$. 显然 $\mathscr{G}_1$ 是 λ-类,且 $\mathscr{D}\subset\mathscr{G}_1$,因此 $\mathscr{G}\subset\mathscr{G}_1$:即只要 $A\in\mathscr{G}$,则对一切 $D\in\mathscr{D}$ 就皆有 $AD\in\mathscr{G}$. 于是,若令 $\mathscr{G}_2=\{B:B\in\Omega,AB\in\mathscr{G}$ 对一切 $A\in\mathscr{G}\}$,则 $\mathscr{G}_2$ 是一含 $\mathscr{D}$ 的 λ-类. 所以 $\mathscr{G}\subset\mathscr{G}_2$. 即对于 $\forall\ B\in\mathscr{G}$,对一切 $A\in\mathscr{G}$ 都有 $AB\in\mathscr{G}$. 换言之,$\mathscr{G}$ 为 π-类. 证毕.

注 欲证 $\sigma(\mathscr{D})\subset\mathscr{A}$ 时,可据此证明:$\mathscr{D}$ 是 π-类,$\mathscr{A}$ 是 λ-类及 $\mathscr{D}\subset\mathscr{A}$. 这方法叫 **λ-类法**.

§1.4 λ系与单调系

定义 1.4.1(λ 系) 设 $\mathscr{H}$ 是一非负函数系,满足:(i)$I_\Omega\in\mathscr{H}$;(ii)当 $X_n\in\mathscr{H}\ (n\geqslant1)$,$X_n\uparrow X$ 时就有 $X\in\mathscr{H}$;(iii)当 $X_i\in\mathscr{H}$,c_i 是有限实数($i=1,2$)且 $c_1X_1+c_2X_2\geqslant0$ 时就有 $c_1X_1+c_2X_2\in\mathscr{H}$;则称 $\mathscr{H}$ 为一个 **λ-系**.

注 显然 λ-系所反映的正是 λ-类所具有的性质.

定义 1.4.2(单调系) 非空的非负函数系 $\mathscr{M}$,若满足:(i)由 $X_i\in\mathscr{M}$,$c_i\geqslant 0$ 有限($i=1,2$)可得 $c_1X_1+c_2X_2\in\mathscr{M}$;(ii)由 $X_n\in\mathscr{M}$ ($n\geqslant 1$)及 $X_n\uparrow X$ 可得 $X\in\mathscr{M}$;就称 $\mathscr{M}$ 为一个**单调系**.

示性函数建立了集类与函数系间的联系.更深刻的联系则体现在下述定理中.

定理 1.4.1 设 $\mathscr{H}$ 是定义在 Ω 上的一族非负函数,其包含(Ω 的一子集类)$\mathscr{D}$ 的全体示性函数,只要下列两款之一成立,$\mathscr{H}$ 就包含全体非负的 $\sigma(\mathscr{D})$-可测函数:

(1)$\mathscr{D}$ 是 π-类,$\mathscr{H}$ 是 λ-系;

(2)$\mathscr{D}$ 是 σ-域,$\mathscr{H}$ 是单调系.

证 置 $\mathscr{G}=\{A:I_A\in\mathscr{H}\}$.

(1)由假设知 $\mathscr{D}\subset\mathscr{G}$. 又由 λ-系定义之(i)、(ii)、(iii)知 $\mathscr{G}$ 是 λ-类.因此由定理 1.3.3 知 $\sigma(\mathscr{D})\subset\mathscr{G}$. 若 X 是非负的 $\sigma(\mathscr{D})$-可测函数,则如同 $J_{4^n,n}\triangleq\{X\geqslant 2^n\}\in\mathscr{G}$ 一样,也有 $J_{k,n}\triangleq\left\{\frac{k}{2^n}\leqslant X<\frac{k+1}{2^n}\right\}\in\mathscr{G}$,$0\leqslant k\leqslant 4^n-1$. 因此,若 $X_n=\sum\limits_{k=1}^{4^n}\frac{k}{2^n}I_{J_{k,n}}$,则由(iii)知 $X_n\in\mathscr{H}$. 显然 $X_n\uparrow X$,由(ii)得 $X\in\mathscr{H}$.

(2)此时 $\mathscr{H}$ 为单调系,而 $\mathscr{D}$ 为 σ-域,$\mathscr{G}\supset\mathscr{D}=\sigma(\mathscr{D})$. 其余仿(1)的证法即可.证毕.

注 基于该定理的证法(常称为 **λ-系法,单调系法**)在积分研究中颇为有用.

§1.5 可测空间与测度空间

定义 1.5.1 若 Ω 的某些子集构成的类 $\mathscr{F}$ 为 σ-域,就称(Ω,$\mathscr{F}$)为一个**可测空间**.

定义 1.5.2 设(Ω,$\mathscr{F}$)为可测空间.定义在 $\mathscr{F}$ 上的非负实函数 P 满足:$P(\varnothing)=0$ 及完全可加性 $P\left(\sum\limits_1^\infty A_i\right)=\sum\limits_1^\infty P(A_i)$(此

处及以下均以 ΣA 表互斥诸 A 之并)．就称 P 为$(\Omega,\mathscr{F})$上的一个**测度**,而称$(\Omega,\mathscr{F},P)$为**测度空间**．当 $P(\Omega)=1$ 时,称 P 为**概率**,称$(\Omega,\mathscr{F},P)$为**概率空间**．

定义 1.5.3 当 $\mathscr{F}$ 上的以实数及 $\pm\infty$ 之一为值的函数 P 满足 $P(\varnothing)=0$ 及完全可加性时,就称 P 为$(\Omega,\mathscr{F})$上的一个**广义测度**．若对 $\forall A\in\mathscr{F}$,有集列 $\{A_n\}\subset\mathscr{F}$ 满足 $P(A_n)<\infty$ 及 $A\subset\bigcup_1^\infty A_n$,就称 P 是 $\mathscr{F}$ 上的 **σ-有限测度**．若对 $\forall A\in\mathscr{F}$,由 $P(A)=0$ 及 $B=A$,可推知 $B\in\mathscr{F}$(从而 $P(B)=0$),就称测度 P 是**完备的**．

定理 1.5.1 σ-域 $\mathscr{F}$ 上的非负、有限函数满足完全可加性的充要条件是其具有:

(i) 可加性:对任意的 n 有 $P\left(\sum_1^n A_i\right)=\sum_1^n P(A_i)$;

(ii) 连续性:对 $\{A_n\}\subset\mathscr{F}$,当 $A_n\downarrow\varnothing$ 时有 $\lim\limits_{n\to\infty}P(A_n)=0$．

§1.6 可测变换 导出分布

定义 1.6.1 设$(\Omega,\mathscr{F})$与$(\Omega_1,\mathscr{F}_1)$为二可测空间．若映射 $\xi:\Omega\to\Omega_1$ 满足 $\sigma(\xi)\triangleq\xi^{-1}\mathscr{F}_1\triangleq\{\xi^{-1}F_1:F_1\in\mathscr{F}_1\}\subset\mathscr{F}$ ($\xi^{-1}F_1\triangleq\{\omega:\omega\in\Omega$ 且 $\xi(\omega)\in F_1\}$),即称 ξ 为由$(\Omega,\mathscr{F})$到$(\Omega_1,\mathscr{F}_1)$的**可测变换**．

注 1 由 $\mathscr{F}_1$ 为 σ-域,易证 $\sigma(\xi)$亦为 σ-域,称为**由 ξ 生成的 σ-域**．由$(R,\mathscr{B})$[$\mathscr{B}\triangleq\sigma(\{(-\infty,x],x\in R\})$]到其自身的可测变换叫做 Borel(**可测**)**函数**．

注 2 可以证明:连续函数、单调函数皆是 Borel 函数．又 ξ 可测 $\Leftrightarrow\xi^{\pm}\triangleq\max(\pm\xi,0)$皆可测．

定义 1.6.2 设 ξ 是由概率空间$(\Omega,\mathscr{F},P)$到$(\Omega_1,\mathscr{F}_1)$的可测变换(亦称 ξ 为**随机元**)．由下式

$$(P\xi^{-1})(F_1)\triangleq P(\xi^{-1}F_1),\ F_1\in\mathscr{F}_1$$

在 $\mathscr{F}_1$ 上定义出的测度 $P\xi^{-1}$(称为 ξ 的导出测度),叫做 **ξ 的分布**.

由概率空间$(\Omega,\mathscr{F},P)$到$(R,\mathscr{B})$的随机元ξ称为该概率空间上的**随机变量**(r. v.)[①]. 称

$$F(x)\triangleq(P\xi^{-1})(-\infty,x)\triangleq P[\xi<x],\ x\in R$$

为ξ的**分布函数**(d. f.). 记作$\xi\sim F(x)$.

注 1 可以证明:Ω上的实值函数ξ可测$\Leftrightarrow$对每个有限的x有$\{\xi<x\}\in\mathscr{F}$.

注 2 R上任一非降、左连续函数F,满足

$$F(x)\to\begin{cases}0,\\1,\end{cases}\quad 当\ x\to\begin{cases}-\infty,\\+\infty\end{cases}$$ 时,称为一个分布函数.

注 3 依测度论,随机变量是概率空间$(\Omega,\mathscr{F},P)$到$(R,\mathscr{B})$的可测函数. 在概率论中,可测函数则是由$(\Omega,\mathscr{F},P)$到$(R^-,\mathscr{B}^-)$ $[R^-\triangleq R\cup\{-\infty\}\cup\{+\infty\},\mathscr{B}^-\triangleq\sigma(\{[-\infty,x]:x\in R^-\})]$的随机元.(换言之,随机变量是可测函数;反之未必.)又,X为r. v.,则$P(|X|=\infty)=0$.

§1.7 测度的扩张与完备化

定理 1.7.1(测度的扩张) 设P是代数$\mathscr{A}$上的σ-有限测度. 则在$\sigma(\mathscr{A})$上有唯一的σ-有限测度$\overline{P}$,其满足:对$\forall\ A\in\mathscr{A}$有$\overline{P}(A)=P(A)$. 称$\overline{P}$是P的**扩张**.

定理 1.7.2(测度的完备化) 设P是σ-代数$\mathscr{F}$上的测度. 则一切形如$A\Delta N$的集合构成含$\mathscr{F}$的σ-代数$\widetilde{\mathscr{F}}$(此处N是$\mathscr{F}$中一零测集的子集,$A\in\mathscr{F}$). 定义$\overline{P}(A\Delta N)=P(A)$. 则称$\overline{P}$是$\widetilde{\mathscr{F}}$上的**完备化测度**,而$\widetilde{\mathscr{F}}$是$\mathscr{F}$关于$P$的**完备化$\sigma$-代数**.

注 对R上的一个分布函数F,令$P[(-\infty,x)]\triangleq F(x)$, $\boldsymbol{R}_0\triangleq\left\{A:A=\sum_{i=1}^{m}(a_i,b_i],m\ 为任一自然数\right\}$(其中$a_i,b_i$可取无穷值. 但若$b_i=\infty$时,则$(a_i,b_i]$应改为$(a_i,b_i)$). 可以证明$\boldsymbol{R}_0$为$R$上

---

① r. v. 系 random variable(随机变量)之缩写.

的一个代数．令

$$P_F(a,b] \triangleq F(b)-F(a);$$

$$P_F(A) \triangleq \sum_{i=1}^{m} P_F(a_i,b_i], \text{ 当 } A \in \boldsymbol{R}_0 \text{ 时}.$$

依扩张定理可把 P_F 的定义域由代数 $\boldsymbol{R}_0$ 扩张到 $\sigma(\boldsymbol{R}_0) \triangleq \mathscr{B}$ 上，而得 $\overline{P}_F$，其仍为一个 σ-有限测度，并且当 $A \in \boldsymbol{R}_0$ 时有 $\overline{P}_F(A)=P_F(A)$.

把 $\mathscr{B}$ 关于 $\overline{P}_F$ 的完备化 σ-代数记作 $\widetilde{\mathscr{B}}_F$. 记定义在 $\widetilde{\mathscr{B}}_F$ 上的完备化测度为 $\widetilde{\overline{P}}_F$，称为**由 F 产生的 Lebesgue-Stieltjes 测度**．$\widetilde{\mathscr{B}}_F$ 中的集称为**关于 F 的可测集**．

特别，取 $F(x) \triangleq m(x)=x, x \in (-\infty,\infty)$ 时，得 $\widetilde{\overline{P}}_F=\widetilde{\overline{P}}_m$. 称为 Lebesgue **测度**；而 $\widetilde{\mathscr{B}}_F=\widetilde{\mathscr{B}}_m$ 中的集叫 Lebesgue **可测集**．称 $(R, \widetilde{\mathscr{B}}_m, \widetilde{\overline{P}}_m)$ 为 R 上的 Lebesgue **测度空间**．

§1.8 概率空间中的积分及收敛定理

定义 1.8.1 设 X 是概率空间 $(\Omega,\mathscr{F},P)$ 上的实值可测函数. 它在 Ω 上关于 P 的积分 $\int_\Omega X\mathrm{d}P$（简记作 EX，称为 X 的**期望**或**均值**）的定义是：

对于 $X \geqslant 0$，有

$$EX=\begin{cases}\infty, \text{若 } P\{X=\infty\}>0; \\ \lim\limits_{n\to\infty}\left[\sum\limits_{k=0}^{n2^n-1}\dfrac{k}{2^n}\cdot P\left\{\dfrac{k}{2^n}<X\leqslant\dfrac{k+1}{2^n}\right\}+n\cdot P\{X>n\}\right], \\ \quad \text{若 } P\{X=\infty\}=0.\end{cases}$$

对于一般的 X（注意 $X^{\pm} \triangleq \max(\pm X,0) \triangleq \pm X \vee 0 \geqslant 0$）当 $EX^+ \wedge EX^- \triangleq \min(EX^+,EX^-)<\infty$ 时，令

$$EX=EX^+-EX^-.$$

此时 $EX \in [-\infty,\infty]$，称 X 的**积分存在**；而当 $|EX|<\infty$ 时称 X

可积．当 $\min(EX^+, EX^-)=\infty$ 时，X 的**积分不存在**．

对于 $A\in\mathscr{F}$，称 $E(XI_A)$ 为 X 在 A 上关于 P 的积分，即 $EXI_A=\int_A X\mathrm{d}P$.

引理 1.8.1 可测函数 X 可积$\Leftrightarrow$对每个 $\varepsilon>0$，有一个 $\delta>0$ 使由 $A\in\mathscr{F}$ 与 $P(A)<\delta$ 可推得 $\int_A |X|\mathrm{d}P<\varepsilon$ 及 $E|X|\leqslant\frac{1}{\delta}$.

定理 1.8.1 设 ξ 为 $(\Omega,\mathscr{F},P)$ 到 $(\Omega_1,\mathscr{F}_1)$ 的可测变换，g 是 $(\Omega_1,\mathscr{F}_1)$ 到 $(R,\mathscr{B})$ 上的可测函数，则下式在其一端有意义时成立：

$$Eg(\xi)=\int_{\Omega_1} g\mathrm{d}P\xi^{-1}.$$

定理 1.8.2(Jensen 不等式) 设 ξ 是 $(\Omega,\mathscr{F},P)$ 上的随机变量，$E\xi$ 有意义；又 g 是 R 上的连续凸函数，$Eg(\xi)$ 有意义．则

$$Eg(\xi)\geqslant g(E\xi), \tag{1.8.1}$$

其中 $g(\pm\infty)\triangleq\lim\limits_{x\to\pm\infty}g(x)$．

定理 1.8.3(Hölder 不等式) 设 ξ,η 是概率空间 $(\Omega,\mathscr{F},P)$ 上的可测函数，p,q 满足 $1<p,q<\infty$ 及 $\frac{1}{p}+\frac{1}{q}=1$. 则

$$E|\xi\eta|\leqslant(E^{\frac{1}{p}}|\xi|^p)\cdot(E^{\frac{1}{q}}|\eta|^q). \tag{1.8.2}$$

当 $\max(E|\xi|^p, E|\eta|^q)<\infty$ 时，式中等号仅当 $\xi=0$ a.s. 或 $\eta=0$ a.s. 或有 $c>0$ 使 $|\xi|^p=c|\eta|^q$ a.s. 时成立．

特别，由定理可得

推论 1.8.1(矩不等式) 当 $s<t$ 是正实数时，对 $(\Omega,\mathscr{F},P)$ 上任一随机变量 ξ 有

$$E^{\frac{1}{s}}|\xi|^s\leqslant E^{\frac{1}{t}}|\xi|^t. \tag{1.8.3}$$

若 $E|\xi|^t<\infty$ 时，则式中等号当且仅当 $\xi=\text{const}$ a.s. 时成立．

定理 1.8.4(Minkowski 不等式) 设 ξ,η 是 $(\Omega,\mathscr{F},P)$ 上的两个随机变量，则

(i)当 $p\geqslant1$ 时有

$$E^{\frac{1}{p}}|\xi+\eta|^p\leqslant E^{\frac{1}{p}}|\xi|^p+E^{\frac{1}{p}}|\eta|^p. \tag{1.8.4}$$

当 $E(|\xi|^p+|\eta|^p)<\infty$ 时，式中等号于

$$\begin{cases} p>1 \\ p=1 \end{cases} \text{情形当且仅当} \begin{matrix} \xi=0 \text{ a.s. 或 } \eta=0 \text{ a.s. 或有 } c>0 \text{ 使 } \xi=c\eta \text{ a.s.} \\ \xi\eta\geqslant 0 \text{ a.s.} \end{matrix}$$

时成立.

(ii)当 $0<p<1$ 时有

$$E|\xi+\eta|^p \leqslant E|\xi|^p + E|\eta|^p. \tag{1.8.5}$$

当 $E(|\xi|^p+|\eta|^p)<\infty$ 时，式中等号当且仅当 $\xi\eta=0$ a.s. 时成立.

注 1 对 $0<p<\infty$，令 $L_p \triangleq L_p(\Omega,\mathscr{F},P)\triangleq\{\xi:\xi$ 为 $(\Omega,\mathscr{F},P)$ 上的 r.v.，满足 $E|\xi|^p<\infty\}$. 视 a.s. 意义下相等为 L_p 中元的相等. 则有结论:

(i) $p\geqslant 1$ 时以 $\|\xi\|_p \triangleq E^{\frac{1}{p}}|\xi|^p$ 为 L_p 中元 ξ 的模，则 L_p 为一 Banach 空间(即完备线性赋范空间).

(ii) $0<p<1$ 时以 $E|\xi-\eta|^p$ 为 L_p 中元 ξ 与 η 间的距离，则 L_p 为一完备距离空间.

(iii)当 $0<s<t$ 时 $L_s\supset L_t$.(见(1.8.3)).

注 2 易证: $X\in L_p \Leftrightarrow \sum\limits_1^\infty P\{|X|>n^{\frac{1}{p}}\}<\infty$.

定义 1.8.2 对 r.v. 列 $\{X_n,n\geqslant 1\}$，当

$$\lim_{a\to\infty}\sup_n \int_{(|X_n|>a)} |X_n|\,\mathrm{d}P = 0 \tag{1.8.6}$$

或等价地，当

$$\sup_n E|X_n| < \infty \quad \text{且} \quad \lim_{P(A)\to 0}\sup_n \int_A |X_n|\,\mathrm{d}P = 0 \tag{1.8.7}$$

时，称 $\{X_n,n\geqslant 1\}$ 为**一致可积**(u.i.)[①].

注 由定义易见:由有限个可积 r.v. 所构成的族是一致可积的. 另外不难证明:若族 $\{X_n,n\in T\}$ 为可积 r.v. X 绝对控制，即 $|X_n|\leqslant X$ a.s.，$n\in T$，则该族为一致可积. 关于一致可积的更多

---

① u.i. 是 uniformly integrable(一致可积的)之缩写.

的结论见附录.

在讨论 r.v. 列的积分收敛性时常用到

定理 1.8.5(Fatou 引理) 若$\{X_n^-, n\geqslant 1\}$为 u.i.(又称$\{X_n\}$自下一致可积),且 $E(\underline{\lim} X_n)$存在,则 $E(\underline{\lim} X_n)\leqslant\underline{\lim} EX_n$.

定理 1.8.6(单调收敛定理) 若$\{X_n, n\geqslant 1\}$自下一致可积,且 $X_n\uparrow X$ a.s.,则 $EX^-<\infty$且 $EX_n\uparrow EX$.

以上两个定理的典型用法是

推论 1.8.2 若 r.v. 列$\{X_n, n\geqslant 1\}$满足 $X_n\geqslant X_0$ a.s.,$n\geqslant 1$,其中 X_0 可积,则 $E(\underline{\lim} X_n)$存在,且 $E(\underline{\lim} X_n)\leqslant\underline{\lim} EX_n$. 此外,若 $X_n\uparrow X$ a.s.,则 $EX_n\uparrow EX$.

定理 1.8.7(Lebesgue 控制收敛定理) 设$\{X, X_n, n\geqslant 1\}$为一列 r.v.,且 $X_n\xrightarrow{p}X$. 若 $E[\sup_n|X_n|]<\infty$,则 $E|X_n-X|\to 0$,自然更有 $EX_n\to EX$.

§1.9 乘积测度空间 Fubini 定理及 Kolmogorov 相容性定理

设$(\Omega_i, \mathscr{A}_i)$为可测空间($i=1,2$). 令

$$A_1\times A_2 \triangleq \{(\omega_1, \omega_2): \omega_1\in A_1\subset\Omega_1, \omega_2\in A_2\subset\Omega_2\}$$

(特别,$\Omega_1\times\Omega_2$ 称为**乘积空间**).

$$\mathscr{A}_1\times\mathscr{A}_2\triangleq\sigma(\{A_1\times A_2: A_i\in\mathscr{A}_i, i=1,2\})$$

称为**乘积 σ-代数**.

$$(\Omega_1, \mathscr{A}_1)\times(\Omega_2, \mathscr{A}_2)\triangleq(\Omega_1\times\Omega_2, \mathscr{A}_1\times\mathscr{A}_2)$$

称为**乘积可测空间**.

类似地对 $n>2$ 可定义

$$\mathop{\times}_1^n\Omega_i,\ \mathop{\times}_1^n\mathscr{A}_i,\ \mathop{\times}_1^n(\Omega_i, \mathscr{A}_i).$$

在$\mathop{\times}\limits_1^n(\Omega_i, \mathscr{A}_i)$中,集 $A\times(\mathop{\times}\limits_{i=m+1}^n\Omega_i)$(其中 $A\in\mathop{\times}\limits_1^m\mathscr{A}_i$)称为具有 $\boldsymbol{m}$ **维底 $\boldsymbol{A}$ 的柱集**.

对一列可测空间$(\Omega_i,\mathscr{A}_i)(i=1,2,\cdots)$可以定义

$$\mathop{\times}_{1}^{\infty} A_i \triangleq \{(\omega_1,\omega_2,\cdots):\omega_i\in A_i\subset\Omega_i, i=1,2,\cdots\},$$

$$\mathscr{D}_m \triangleq \{\mathop{\times}_{1}^{\infty} A_i: \text{对 } 1\leqslant i\leqslant m \text{ 有 } A_i\in\mathscr{A}_i, \text{而对 } i>m \text{ 有 } A_i=\Omega_i\}$$

($\mathscr{D}_m$ 是以$\mathop{\times}_{1}^{m}\Omega_i$ 中可测矩形为底的柱集全体),

$$\mathscr{G} = \bigcup_{1}^{\infty}\mathscr{D}_m$$

($\mathscr{G}$ 是具有有限维可测底的柱集全体),

$$\mathop{\times}_{1}^{\infty}\mathscr{A}_i \triangleq \sigma(\mathscr{G}),$$

$$\mathop{\times}_{1}^{\infty}(\Omega_i,\mathscr{A}_i)\triangleq(\mathop{\times}_{1}^{\infty}\Omega_i,\mathop{\times}_{1}^{\infty}\mathscr{A}_i)$$

(它称为**无限维乘积可测空间**).

设$(\Omega_i,\mathscr{F}_i,\mu_i)(i=1,2)$皆是 σ-有限测度空间,则可以证明:在$(\Omega,\mathscr{F})\triangleq(\Omega_1\times\Omega_2,\mathscr{F}_1\times\mathscr{F}_2)$上有一个 σ-有限测度 μ 满足:

$$\mu(B_1\times B_2)=\mu_1(B_1)\cdot\mu_2(B_2), \text{对 } B_i\in\mathscr{F}_i(i=1,2)$$

且此 μ 由上式唯一确定.

对每个 $A\in\mathscr{F}$,令

$$A^{(1)}\triangleq A^{(1)}(\omega_1)\triangleq\{\omega_2:(\omega_1,\omega_2)\in A\}$$

(称为 A 在 ω_1 处之**截口**). 则 $\mu_2\{A^{(1)}\}$是 ω_1 的函数,为 $\mathscr{F}_1$-可测.

类似地,A 在 ω_2 处的截口 $A^{(2)}\triangleq A^{(2)}(\omega_2)$的测度 $\mu_1\{A^{(2)}\}$是$\mathscr{F}_2$-可测函数. $\mu(A)$可借这些函数的积分表出

$$\mu(A)=\int_{\Omega_2}\mu_1\{A^{(2)}\}\mathrm{d}\mu_2=\int_{\Omega_1}\mu_2\{A^{(1)}\}\mathrm{d}\mu_1.$$

记 $\mu\triangleq\mu_1\times\mu_2$,称为 σ-有限测度 μ_1 与 μ_2 的乘积. 称$(\Omega,\mathscr{F},\mu)\triangleq(\Omega_1\times\Omega_2,\mathscr{F}_1\times\mathscr{F}_2,\mu_1\times\mu_2)$为**乘积测度空间**.

设 $X=X(\omega_1,\omega_2)$是乘积可测空间$(\Omega_1\times\Omega_2,\mathscr{F}_1\times\mathscr{F}_2)$上的$\mathscr{F}_1\times\mathscr{F}_2$-可测函数,则 X 在 ω_1 处的截口为 ω_2 的函数:

$$X_{\omega_1}^{(1)}(\omega_2)\triangleq X(\omega_1,\omega_2) \qquad (\text{右端 } \omega_1 \text{ 固定}),$$

它是 $\mathscr{F}_2$-可测的. 同样 $X_{\omega_2}^{(2)}(\omega_1)$是 $\mathscr{F}_1$-可测的.

令

$$A_1 \triangleq \left\{\omega_1: \int_{\Omega_2} X^+ (\omega_1,\omega_2)\mathrm{d}\mu_2 = \int_{\Omega_2} X^- (\omega_1,\omega_2)\mathrm{d}\mu_2 = \infty\right\},$$

A_2 有类似表示式. 则有

定理 1.9.1(Fubini 定理) 若$(\Omega,\mathscr{F},\mu)$是 σ-有限测度空间$(\Omega_i,\mathscr{F}_i,\mu_i)(i=1,2)$的乘积测度空间,$X$ 是一个 $\mathscr{F}$-可测函数,其积分存在,则

$$\int_{\Omega_1} X(\omega_1,\omega_2)\mathrm{d}\mu_1 \triangleq \left[\int_{\Omega_1} X^+ \mathrm{d}\mu_1 - \int_{\Omega_1} X^- \mathrm{d}\mu_1\right]\cdot I_{A_2^c} \text{ 是 } \mathscr{F}_2\text{- 可测的},$$

$$\int_{\Omega_2} X\mathrm{d}\mu_2 \triangleq \left[\int_{\Omega_2} X^+ \mathrm{d}\mu_2 - \int_{\Omega_2} X^- \mathrm{d}\mu_2\right]\cdot I_{A_1^c} \text{ 是 } \mathscr{F}_1\text{- 可测的},$$

而且

$$\int_{\Omega} X\mathrm{d}\mu = \int_{\Omega_1}\left[\int_{\Omega_2} X\mathrm{d}\mu_2\right]\mathrm{d}\mu_1 = \int_{\Omega_2}\left[\int_{\Omega_1} X\mathrm{d}\mu_1\right]\mathrm{d}\mu_2$$

(并且在 X 可积时,对几乎一切 ω_1,X 在 ω_1 处的截口亦可积. 对 X 在 ω_2 处的截口,情形亦然).

在多个测度空间的乘积测度空间$(\Omega,\mathscr{F},\mu)\triangleq \bigtimes_1^n(\Omega_i,\mathscr{F}_i,\mu_i)$上,Fubini 定理表明:$\Omega$ 上任一非负的 $\mathscr{F}$-可测(或 μ-可积)函数的积分可按任何顺序的累次积分来求值.

对于一列概率空间$(\Omega_i,\mathscr{F}_i,P_i)(i=1,2,\cdots)$可在$(\Omega,\mathscr{F})\triangleq(\bigtimes_1^\infty \Omega_i,\bigtimes_1^\infty \mathscr{F}_i)$上,借助于 $\mathscr{F}$ 中的柱集,由 $P_1,P_2,\cdots$按以下方法确定出 $\mathscr{F}$ 上的一个概率 P 来. 令

$$\Omega = \bigtimes_1^\infty \Omega_i,\ \Omega'_n \triangleq \bigtimes_1^n \Omega_i,\ \Omega''_n \triangleq \bigtimes_{i=n+1}^\infty \Omega_i,$$

$$\mathscr{F} = \bigtimes_1^\infty \mathscr{F}_i,\ \mathscr{F}'_n \triangleq \bigtimes_1^n \mathscr{F}_i,\ \mathscr{F}''_n \triangleq \bigtimes_{i=n+1}^\infty \mathscr{F}_i,$$

$$\mathscr{G}_n = \{A: A = B_n \times \Omega''_n, \text{其中 } B_n \in \mathscr{F}'_n\},$$

$$\mathscr{G} = \bigcup_{n=1}^\infty \mathscr{G}_n.$$

则对每个 $n\geqslant 1$,$(\Omega''_n,\mathscr{F}''_n)$是(无限维)可测空间;$\{\mathscr{G}_n\}$是 $\mathscr{F}$ 的子 σ-代数的增序列;$\mathscr{G}$ 是由 $\mathscr{F}$ 中的柱集作成的代数.

对 $A=B_n\times\Omega_n''\in\mathscr{G}_n$，定义

$$\hat{P}_n\{A\}=(P_1\times\cdots\times P_n)\{B_n\}.$$

则 $\hat{P}_n$ 是 σ-代数 $\mathscr{G}_n$ 上的概率，满足 $\hat{P}_n=\hat{P}_{n+1}|_{\mathscr{G}_n}$. 对 $A\in\mathscr{G}=\bigcup\limits_{n=1}^{\infty}\mathscr{G}_n$，若令 $P(A)=\lim\limits_{n\to\infty}\hat{P}_n(A)$，则可以证明 P 在代数 $\mathscr{G}$ 上是 σ-可加的．于是由测度扩张定理(定理 1.7.1)就可把 P 扩张到 $\sigma(\mathscr{G})=\bigtimes\limits_{i=1}^{\infty}\mathscr{F}_i=\mathscr{F}$ 上去．如此就由概率 $P_1,P_2,\cdots$ 得出 $\mathscr{F}$ 上的一个唯一的概率 $P=\bigtimes\limits_{1}^{\infty}P_i$，其满足

$$P\{A_1\times\cdots\times A_n\times(\bigtimes_{n+1}^{\infty}\Omega_i)\}=\prod_{1}^{n}P_i(A_i),\ A_i\in\mathscr{F}_i,\ 1\leqslant i\leqslant n.$$

再考虑这样一个问题：给定一列分布函数 $\{F_{1,2,\cdots,n}:n\geqslant1\}$，是否总有某个概率空间 $(\Omega,\mathscr{F},P)$ 上的一列随机变量 $\{X_n,n\geqslant1\}$，使得对任意 $n\geqslant1$，$X_1,X_2,\cdots,X_n$ 的联合分布函数就是 $F_{1,2,\cdots,n}$ 呢？回答是肯定的，但有一个条件，即分布函数 $\{F_{1,2,\cdots,n}:n\geqslant1\}$ 必须是相容的(即内部无相互抵触情形)．此即

定理 1.9.2(Kolmogorov 相容性定理)　若 $\{F_{1,2,\cdots,n}:n\geqslant1\}$ 是一列相容的分布函数[即对一切 $n\geqslant1$ 有 $F_{1,2,\cdots,n}(x_1,\cdots,x_n)=\lim\limits_{x_{n+1}\to\infty}F_{1,2,\cdots,n,n+1}(x_1,\cdots,x_n,x_{n+1})$]，则在 $(R^\infty,\mathscr{B}^\infty)$ 上就有这样一个概率测度 P，使得在 $(R^\infty,\mathscr{B}^\infty,P)$ 上的坐标随机变量 $X_1,\cdots,X_n$ 的分布函数就跟事先给定的分布函数 $F_{1,\cdots,n}$ 相同．换言之，若对 $\omega=(\omega_1,\omega_2,\cdots)\in R^\infty$ 及 $k=1,2,\cdots$ 有 $X_k(\omega)=\omega_k$，则对一切 $n\geqslant1$ 就有 $P\{X_1<x_1,\cdots,X_n<x_n\}=F_{1,2,\cdots,n}(x_1,\cdots,x_n)$.

§1.10　Hahn 分解与 Radon-Nikodym 定理

设 P 是 σ-代数 $\mathscr{F}$ 上的广义测度．如果 Ω 中集合 E 满足：对任一 $A\in\mathscr{F}$ 有 $EA\in\mathscr{F}$ 且 $P(EA)\geqslant0$，就称 E 关于 P 为**正的**．E 关于 P 为**负的**，其定义类似．

定理 1.10.1(Hahn 分解定理)　对任一广义测度 P，存在二

不相交集 Ω_1 与 Ω_2，使 $\Omega_1+\Omega_2=\Omega$，并且关于 P，Ω_1 为正集，Ω_2 为负集．

称 Ω_1，Ω_2 构成 **Ω 关于 P 的 Hahn 分解**．这分解一般不唯一．若 P 为测度(非负的广义测度)，则可取 $\Omega_2=\varnothing$.

在 $\mathscr{F}$ 上借助于 P，Ω_1，Ω_2 定义两个测度 P^+、P^-：

$$P^+(A)=P(\Omega_1 A),P^-(A)=-P(\Omega_2 A),\ A\in\mathscr{F}$$

(P^+、P^-的值不依赖于 Hahn 分解的选择)，则

$$P(A)=P^+(A)-P^-(A),\ A\in\mathscr{F}\ .$$

上式称为 **P 的 Jordan 分解**．

定义 1.10.1 设 μ 与 P 是$(\Omega,\mathscr{F})$上二广义测度．令

$$|P|(A)=P^+(A)+P^-(A).$$

若对每个 $A\in\mathscr{F}$，由 $|P|(A)=0$ 便可推出 $\mu(A)=0$，即称 **μ 关于 P 绝对连续**(或 P-连续)，记为 $\mu\ll P$. 若有互斥集 Ω_1，Ω_2 使 $\Omega=\Omega_1+\Omega_2$. 又满足：对任一 $A\in\mathscr{F}$ 有 $A\Omega_1\in\mathscr{F}$，$A\Omega_2\in\mathscr{F}$，且

$$|\mu|(\Omega_1 A)=|P|(\Omega_2 A)=0$$

就称 **μ 关于 P**(或 P 关于 μ)**为奇异**．

定理 1.10.2(Radon-Nikodym) 设 ν_1，ν_2，μ 皆是可测空间$(\Omega,\mathscr{F})$上的 σ-有限测度，ν_1，ν_2 皆关于 μ 绝对连续．又 $\nu\triangleq\nu_1-\nu_2$ 在 $\mathscr{F}$ 上完全确定(即 $\nu_1(\Omega)$，$\nu_2(\Omega)$不同时为∞). 则存在一个关于 μ a.s. 有限的 $\mathscr{F}$-可测函数 $g\left(\text{或记作 } g=\dfrac{\mathrm{d}\nu}{\mathrm{d}\mu}\right)$满足：

$$\nu(A)=\int_A g\mathrm{d}\mu,\ A\in\mathscr{F}\ ,$$

并且若有另一 g^* 也满足上式，则有 $\mu\{g\neq g^*\}=0$(记作 $g=g^*$ a.s.$[\mu]$). 称 **g 为 ν 关于 μ 的 Radon-Nikodym 导数**．

§1.11 独立性

定义 1.11.1 设$\{A_t,t\in T\}$是概率空间$(\Omega,\mathscr{F},P)$中的一类事件．若对每个 $n\geqslant1$ 及 T 中任意 n 个不同值 $t_1,t_2,\cdots,t_n$，有

$$P\left(\bigcap_{i=1}^{n} A_{t_i}\right)=\prod_{i=1}^{n} P(A_{t_i}),$$

就称该类中事件为**独立的**.

设$\{\mathscr{E}_t\subset\mathscr{F},t\in T\}$是一族事件类. 若对每个$t\in T$,任取$A_t\in\mathscr{E}_t$,所构成的类$\{A_t,t\in T\}$中事件为独立的,就称该族事件类独立.

定义 1.11.2 设$\{X_n,n\geqslant1\}$是一列 r.v.,若σ-域列$\{\sigma(X_n),n\geqslant1\}$独立,即称该列 r.v. 独立. 设$\{X_t^{(n)},t\in T_n\},n\geqslant1$是一列 r.v. 族,若$\sigma$-域列$\mathscr{G}_n=\sigma(X_t^{(n)},t\in T_n),n\geqslant1$独立,即称该列 r.v. 族独立.

定理 1.11.1 设事件类之族$\{\mathscr{E}_t,t\in T\}$独立,又其中每个事件类$\mathscr{E}_t$皆为π-类,则对指标集T的任一分割$\{T_i,i\in I\}$(即从I中任取两个不同的指标值i与j,皆有$T_i\cap T_j=\varnothing$,且$\bigcup_{i\in I}T_i=T$),σ-域之族$\{\sigma(\bigcup_{t\in T_i}\mathscr{E}_t),i\in I\}$独立.

推论 1.11.1 若对每个$t\in T$,ξ_t是由$(\Omega,\mathscr{F},P)$到$(R,\mathscr{B})$的 r.v.,$\mathscr{E}_t$是个π-类,满足$\sigma(\mathscr{E}_t)=\mathscr{B}$. 则$\{\xi_t,t\in T\}$独立$\Leftrightarrow$对每个$n>1$,任意的$\{t_1,\cdots,t_n\}\subset T$及任意的$A_i\in\mathscr{E}_{t_i}(i=1,\cdots,n)$有

$$P\left(\bigcap_{i=1}^{n}\xi_{t_i}^{-1}A_i\right)=\prod_{i=1}^{n}P(\xi_{t_i}^{-1}A_i).$$

推论 1.11.2 设$\{\xi_t,t\in T\}$是$(\Omega,\mathscr{F},P)$上的一族 r.v.,又对每个$t\in T$有$\xi_t\sim F_t$(即ξ_t以F_t为其 d.f.). 则下列四款等价:

(i)$\{\xi_t,t\in T\}$独立;

(ii)对每个$n>1$,任意的$\{t_1,\cdots,t_n\}\subset T$,有

$$P(\xi_{t_1},\cdots,\xi_{t_n})^{-1}=\bigtimes_{i=1}^{n}P\xi_{t_i}^{-1};$$

(iii)对每个$n>1$,任意的$\{t_1,\cdots,t_n\}\subset T$及$\{x_1,\cdots,x_n\}\in R^n$有

$$F_{t_1,\cdots,t_n}(x_1,\cdots,x_n)=\prod_{i=1}^{n}F_{t_i}(x_i)$$

(其中$F_{t_1,\cdots,t_n}$表示$(\xi_{t_1},\cdots,\xi_{t_n})$的 d.f.);

(iv)对每个$n>1$,任取$\{t_1,\cdots,t_n\}\subset T$及$n$维 Borel 函数$f$,有

$$Ef(\xi_{t_1},\cdots,\xi_{t_n})=\int\cdots\int_{R^n}f(x_1,\cdots,x_n)dF_{t_1}(x_1)\cdots dF_{t_n}(x_n)$$

(上式只要一端有意义便告成立).

注意,当$\{\xi_t, t\in T\}$独立时有:

对每个$n>1$,$\{t_1,\cdots,t_n\}\subset T$,若$E|\xi_{t_i}|<\infty(i=1,\cdots,n)$,则$E|\xi_{t_1}\cdots\xi_{t_n}|<\infty$且$E\prod_{i=1}^n\xi_{t_i}=\prod_{i=1}^n E\xi_{t_i}$;若$E\xi_{t_i}^2<\infty(i=1,\cdots,n)$,则$\mathrm{Var}\sum_{i=1}^n\xi_{t_i}=\sum_{i=1}^n\mathrm{Var}\xi_{t_i}$.

§1.12 Borel-Cantelli 引理与 Kolmogorov 0-1 律

定理 1.12.1(Borel-Cantelli) 若$\{A_n,n\geqslant 1\}$是一列事件,则

$$\sum_{n=1}^\infty P(A_n)<\infty\Rightarrow P(\bigcap_{n=1}^\infty\bigcup_{k\geqslant n}A_k)\triangleq P(A_n,\mathrm{i.o.})=0,\tag{1.12.1}$$

$$\sum_{n=1}^\infty P\Big(A_n\Big|\bigcap_{k=1}^{n-1}A_k\Big)=\infty\Rightarrow P(\bigcup_{n=1}^\infty A_n)=1.\tag{1.12.2}$$

它的下述特款称 **Borel 0-1 律**. 当诸事件A_n独立时,有

$$\sum_{n=1}^\infty P(A_n)\begin{cases}<\infty\\=\infty\end{cases}\Rightarrow P(A_n,\mathrm{i.o.})=\begin{cases}0,\\1.\end{cases}$$

证明 对(1.12.1),由P连续,半可加及$\bigcup_{k\geqslant n}A_k\downarrow\bigcap_{n=1}^\infty\bigcup_{k\geqslant n}A_k$得

$$P(\bigcap_{n=1}^\infty\bigcup_{k\geqslant n}A_k)=P(\lim_{n\to\infty}\bigcup_{k\geqslant n}A_k)=\lim_{n\to\infty}P(\bigcup_{k\geqslant n}A_k)\leqslant\lim_{n\to\infty}\sum_{k\geqslant n}P(A_k)=0.$$

对(1.12.2),约定$P(\bigcap_{k=1}^0 A_k^c)=1$(因$j<i$时约定$\bigcup_{k=i}^j\cdot=\varnothing$),并注意$P(A^c|\cdot)=1-P(A|\cdot)$,就有

$$\begin{aligned}P(\bigcup_{n=1}^\infty A_n)&=1-P(\bigcap_{n=1}^\infty A_n^c)=1-\prod_{n=1}^\infty P(\bigcap_{k=1}^n A_k^c)/P(\bigcap_{k=1}^{n-1}A_k^c)\\&=1-\prod_{n=1}^\infty P\Big(A_n^c\Big|\bigcap_{k=1}^{n-1}A_k^c\Big)=1-\prod_{n=1}^\infty\Big[1-P\Big(A_n\Big|\bigcap_{k=1}^{n-1}A_k^c\Big)\Big],\end{aligned}$$

再注意$0\leqslant x\leqslant 1$时有$e^{-x}\geqslant 1-x$及(1.12.2)的条件,可得

$$0\leqslant\prod_{n=1}^\infty\Big[1-P\Big(A_n\Big|\bigcap_{k=1}^{n-1}A_k^c\Big)\Big]\leqslant e^{-\sum_{n=1}^\infty P(A_n|\bigcap_{k=1}^{n-1}A_k^c)}=0,$$

从而

$$P(\bigcup_{1}^{\infty}A_n)=1\ .$$

当诸 A_n 独立时，$P(A_n)=P(A_n\mid\bigcap_{k=1}^{n-1}A_k^c)$. 此时由 $\sum_{n=1}^{\infty}P(A_n)=\infty$ 可得：对任意 m 有 $\infty=\sum_{n=m}^{\infty}P(A_n)=\sum_{n=m}^{\infty}P(A_n\mid\bigcap_{k=1}^{n-1}A_k^c)$，因而由 (1.12.2) 得 $P(\bigcup_{n=m}^{\infty}A_n)=1$. 既然列 $\{P(\bigcup_{n=m}^{\infty}A_n):m\geqslant1\}$ 中数尽为 1，自然有

$$1=\lim_{m\to\infty}P(\bigcup_{n=m}^{\infty}A_n)=P(\lim_{m\to\infty}\bigcup_{n=m}^{\infty}A_n)=P(\bigcap_{m=1}^{\infty}\bigcup_{n=m}^{\infty}A_n)=P(A_n,\text{i. o. }).$$

证毕.

定义 1.12.1 概率空间 $(\Omega,\mathscr{F},P)$ 上的一列 r. v. $\{X_n,n\geqslant1\}$ 的**尾 σ-代数**是 $\mathscr{T}=\bigcap_{n=1}^{\infty}\sigma(X_j,j\geqslant n)$. $\mathscr{T}$ 中集称为**尾事件**. $\mathscr{T}$-可测函数称为**尾函数**.

注 比如 $\left\{\omega:\sum_{n=1}^{\infty}X_n(\omega)\text{收敛}\right\}$ 是 $\{X_n,n\geqslant1\}$ 的一个尾事件，因为级数收敛与否取决于其“尾部”. 又，若 $\{A_n,n\geqslant1\}$ 为一列独立事件，$X_n\triangleq I_{A_n}$. 则对 $n\geqslant1$，有

$$\bigcup_{j=n}^{\infty}A_j\in\sigma(X_j,j\geqslant n)\text{，而}\{A_n,\text{i. o. }\}=\bigcap_{n=1}^{\infty}\bigcup_{j=n}^{\infty}A_j\in\bigcap_{n=1}^{\infty}\sigma(X_j,j\geqslant n)=\mathscr{T}.$$

定理 1.12.2(Kolmogorov 0-1 律) 独立 r. v. 列 $\{X_n,n\geqslant1\}$ 的尾事件的概率为 0 或 1.

注 Kolmogorov 0-1 律限定 $P\{A_n,\text{i. o. }\}$ 的值为 0 或 1；Borel 0-1 律则对此提供了一个核实的办法. 再，Kolmogorov 0-1 律适用于独立 r. v.，而不仅仅限于示性函数.

习题一

1. 证明 $\overline{\lim}(A_n\cup B_n)=\overline{\lim}A_n\cup\overline{\lim}B_n$，

$\underline{\lim}A_nB_n=\underline{\lim}A_n\cdot\underline{\lim}B_n$，

又 $\lim A_n=A$ 与 $\lim B_n=B$ 蕴涵 $\lim(A_n\cup B_n)=A\cup B$，$\lim A_nB_n=AB$.

2. 设 f_1、f_2 为 Ω 上的实函数，证明：对所有的实数 x 及有理数 r 有

$$\{\omega: f_1(\omega)+f_2(\omega)<x\}=\bigcup_{一切 r}\{\omega: f_1(\omega)<r\}\cdot\{\omega: f_2(\omega)<x-r\}.$$

3. 证明：$\mathscr{A}$ 是 σ-代数 $\Leftrightarrow \mathscr{A}$ 兼为 λ-类与 π-类．又，若类 $\mathscr{A}\subset\mathscr{D}$，则 $\sigma(\mathscr{A})\subset\sigma(\mathscr{D})$.

4. 设 π-类 $\mathscr{D}\subset\Omega$，$\mathscr{G}$ 为由 $\mathscr{D}$ 的互斥集之有限并全体所构成的类．若 $\forall D\in\mathscr{D}$ 有 $D^c\in\mathscr{G}$，证明 $\mathscr{G}$ 是由 $\mathscr{D}$ 生成的代数．

5. 若 $\mathscr{A}$ 是 $Q^n\triangleq(-\infty,\infty)^n$ 的开集类，则 $\sigma(\mathscr{A})=\mathscr{B}^n\cap Q^n$.

6. 证明 $(X+Y)^+\leqslant X^++Y^+$，$(X+Y)^-\leqslant X^-+Y^-$，$X^+\leqslant(X+Y)^++Y^-$. 又若 $B_n\uparrow B$，则 $X^{-1}(B_n)\uparrow X^{-1}(B)$.

7. 证明若 X 是 $(\Omega,\mathscr{A})$ 上的实可测函数，则 $|X|$ 亦然．反之可真？

8. 设 X 与 Y 是 $(\Omega,\mathscr{A})$ 上的实可测函数，c 是任一实数，证明：$\{\omega: X(\omega)<Y(\omega)+c\}$、$\{\omega: X(\omega)\leqslant Y(\omega)+c\}$、$\{\omega: X(\omega)=Y(\omega)\}\in\mathscr{A}$.

9. 证明 R 上的任一实值单调函数是 Borel 可测的，且至多有可数多个不连续点．

10. 设 $\{X_n,n\geqslant1\}$ 是 $(\Omega,\mathscr{A})$ 上的实可测函数列．证明下列函数皆可测：

(1)$\sup_{n\geqslant1}X_n$；　(2)$\inf_{n\geqslant1}X_n$；　(3)$\overline{\lim}X_n$；　(4)$\underline{\lim}X_n$；

(5)$\max(X_1,X_2)\triangleq X_1\vee X_2$；　(6)$\min(X_1,X_2)\triangleq X_1\wedge X_2$；

(7)$X_1^+\triangleq\max(X_1,0)$；　(8)$X_1^-\triangleq\max(-X_1,0)$；　(9)$X_1+X_2$；

(10)X_1^n(n 为自然数)；　(11)cX_1　($c=\text{const}$)；　(12)$X_1\cdot X_2$；

(13)$\dfrac{X_1}{X_2}$(分母不为零)；　(14)$\lim X_n$.

11. 设 $\{X_n,\mathscr{F}_n,n\geqslant1\}$ 为适随机序列(即 $\mathscr{F}_n\uparrow$，又 X_n 为 $\mathscr{F}_n$-可测)，$X_\infty\triangleq\lim X_n$ a. s.，证明：X_∞ 为 $\sigma(\bigcup_{n=1}^{\infty}\mathscr{F}_n)$-可测．

【提示　令 $A_n\triangleq\{\omega: X_n(\omega)<x\}$，则 $\bigcup_{k\geqslant1}\bigcap_{n\geqslant k}A_n\triangleq\overline{\lim}A_n=\{\omega:\overline{\lim}X_n(\omega)<x\}$，对下极限有类似表式，再用第 8 题．】

12. 证明：如果 $X_1,\cdots,X_n$ 是 $(\Omega,\mathscr{A})$ 上的实可测函数，则 Ω 上一实函数为 $\sigma(X_1,\cdots,X_n)$-可测，当且仅当其形如 $f(X_1,\cdots,X_n)$，此处 f 是 R^n 上的一个 Borel 函数．

13. 若 $(\Omega,\mathscr{A},P)$ 是一个概率空间，$\{A_n,n\geqslant1\}$ 是一列事件．

(1)证明：

$$P\{\overline{\lim_{n\to\infty}}A_n\}=\lim_{n\to\infty}P\{\bigcup_{j=n}^{\infty}A_j\},$$

$$P\{\underline{\lim}_{n\to\infty} A_n\} = \lim_{n\to\infty} P\{\bigcap_{j=n}^{\infty} A_j\}.$$

(2)证明：若 $P\{A_n\}=1, n\geqslant 1$；则 $P\{\bigcap_{n=1}^{\infty} A_n\}=1$.

14. (1)若 X 与 Y 为非负 r.v.，$p>0$，证明

$$E(X+Y)^p \leqslant 2^p[EX^p + EY^p]$$

(2)证明 $(a+b)^p \leqslant (a^p+b^p)\cdot \max(1,2^{p-1})$，

其中 a,b,p 皆为正数，并借以改进(1)之结果．

15. (1) 证明 $E|\xi| < \infty \Leftrightarrow \sum_{n=1}^{\infty} P(|\xi| \geqslant n) < \infty$．

(2)证明：对 $\xi\geqslant 0$ 及 $r>0$ 有

$$E\xi^r = r\int_0^{\infty} x^{r-1} P[\xi \geqslant x]\mathrm{d}x.$$

16. 证明定义 1.8.2 后注中结论．

17. 证明：若 $\alpha>0, \sup_{t\in T} E|\xi_t|^{1+\alpha}<\infty$，则 r.v. 族 $\{\xi_t, t\in T\}$ 一致可积．

18. 证明：若对某个 $\beta>0$ 有 $\sup_{n\geqslant 1} E|X_n|^{\beta}<\infty$，则对 $0<\alpha<\beta$，$\{|X_n|^{\alpha}, n\geqslant 1\}$ 一致可积．

19. 若 $\{X_n, n\geqslant 1\}$ 一致可积，则 $\left\{\frac{S_n}{n} = \frac{\sum_1^n X_i}{n}, n\geqslant 1\right\}$ 亦然．特别，若 $X_n, n\geqslant 1$ 为同分布的 L_1 r.v.（详见 §3.1），则 $\left\{\frac{S_n}{n}, n\geqslant 1\right\}$ 为一致可积．

20. 设非负 r.v. 列 $\{\xi_n, n\geqslant 1\}$ 满足 $E\xi_n\to 0$，证明 $\{\xi_n, n\geqslant 1\}$ 为一致可积．

21. 设 $\eta_n \xrightarrow{P} 0$，$\{\xi_n, n\geqslant 1\}$ 一致可积．证明 $\xi_n\eta_n \xrightarrow{P} 0$．

22. 证明广义 Chebyshev 不等式：设 ξ 是 r.v.，g 是 R 上的非负 Borel 函数．若 g 是偶函数且在 $[0,\infty)$ 上非降，则对 $\forall\ \varepsilon>0$ 有

$$P(|\xi| \geqslant \varepsilon) \leqslant \frac{Eg(\xi)}{g(\varepsilon)}.$$

23. 若对 r.v. ξ 的每个连续点 x［其满足 $P(\xi=x)=0$］皆有

$$\lim_{n\to\infty} P(\xi_n \leqslant x) = P(\xi \leqslant x),$$

则称 r.v. 列 $\{\xi_n, n\geqslant 1\}$ 依分布收敛到 r.v. ξ，记作 $\xi_n \xrightarrow{d} \xi$.

证明：(1)若 $\xi_n \xrightarrow{P} \xi$，则 $\xi_n \xrightarrow{d} \xi$.

(2)若 $\xi_n \xrightarrow{d} \xi$，又有 $a\in R$ 使 $P(\xi=a)=1$，则 $\xi_n \xrightarrow{P} \xi$.

(3)若 $\xi_n \xrightarrow{P} \xi$，则对 ξ 的每个连续点 x 有 $I_{[\xi_n\leqslant x]} \xrightarrow{P} I_{[\xi\leqslant x]}$ 及 $I_{[\xi_n>x]} \xrightarrow{P} I_{[\xi>x]}$.

第二章　条件概率与条件期望

§2.1　定　义

设$(\Omega,\mathscr{F},P)$为基础概率空间．$X\in\mathscr{F}$①为一随机变量，$A\in\mathscr{F}$为一事件．下面引入在给定某一条件(一事件B，一列事件$\{B_n,n\geqslant 1\}$所生成的子σ-域$\sigma(B_n,n\geqslant 1)$，$\mathscr{F}$的任一子σ-域$\mathscr{G}$)下，X的条件期望与A的条件概率的定义．为使读者对一般的抽象定义及其来历有深层了解，我们将多层面地展开分析，先从初等概率的已知结论入手．

2.1.1　初等情形

Ⅰ．给定事件B时

由初等概率知

$$P(A|B)=\frac{P(AB)}{P(B)},\tag{2.1.1}$$

其中A、$B\in\mathscr{F}$，且$P(B)>0$. 令

$$P_B\triangleq\{P(A|B):A\in\mathscr{F}\}.$$

易证P_B为$\mathscr{F}$上的概率测度，$(\Omega,\mathscr{F},P_B)$为又一概率空间．设X是$(\Omega,\mathscr{F},P)$中的随机变量，期望$EX=\int_\Omega X(\omega)P(\mathrm{d}\omega)$存在(即$EX^+\wedge EX^-<\infty$，以后表作$|EX|\leqslant\infty$)则可以证明，$X$在$(\Omega,\mathscr{F},P_B)$中的期望，记作$E(X|B)$，亦存在，即

$$E(X|B)\triangleq\int_{\Omega=B+B^c}X(\omega)P_B(\mathrm{d}\omega)\overset{(1)}{=}\int_B X(\omega)\frac{P(\mathrm{d}\omega)}{P(B)}$$

---

① 为行文简洁，此处及以后，在依上下文不致产生歧义情况下，径把$\mathscr{F}$-可测函数X记作$X\in\mathscr{F}$.

$$= \frac{1}{P(B)}E(XI_B).$$

【(1) $P_B(\cdot)=P(\cdot|B)$，在$\{AB^c:A\in\mathscr{F}\}$上$P(\cdot|B)=0$，在$\{A:A\in\mathscr{F}$且$A\subset B\}$上$P(\cdot|B)=\frac{P(\cdot)}{P(B)}$.】①上式表明：给定$B$时$X$的**条件期望在数值上等于基础概率空间$(\Omega,\mathscr{F},P)$上的$X$在$B$上的平均取值**. 亦可写成

$$P(B)\cdot E(X|B)=\int_B X(\omega)P(\mathrm{d}\omega)=E(XI_B). \tag{2.1.2}$$

特别置$X=I_A$，得

$$P(A|B)=E(I_A|B), \tag{2.1.3}$$

即条件概率为条件期望之特例.

上述结论亦可改述如下. 令$\mathscr{E}=\{X:X$为r.v.，且$|EX|\leqslant\infty\}$，则$E(\cdot|B)$为由$\mathscr{E}$到R的映射. $\forall X\in\mathscr{E}$，$E(X|B)$为X在B上关于P的平均(或X在Ω上关于P_B的平均). $P(\cdot|B)$是$E(\cdot|B)$在$\mathscr{E}'\triangleq\{I_A:A\in\mathscr{F}\}\subset\mathscr{E}$上的**局限**.

条件期望作为映射还有以下性质：

(1) $X\geqslant0$时，$E(X|B)\geqslant0$；

(2) $a=\text{const}$，$E(a|B)=a$；

(3) 若X_j皆非负(或皆可积，并对一切$n\geqslant1$有$|\sum_1^n X_j|\leqslant Y$，而$Y$可积)，则(由(2.1.2)用单调收敛或控制收敛定理得)$E(\sum_1^\infty X_j|B)=\sum_1^\infty E(X_j|B)$.

Ⅱ. 给定$\sigma(B_n,n\geqslant1)$时

考虑在已知随机变量$Y=y$条件下，随机变量X的条件期望$E(X|Y=y)$. 显然，当$B_y\triangleq\{\omega:Y(\omega)=y\}$满足$P(B_y)>0$时，这个条件期望在Ⅰ中已予讨论. 其随$y$变动，即为$y$的函数.

我们从$Y=I_B$这一特殊情形的分析入手. 此时Y的可取值为

---

① 为方便说明，此处及以后，把推演中的(不)等式或述语成立的理由置于其后的【 】内.

1与0．$Y=1$时事件 B 发生；$Y=0$时事件 B^c 发生．即 $E(X|Y=1)=E(X|B)$，$E(X|Y=0)=E(X|B^c)$．欲把它们统称为给定 Y 时的条件期望，就自然得出

$$E(X|Y(\omega))\triangleq E(X|Y)(\omega)=\begin{cases}E(X|B),\omega\in B;\\E(X|B^c),\omega\in B^c.\end{cases}$$

用 $\sigma(Y)\triangleq\sigma(\{\omega:Y(\omega)\leqslant x\},x\in R)=\sigma(I_B)=\sigma(B,B^c)\triangleq\mathscr{G}$ 来代替式中的 Y（意在暗示该函数的 $\mathscr{G}$-可测性），得

$$E(X|\mathscr{G})(\omega)=\begin{cases}E(X|B),\omega\in B;\\E(X|B^c),\omega\in B^c.\end{cases}$$

记 $B_1=B,B_2=B^c$，亦可写成

$$E(X|\mathscr{G})(\omega)=\sum_{i=1}^{2}E(X|B_i)\cdot I_{B_i}(\omega).\tag{2.1.4}$$

注意定义在 Ω 上的这个 $\mathscr{G}$-可测函数 $E(X|\mathscr{G})(\omega)$，比起 Ω 上的 r.v. X 来有以下不同：

(1) $\sigma(E(X|\mathscr{G}))=\mathscr{G}\subset\mathscr{F}\supset\sigma(X)$；

(2) 较平滑．即 $E(X|\mathscr{G})$在 $\mathscr{G}$ 的每个**原子**（作为 $\mathscr{G}$ 中集除自身与$\varnothing$外再无其它子集属于 $\mathscr{G}$ 者）上取 X 在该原子上的平均值为值．

受 $\mathscr{G}=\sigma(B_1,B_2)(B_i\in\mathscr{F},B_1+B_2=\Omega)$时条件期望表达式的启示，对 $\mathscr{G}=\sigma(B_n,n\geqslant1)$情形，自会给出下述（构造性）定义．

定义2.1.1（构造性） 对 Ω 的可测分割$\{B_n,n\geqslant1\}$及 $X\in\mathscr{E}$，称 $\mathscr{G}$-可测函数

$$\begin{aligned}E(X|\mathscr{G})(\omega)&=\sum_{j=1}^{\infty}\left[\frac{1}{P(B_j)}\int_{B_j}X(\omega')P(\mathrm{d}\omega')\right]\cdot I_{B_j}(\omega)\\&=\sum_{j=1}^{\infty}E(X|B_j)\cdot I_{B_j}(\omega)\end{aligned}\tag{2.1.5}$$

为**给定 $\mathscr{F}$ 的子 σ-域 $\mathscr{G}$ 时 X 的条件期望**．

对 $X=I_A,A\in\mathscr{F}$，称

$$P(A|\mathscr{G})(\omega)\triangleq E[I_A|\mathscr{G}](\omega)\tag{2.1.6}$$

为**给定 $\mathscr{G}$ 时事件 A 的条件概率**．

注 由表式易知，$E(X|\mathscr{G})(\cdot)$于$\mathscr{G}$的诸非零概原子以X的局部平均为值(亦称$E(X|\mathscr{G})$是X的局部平滑结果)；但在各零概原子(它们的并仍为零概集)上的取值无定义. 故(2.1.5)所给函数在Ω上一个零概集之外完全确定(称为关于$P_{\mathscr{G}} \triangleq \{P(A):A\in\mathscr{G}\}$ a.s. 确定，记作 a.s. $[P_{\mathscr{G}}]$).

值得注意，由$E(X|\mathscr{G})$可以求出$E(X|B)$来，此处B为$\mathscr{G}$中任意集合. 事实上，由$B\in\mathscr{G}$知B可表为某些B_n之和：$B=\sum' B_j$. 由(2.1.2)得

$$\begin{aligned}P(B)E(X|B) &\overset{(1)}{=} \int_B \boldsymbol{X}(\boldsymbol{\omega})\boldsymbol{P}(\mathbf{d}\boldsymbol{\omega}) = \sum{}' \int_{B_j} X(\omega)P(\mathrm{d}\omega)\\ &\overset{(2)}{=} \sum{}' P(B_j)E(X|B_j)\\ &\overset{(3)}{=} \int_B E(X|\mathscr{G})(\omega)\cdot P(\mathrm{d}\omega)\\ &\overset{(4)}{=} \int_B \boldsymbol{E}(\boldsymbol{X}|\mathscr{G})\boldsymbol{P}_{\mathscr{G}}(\mathbf{d}\boldsymbol{\omega}).\end{aligned} \tag{2.1.7}$$

【(1)、(2)用(2.1.2)；(3)用(2.1.5)；(4)$P_{\mathscr{G}}$是P在$\mathscr{G}$上的局限：$P_{\mathscr{G}} \triangleq \{P(A):A\in\mathscr{G}\}\subset\{P(A):A\in\mathscr{F}\}\triangleq P$.】

留意上式的黑体部分，即可给出给定$\mathscr{G}$时X的条件期望的描述性定义.

定义2.1.2(描述性) 对$X\in\mathscr{E}$及$\mathscr{G}=\sigma(B_n,n\geqslant 1)$，给定$\mathscr{G}$时$X$的**条件期望**$E(X|\mathscr{G})$可定义为某个$\mathscr{G}$-可测函数，使得它对$P_{\mathscr{G}}$的不定积分等于$X$对$P$的不定积分在$\mathscr{G}$上的局限. 即若$Z$满足：

(1) Z为$\mathscr{G}$-可测；

(2) $$\int_B Z(\omega)P_{\mathscr{G}}(\mathrm{d}\omega) = \int_B X(\omega)P(\mathrm{d}\omega), \forall\ B\in\mathscr{G}, \tag{2.1.8}$$

则可令$E(X|\mathscr{G}) = Z$.

对$A\in\mathscr{F}$，令$P(A|\mathscr{G})(\cdot) \triangleq E(I_A|\mathscr{G})$.

注 这定义是可行的. 因为$\varphi\triangleq\{\varphi(B)\triangleq\int_B X(\omega)P(\mathrm{d}\omega):B\in\mathscr{G}\}$是$\sigma$-域$\mathscr{G}$上的测度，其关于$P_{\mathscr{G}}$绝对连续，因此由 Radon-

Nikodym 定理知，有 $\mathscr{G}$-可测函数 Z 满足 $\varphi(B)=\int_B Z(\omega)\cdot P_{\mathscr{G}}(\mathrm{d}\omega)$，$\forall\ B\in\mathscr{G}$. 又显然如此定出的 $E(X|\mathscr{G})$ 可在一个 $P_{\mathscr{G}}$ 零概集上任意改动或无定义.

应当指出，在 $\mathscr{G}=\sigma(B_n,n\geqslant1)$ 情形，定义2.1.1与定义2.1.2等价.

事实上，(2.1.7)表明由定义2.1.1可得定义2.1.2. 现证反之亦然，即证当 $\omega\in B_i$，$P(B_i)>0$ 时有 $E(X|\mathscr{G})(\omega)\equiv E(X|B_i)$，而左方由定义2.1.2计算. 先证 $\omega\in B_i(P(B_i)>0)$ 时 $E(X|\mathscr{G})(\omega)=$ 常数. 反证之，倘若 $\mathscr{G}$-可测函数 $E(X|\mathscr{G})(\cdot)$ 在 B_i 上不为常数，则它至少取两个不同的值 c_1、c_2，于是至少 $B_i\cap\{\omega:E(X|\mathscr{G})(\omega)=c_1\}$ 与 $B_i\cap\{\omega:E(X|\mathscr{G})(\omega)=c_2\}$ 是 B_i 的两个皆属于 $\mathscr{G}$ 的非空子集，但这与 B_i 为 $\mathscr{G}$ 的原子($\mathscr{G}=\sigma(B_n,n\geqslant1)$)相矛盾. 其次，既然在 B_i 上 $E(X|\mathscr{G})(\cdot)$ 取常数值，由(2.1.8)即得

$$P(B_i)\cdot E(X|\mathscr{G})(\omega)=\int_{B_i}X(\omega)P(\mathrm{d}\omega),$$

因 $P(B_i)>0$，顾及(2.1.2)便得

$$E(X|\mathscr{G})(\omega)\equiv\frac{1}{P(B_i)}\int_{B_i}X(\omega)P(\mathrm{d}\omega)=E(X|B_i),\omega\in B_i.$$

因此 $E(X|\mathscr{G})(\omega)=\sum_{j=1}^{\infty}E(X|B_i)I_{B_i}(\omega)$.

最后我们还乐于指出，在 $\mathscr{G}=\sigma(B_n,n\geqslant1)$ 情形，亦可(像 $\mathscr{G}=\sigma(B,B^c)$ 情形一样)先定义条件概率，再据以定义条件期望.

定义2.1.1′(构造性)　设 $\{B_n,n\geqslant1\}$ 为 Ω 的 $\mathscr{F}$-可测分割，$A\in\mathscr{F}$，称定义于 Ω 上的 $\mathscr{G}=\sigma(B_n,n\geqslant1)$-可测函数

$$P(A|\mathscr{G})(\omega)\triangleq\sum_j\frac{P(AB_j)}{P(B_j)}\cdot I_{B_j}(\omega)=\sum_j P(A|B_j)\cdot I_{B_j}(\omega)\tag{2.1.6′}$$

为给定 $\mathscr{G}$ 时 A 的**条件概率**.

定义2.1.2′(描述性)　称 Ω 上的满足

(1) $Z(\omega)$ 为 $\mathscr{G}=\sigma(B_n,n\geqslant1)$-可测；

(2) 对 $\forall B\in\mathscr{G}$ 有 $P(AB)=\int_B Z(\omega)P_{\mathscr{G}}(\mathrm{d}\omega)$ (2.1.6″)

的函数 Z 为给定 $\mathscr{G}$ 时 $A(\in\mathscr{F})$ 的**条件概率**，并记 $Z\triangleq P(A|\mathscr{G})$.

这两个定义给出的 $P(A|\mathscr{G})(\omega)$ 都是一个函数类.类中任何两个都关于 $P_{\mathscr{G}}$-a.s. 相等，故习称(关于 $P_{\mathscr{G}}$ 的)等价类.

仿前，亦可证明这两个定义等价.

继而，我们证明：X 关于 $\mathscr{G}=\sigma(B_n,n\geqslant 1)$ 的条件期望可在 a.s. 意义下表为 X 关于条件概率测度 $P(\cdot|\mathscr{G})$ 的积分，即

$$P_{\mathscr{G}}\left\{\omega:E(X|\mathscr{G})(\omega)\neq\int_\Omega X(\omega')P(\mathrm{d}\omega'|\mathscr{G})(\omega)\right\}=0.$$

由(2.1.6′)知，当 $\omega\in B_i(P(B_i)=0)$ 时 $P(A|\mathscr{G})(\omega)$ 未有定义.为使 $P(A|\mathscr{G})(\omega)$ 于 Ω 上处处有定义，置 B_0 为 $(B_n,n\geqslant 1)$ 中一切零概集之并，因而 $P_{\mathscr{G}}(B_0)=0$. 令

$$P(A|\mathscr{G})(\omega)=\begin{cases}P(A|B_i)=\dfrac{P(AB_i)}{P(B_i)}, & \text{当 } \omega\in B_i \text{ 而 } P(B_i)>0\text{时};\\ P(A), & \text{当 } \omega\in B_0\text{时}.\end{cases}$$

它是 A 关于 $\mathscr{G}$ 的条件概率等价类中的一员(并且看作定义在 $\Omega\times\mathscr{F}$ 上的二元函数时，它对于每一对 (ω,A) 都有唯一确定的数值.当 $A\in\mathscr{F}$ 固定时，它是 Ω 上的 $\mathscr{G}$-可测函数，满足(2.1.6″)；当 $\omega_0\in\Omega$ 固定时，$P(\cdot|\mathscr{G})(\omega_0)$ 为 $\mathscr{F}$ 上的概率测度).

对 $X\in\mathscr{E}$，它关于概率测度 $P(\cdot|\mathscr{G})(\omega_0)$ 的积分为

$$\int_\Omega X(\omega)P(\mathrm{d}\omega|\mathscr{G})(\omega_0)=\begin{cases}\int_\Omega X(\omega)P(\mathrm{d}\omega)=EX, \text{当 } \omega_0\in B_0 \text{ 时};\\ \int_{\Omega=B_j+B_j^c}X(\omega)\cdot\dfrac{P(\mathrm{d}\omega\cdot B_j)}{P(B_j)}\\ \quad=\dfrac{1}{P(B_j)}\int_{B_j}X(\omega)P(\mathrm{d}\omega)\\ \quad=E(X|B_j), \text{当 } \omega_0\in B_j\not\subset B_0 \text{ 时}\\ \qquad(j=1,2,\cdots).\end{cases}$$

顾及(2.1.5)便知，当 $\omega_0\in B_0^c$ 时下式成立：

$$\int_\Omega X(\omega)P(\mathrm{d}\omega|\mathscr{G})(\omega_0)=\sum_{j=1}^{\infty}E(X|B_j)\cdot I_{B_j}(\omega_0)=E(X|\mathscr{G})(\omega_0).$$

即由定义2.1.1所给出的条件期望函数$E(X|\mathscr{G})(\cdot)$在$P_{\mathscr{G}}$零概集B_0之外确与$\int_\Omega X(\omega)P(\mathrm{d}\omega|\mathscr{G})(\cdot)$相等，记作

$$E(X|\mathscr{G})(\omega)=\int_\Omega X(\omega')\cdot P(\mathrm{d}\omega'|\mathscr{G})(\omega).\quad [P_{\mathscr{G}}]^{①}\tag{2.1.9}$$

这里我们看到，对条件概率$P(A|\mathscr{G})(\omega)$（其在$\omega_0\in B_0$时本无定义）按一种方式从其等价类中选员（此处是令$P(A|\mathscr{G})(\omega_0)\triangleq P(A)$，当$\omega\in B_0$时），相应地也就对$E(X|\mathscr{G})(\omega)$（其在$\omega_0\in B_0$时也本无定义）从其等价类中选得特定的成员（此处选到的成员满足：当$\omega\in B_0$时有$E(X|\mathscr{G})(\omega)=EX$）.

2.1.2 一般情形

上面我们考虑了条件子σ-域$\mathscr{G}$是由Ω的可列分割生成的情形.现在进一步考虑$\mathscr{G}$为$\mathscr{F}$的任意子σ-域的一般情形.此时构造性定义2.1.1已无法应用，但赖有Radon-Nikodym定理为基础，描述性定义2.1.2依旧可行.即这时我们有

定义2.1.3 设$(\Omega,\mathscr{F},P)$为基础概率空间.$\mathscr{G}(\subset\mathscr{F})$为$\sigma$-域，$P_{\mathscr{G}}(\cdot)$是$P(\cdot)$在$\mathscr{G}$上的局限.$X$为r.v.，$|EX|\leqslant\infty$，则**给定$\mathscr{G}$时$X$的条件期望**是$\Omega$上任何一个满足下述关系式的$\mathscr{G}$-可测函数$Z(\omega)$：

对$\forall\ B\in\mathscr{G}$有

$$\int_B X(\omega)P(\mathrm{d}\omega)=\int_B Z(\omega)P_{\mathscr{G}}(\mathrm{d}\omega).\tag{2.1.10}$$

并记作$Z(\omega)\triangleq E(X|\mathscr{G})(\omega)$.

对$\forall\ A\in\mathscr{F}$，称$P(A|\mathscr{G})(\omega)\triangleq E[I_A|\mathscr{G}](\omega)$为**给定$\mathscr{G}$时$A$的条件概率**，即函数$P(A|\mathscr{G})(\omega)$为$\mathscr{G}$-可测，且对$\forall\ B\in\mathscr{G}$有

$$P(AB)=\int_B P(A|\mathscr{G})(\omega)\cdot P_{\mathscr{G}}(\mathrm{d}\omega).\tag{2.1.10$'$}$$

---

① 设π是一涉及ω的述语，当$\mu\{\omega;\pi(\omega)$不成立$\}=0$时，此处及今后均记作$\pi[\mu]$.

注 1 须再度强调该定义有意义．因为 X 对 P 的不定积分 $\varphi_X(A)\triangleq\int_A XP(\mathrm{d}\omega)$ 在 $\mathscr{F}$ 上完全可加，且对 P 绝对连续，因而它在 $\mathscr{G}$ 上的局限 $\varphi_X^{\mathscr{G}}(\cdot)\triangleq\{\varphi_X(A):A\in\mathscr{G}\}$ 也完全可加且对 $P_{\mathscr{G}}$ 绝对连续．故由 Radon-Nikodym 定理（定理 1.10.2）知满足（2.1.10）的 $\mathscr{G}$-可测函数 $E(X|\mathscr{G})(\omega)$ 存在，且不只一个，而有一类，类中任何两个仅在一 $P_{\mathscr{G}}$ 零概集上有所不同．

注2 定义中要求 $|EX|\leqslant\infty$. 但纵然 EX 无意义，$E(X|\mathscr{G})$ 仍可能有意义．读者试自举一例．又当 $|EX|=\infty$ 时，必有 $\varphi_X(\cdot)$ 为 $\mathscr{F}$ 上的 σ-有限测度，但却不能保证 $\varphi_X^{\mathscr{G}}(\cdot)$ 也为 $\mathscr{G}$ 上的 σ-有限测度．不过在 $|EX|<\infty$ 时，$\varphi_X(\cdot)$ 与 $\varphi_X^{\mathscr{G}}(\cdot)$ 皆有限，从而 $E(X|\mathscr{G})(\cdot)$ 为 a.s. $[P_{\mathscr{G}}]$ 有限，即 $E(X|\mathscr{G})(\omega)$ 此时亦为 $(\Omega,\mathscr{G},P_{\mathscr{G}})$ 上的随机变量．请读者对上述事实细加推究．

注3 视 $E(\cdot|\mathscr{G})$ 为由 $\mathscr{E}$ 到 $\mathscr{G}$-可测函数空间的映射时（$\mathscr{G}$-可测函数空间中的一点是一个等价类，类中任两函数只会在一 $P_{\mathscr{G}}$ 零概集上不等）称 $E(\cdot|\mathscr{G})$ 为**给定 $\mathscr{G}$ 时的条件期望**，而**给定 $\mathscr{G}$ 时的条件概率** $P(\cdot|\mathscr{G})$ 是它在 $\mathscr{E}'\triangleq\{I_B:B\in\mathscr{F}\}$ 上的局限．再者，$E(\cdot|\mathscr{G})(\cdot)$ 为定义于 $\Omega\times\mathscr{E}$ 上，取值于 $\bar{R}$ 上的二元 (ω,X) 函数；$P(\cdot|\mathscr{G})(\cdot)$ 是定义于 $\Omega\times\mathscr{F}$ 上的二元 (ω,A) 函数，满足：对 $\forall\ A\in\mathscr{F}$，$P(A|\mathscr{G})(\cdot)$ 为 $\mathscr{G}$-可测且对 $\forall\ B\in\mathscr{G}$ 有

$$\int_B P(A|\mathscr{G})(\omega)P_{\mathscr{G}}(\mathrm{d}\omega)=P(AB).$$

注4 1°．由定义立得：若 $X\in\mathscr{G}$，则 $E(X|\mathscr{G})(\omega)=X(\omega)$ a.s. 特别，对 $(\Omega,\mathscr{G},P)$ 上的 r.v. X，有 $E(X|\mathscr{F})(\omega)=X(\omega)$ a.s.

2°．因 $\{\varnothing,\Omega\}\triangleq\mathscr{F}_0$-可测函数是常数，故由 $\int_\Omega E[X|\mathscr{F}_0]=\int_\Omega X=EX$ 得 $E[X|\mathscr{F}_0]=EX$ a.s.

注5 由定义（于（2.1.10）中置 $B=\Omega$）立得

$$E[E(X|\mathscr{G})]=EX. \tag{2.1.11}$$

注6 仿前（见定义2.1.2注后）可证：在 $\mathscr{G}$ 为 $\mathscr{F}$ 的任一子 σ-域场合，亦有 $E(X|\mathscr{G})(\cdot)$ 在 $\mathscr{G}$ 的每个原子 B 上取常数值；若更有

$P(B)>0$时，$E(X|\mathscr{G})(\omega)\equiv E(X|B)$. 即此时凭借 R-N 定理定义出的 $\mathscr{G}$-可测函数 $E(X|\mathscr{G})(\cdot)$是 X 的一种平滑结果：在 $\mathscr{G}$ 的非零概原子上，其以 X 的局部平均为值；在 $\mathscr{G}$ 的零概原子上，其亦取常数，但确切数值属秘而未宣！

最后[①]，我们考虑 $E[X|Y=y]=?$更一般地，考虑 $E[X|Y_T=y_T]=?$，其中 $Y_T\triangleq(Y_t,t\in T)$为一随机函数. 为此需要证明下述的

复合函数定理 设 Ω 为任意空间，$(\mathscr{X},\mathscr{A})$为任意可测空间. 若 $X(\omega)$为由 Ω 到 $\mathscr{X}$ 的变换；$f(\omega)$是由$(\Omega,X^{-1}(\mathscr{A}))$到$(\bar{R},\mathscr{B}(\bar{R}))$上的可测函数，(其中 $\mathscr{B}(\bar{R})$是 $\bar{R}=[-\infty,+\infty]$上的 Borel 域)，则有由$(\mathscr{X},\mathscr{A})$到$(\bar{R},\mathscr{B}(\bar{R}))$上的可测函数 g，使得 $f=gX$.

这定理的结论直觉上是显然的，下面给出它的证明.

证 对每个正整数 n，令

$$B_{n,k}\triangleq\left\{\omega:\frac{k}{2^n}\leqslant f(\omega)<\frac{k+1}{2^n}\right\},k=0,\pm 1,\cdots,$$

$$B_{n,\infty}\triangleq\{\omega:f(\omega)=\infty\},$$

$$B_{n,-\infty}\triangleq\{\omega:f(\omega)=-\infty\}.$$

由假设知对 $k=0,\pm1,\cdots,\pm\infty$皆有 $B_{n,k}\in X^{-1}(\mathscr{A})$. 故在 σ-域 $\mathscr{A}$ 中可以找到 $A_{n,k}$使得

$$B_{n,k}=X^{-1}(A_{n,k}).$$

令

$$A'_{n,k}=A_{n,k}-\bigcup_{j\neq k}A_{n,j},$$

则由逆象性质有

$$\begin{aligned}X^{-1}(A'_{n,k})&=X^{-1}(A_{n,k})-\bigcup_{j\neq k}X^{-1}(A_{n,j})\\&=B_{n,k}-\bigcup_{j\neq k}B_{n,j},\end{aligned}$$

但 $B_{n,j}\cap B_{n,k}=\varnothing$，当 $j\neq k$ 时；故 $X^{-1}(A'_{n,k})=B_{n,k}$.

定义由$(\mathscr{X},\mathscr{A})$到$(\bar{R},\mathscr{B}(\bar{R}))$上的可测函数如下：

$$g_n(x)=\sum_k\frac{k}{2^n}\cdot I_{A'_{n,k}}(x)\quad(\text{留意诸 }A'_{n,k}\in\mathscr{A}).$$

显见

① 本节以下内容初学者可略过.

$$g_n[X(\omega)] = \sum_k \frac{k}{2^n} I_{\{X(\omega)\in A'_{n,k}\}}(\omega) = \sum_k \frac{k}{2^n} I_{B_{n,k}}(\omega).$$

由此可知，当 $n \to \infty$ 时有 $g_n[X(\omega)] \to f(\omega)$.

另一方面，当 $n \to \infty$ 时，使 $g_n(x)$ 趋于极限（我们记此极限为 $g(x)$）的那些 x 构成的集合 S 必属于 $\mathscr{A}$.

比较以上两个极限关系，我们得到 $X(\Omega) \subset S$. 当 $x \notin S$ 时定义 $g(x)=0$，我们就把 $g(\cdot)$ 拓展到整个 $\mathscr{X}$ 上了. 拓展后的 $g(\cdot)$ 是 $(\mathscr{X}, \mathscr{A})$ 到 $(\bar{R}, \mathscr{B}(\bar{R}))$ 上的可测函数，而且

$$f(\omega) = g[X(\omega)].$$

证毕.

返回到我们的正题上.

注意随机函数 $Y_T \triangleq \{Y_t, t \in T\}$ 是由 $(\Omega, \mathscr{F})$ 到 $(R^T, \mathscr{B}(R^T))$ 的可测变换. $\sigma(Y_T) \triangleq Y_T^{-1}(\mathscr{B}(R^T)) \triangleq \{Y_T^{-1}(B): B \in \mathscr{B}(R^T)\}$ 为 Y_T 在 $(\Omega, \mathscr{F})$ 中产生的子-σ 域. 设 $\mathscr{E} \in X$，于是由定义2.1.3知有 $\sigma(Y_T)$-可测函数 $E[X|\sigma(Y_T)](\cdot) \triangleq E(X|Y_T)(\cdot)$ 满足：对$\forall$ $A \in \sigma(Y_T)$ 成立

$$\int_A X(\omega) P(\mathrm{d}\omega) = \int_A E(X|Y_T)(\omega) P_{\sigma(Y_T)}(\mathrm{d}\omega), \qquad (2.1.12)$$

其中 $E(X|Y_T)(\cdot)$ 可在一个 $P_{\sigma(Y_T)}$ 零概集上任意定义或无定义. 于是据复合函数定理，有由 $(R^T, \mathscr{B}(R^T))$ 到 $(R, \mathscr{B}(R))$ 的可测函数 g，可使 $E[X|Y_T](\omega) = g[Y_T(\omega)]$.

由于 Y_T（在 R^T 中）的分布是：对$\forall$ $B \in \mathscr{B}(R^T)$，

$$P_{Y_T}(B) \triangleq P[Y_T^{-1}(B)] = P[Y_T \in B] = P\{\omega: Y_T(\omega) \triangleq y_T \in B\}$$
$$= P_{Y_T}\{y_T: y_T \in B\}$$

是 $\mathscr{B}(R^T)$ 上的概率测度. 于是（注意(2.1.12)）对$\forall$ $B \in \mathscr{B}(R^T)$ 有

$$\int_{A = Y_T^{-1}(B)} X(\omega) P(\mathrm{d}\omega) = \int_{Y_T^{-1}(B)} E[X|Y_T](\omega) P_{\sigma(Y_T)}(\mathrm{d}\omega)$$
$$= \int_{Y_T^{-1}(B)} g[Y_T(\omega)] \cdot P_{\sigma(Y_T)}(\mathrm{d}\omega)$$

$$
\begin{aligned}
&= \int_{\Omega} g[Y_T(\omega)] \cdot I_{Y_T^{-1}(B)}(\omega) \cdot P_{\sigma(Y_T)}(\mathrm{d}\omega) \\
&= \int_{\Omega} g[Y_T(\omega)] \cdot I_B[Y_T(\omega)] \cdot P_{\sigma(Y_T)}(\mathrm{d}\omega) \\
&= \int_{R^T} g(y_T) \cdot I_B(y_T) \cdot P_{Y_T}(\mathrm{d}y_T) \\
&= \int_B g(y_T) P_{Y_T}(\mathrm{d}y_T),
\end{aligned}
$$

即对$\forall\ B \in \mathscr{B}(R^T)$成立

$$
\int_{Y_T^{-1}(B)} X(\omega) P(\mathrm{d}\omega) = \int_B g(y_T) P_{Y_T}(dy_T). \tag{2.1.13}
$$

上式即为**给定 Y_T 时 X 的条件期望**的定义式. 特别取 B 为单点集$\{y_T\}$时(注意 $P_{Y_T}(\{y_T\}) = P\{\omega: Y_T(\omega) = y_T\}$)由(2.1.13)可得

$$
\frac{1}{P[Y_T = y_T]} \int_{[Y_T = y_T]} X(\omega) P(\mathrm{d}\omega) \triangleq E[X \mid Y_T = y_T] = g(y_T)
$$

(或留意 $Y_T^{-1}(\{y_T\})$为 $\sigma(Y_T)$的原子,故依定义2.1.3之注6在$[Y_T = y_T]$上 $E(X \mid Y_T)(\omega) \equiv$常数,兼顾到 $E(X \mid Y_T)(\omega) = g[Y_T(\omega)]$,即知该常数为 $g(y_T)$) 换句话说,当把 $E[X \mid Y_T](\cdot)$理解为 Y_T 的样本空间上的 Borel 函数时,其在样本点 $Y_T = y_T$ 处的值为

$$
E[X \mid Y_T](y_T) = E[X \mid Y_T = y_T] = g(y_T).
$$

对$\forall\ A \in \mathscr{F}$,给定 Y_T 时的条件概率定义为

$$
P(A \mid Y_T) = E(I_A \mid Y_T).
$$

§2.2 条件期望的性质

上节中我们看到条件期望 $E[X \mid \mathscr{G}]$作为 Ω 上的 $\mathscr{G}$-可测函数,可以视为对 X 在 $\mathscr{G}$ 的原子上作平滑处理后的结果. 本节还要对平滑性作深入讨论,但主要是对映射 $E(\cdot \mid \mathscr{G})$: $\mathscr{E} \to \mathscr{G}$-可测函数空间与 $E(\cdot)$: $\mathscr{E} \to R$ 进行比较,从中可以看出 $E(\cdot \mid \mathscr{G})$与积分$E(\cdot)$有类似的性质.

下面设 $\mathscr{G}$ 为 $\mathscr{F}$ 的子 σ-域，凡出现的积分都存在.

定理2.2.1 (i)若 $X=a$ a.s.，则 $E[X|\mathscr{G}]=E[a|\mathscr{G}]=a$ a.s.

(ii)(单调性) 若 $X\leqslant Y$ a.s.，则 $E(X|\mathscr{G})\leqslant E(Y|\mathscr{G})$ a.s.

(iii)(线性性) 若 a,b 为常数，X、$Y\in\mathscr{E}$，则 $E(aX+bY|\mathscr{G})=aE(X|\mathscr{G})+bE(Y|\mathscr{G})$ a.s.

证 由(2.1.10)与积分的相应性质易得.

跟 $E(\cdot)$ 一样，$E(\cdot|\mathscr{G})$ 也有其收敛定理，归结为

定理2.2.2 (i)(条件单调收敛定理)若 $0\leqslant X_n\uparrow X$，则

$$0\leqslant E(X_n|\mathscr{G})\uparrow E(X|\mathscr{G}) \text{ a.s.} \tag{2.2.1}$$

(ii)(条件 Fatou 引理) 设 Y,Z 为可积 r.v.. 若 r.v. 列 $\{X_n,n\geqslant 1\}$ 中的每个 $X_n\geqslant Y$ a.s.[或 $X_n\leqslant Z$ a.s.]，则有

$$E[\underline{\lim}X_n|\mathscr{G}]\leqslant \underline{\lim}E[X_n|\mathscr{G}] \text{ a.s.} \tag{2.2.2}$$

[或 $\overline{\lim}E(X_n|\mathscr{G})\leqslant E(\overline{\lim}X_n|\mathscr{G})$ a.s.].

(iii)(条件控制收敛定理) 若有 $\sup\limits_{n\geqslant 1}|X_n|\leqslant Y$，而 Y 可积，且 $X_n\to X$ a.s.，则有

$$\lim_{n\to\infty}E[X_n|\mathscr{G}]=E[X|\mathscr{G}] \text{ a.s.} \tag{2.2.3}$$

证 (i)因为 $X_n\leqslant X_{n+1}$ a.s.，故由定理2.2.1(ii)知 $E[X_n|\mathscr{G}]\leqslant E[X_{n+1}|\mathscr{G}]$ a.s.，而单调数列必有极限，故概率为1地有 $\lim\limits_{n\to\infty}E[X_n|\mathscr{G}]\triangleq X'$ 存在，且 $X'\in\mathscr{G}$[习题一，11]，注意由 $X_n\geqslant 0$ 知 $E(X_n|\mathscr{G})\geqslant 0$ a.s.，又对 $\forall\ B\in\mathscr{G}$ 有

$$\int_B E[X_n|\mathscr{G}](\omega)P_{\mathscr{G}}(\mathrm{d}\omega)=\int_B X_n(\omega)P(\mathrm{d}\omega).$$

而依单调收敛定理(定理1.8.7)可得

$$\begin{aligned}\int_B X'(\omega)P_{\mathscr{G}}(\mathrm{d}\omega)&=\lim_{n\to\infty}\int_B E(X_n|\mathscr{G})(\omega)P_{\mathscr{G}}(\mathrm{d}\omega)\\&=\lim_{n\to\infty}\int_B X_n(\omega)P(\mathrm{d}\omega)\\&=\int_B X(\omega)P(\mathrm{d}\omega)=\int_B E[X|\mathscr{G}](\omega)P_{\mathscr{G}}(\mathrm{d}\omega).\end{aligned}$$

因 $B\in\mathscr{G}$ 任意，由上据定义2.1.3知 $X'=E[X|\mathscr{G}]$ a.s.，即

$$0 \leqslant E[X_n|\mathscr{G}] \uparrow E[X|\mathscr{G}] \text{ a.s.}$$

(ii)先看特殊情形：$X_n \geqslant 0$ a.s. $(n \geqslant 1)$，此时

$$X_n \geqslant \inf_{k \geqslant n} X_k \uparrow \underline{\lim} X_n \triangleq \lim_{n \to \infty} \inf_{k \geqslant n} X_k .$$

由(i)知

$$0 \leqslant E[\inf_{k \geqslant n} X_k|\mathscr{G}] \uparrow E[\underline{\lim} X_n|\mathscr{G}] \text{ a.s.} ,$$

由定理2.2.1(ii)又知，$E[\inf_{k \geqslant n} X_k|\mathscr{G}] \leqslant E[X_n|\mathscr{G}]$ a.s.，两边同取下极限即得

$$E[\underline{\lim} X_n|\mathscr{G}] = \underline{\lim} E[\inf_{k \geqslant n} X_k|\mathscr{G}] \leqslant \underline{\lim} E[X_n|\mathscr{G}] \text{ a.s.}$$

对一般情形，取 $X'_n \triangleq X_n - Y \geqslant 0$ a.s.，利用上面结果及定理2.2.1(iii)(注意$\underline{\lim}(a_n - c) = \underline{\lim} a_n - c$)就有

$$\begin{aligned} E[\underline{\lim} X_n|\mathscr{G}] - E[Y|\mathscr{G}] &= E[(\underline{\lim} X_n) - Y|\mathscr{G}] \\ &\leqslant \underline{\lim} E[(X_n - Y)|\mathscr{G}] \\ &= \underline{\lim} E(X_n|\mathscr{G}) - E(Y|\mathscr{G}), \end{aligned}$$

即

$$E[\underline{\lim} X_n|\mathscr{G}] \leqslant \underline{\lim} E[X_n|\mathscr{G}] \text{ a.s.}$$

当 $X_n \leqslant Z$ a.s. $(n \geqslant 1)$时，令 $X''_n \triangleq Z - X_n \geqslant 0$，对 X''_n 仍用前面特殊情形下的结论与条件期望的线性性，留意$\underline{\lim}(c - a_n) = c - \overline{\lim} a_n$，即可得证

$$E[\overline{\lim} X_n|\mathscr{G}] \geqslant \overline{\lim} E[X_n|\mathscr{G}] \text{ a.s.}$$

(iii)由于$-Y \leqslant X_n \leqslant Y$ a.s. $(n \geqslant 1)$，故由(ii)立得

$$E[\underline{\lim} X_n|\mathscr{G}] \leqslant \underline{\lim} E[X_n|\mathscr{G}] \leqslant \overline{\lim} E[X_n|\mathscr{G}] \leqslant E[\overline{\lim} X_n|\mathscr{G}].$$

但$\underline{\lim} X_n = \overline{\lim} X_n$a.s.（因 $X_n \to X_n$a.s.），故上式两端相等，因而中间实为等号，亦即

$$\lim E(X_n|\mathscr{G}) = E(\lim X_n|\mathscr{G}) = E(X|\mathscr{G}) \text{ a.s.}$$

注1 由(i)可知：若对 $n \geqslant 1$ 有 $X_n \geqslant Y$，而 Y 可积，且 $X_n \uparrow X$ a.s.，则亦有 $E[X_n|\mathscr{G}] \uparrow E[X|\mathscr{G}]$(对 $Z_n \triangleq X_n - Y \geqslant 0$用(i)及条件期望的线性性即可).

注2 在(i)中特别取 $X_n = \sum_{k=1}^{n} I_{A_k}$($\{A_k\}$为 $\mathscr{F}$ 中任意一列互

斥集)，$X=\sum_{k=1}^{\infty}I_{A_k}$. 注意 $P(A|\mathscr{G})=E(I_A|\mathscr{G})$，$E(\cdot|\mathscr{G})$的线性性，由(i)立得 $\sum_{k=1}^{\infty}P(A_k|\mathscr{G})=P(\sum_{k=1}^{\infty}A_k|\mathscr{G})$ a. s.，换言之，条件概率满足可列可加性.

定理2.2.3(条件 r-阶均方收敛)　若 $X_n\xrightarrow{L_r}X(r\geqslant1)$，则

$$E[X_n|\mathscr{G}]\xrightarrow{L_r}E[X|\mathscr{G}].$$

证　注意对 $r\geqslant1$，函数 $g(x)\triangleq|X|^r$ 凸，利用定理2.2.4(v)中条件期望的凸不等式(见下文)及 $E(\cdot|\mathscr{G})$的线性性、单调性就可得

$$\begin{aligned}E|E(X_n|\mathscr{G})-E(X|\mathscr{G})|^r&=E|E[(X_n-X)|\mathscr{G}]|^r\\&\leqslant E[E(|X_n-X|^r|\mathscr{G})]\\&\overset{(1)}{=}E|X_n-X|^r\xrightarrow[n\to\infty]{}0,\end{aligned}$$

其中(1)处用及(2.1.11).

像 $E(\cdot)$一样，$E(\cdot|\mathscr{G})$也有其相应的有名不等式，像条件 Hölder 不等式等.

定理2.2.4　仍设凡出现的条件期望皆存在.

(i)(条件 C_r-不等式)　设 $r>0$，则有

$$E[|X+Y|^r|\mathscr{G}]\leqslant C_rE[|X|^r|\mathscr{G}]+C_rE[|Y|^r|\mathscr{G}]\text{ a. s.},\tag{2.2.4}$$

其中

$$C_r=\begin{cases}1, & r\leqslant1;\\2^{r-1}, & r\geqslant1.\end{cases}$$

(ii)(条件 Hölder 不等式) 设 $r>1,\dfrac{1}{r}+\dfrac{1}{s}=1$，则有

$$E[|XY||\mathscr{G}]\leqslant E^{\frac{1}{r}}[|X|^r|\mathscr{G}]\cdot E^{\frac{1}{s}}[|Y|^s|\mathscr{G}]\text{ a. s.}\tag{2.2.5}$$

(iii)(条件矩不等式)　设$0<s<t$，则有

$$E^{\frac{1}{s}}[|Z|^s|\mathscr{G}]\leqslant E^{\frac{1}{t}}[|Z|^t|\mathscr{G}]\text{ a. s.}\tag{2.2.6}$$

(iv)(条件 Minkowski 不等式） 1) 设 $r\geqslant 1$,则

$$E^{\frac{1}{r}}[|X+Y|^r|\mathscr{G}]\leqslant E^{\frac{1}{r}}[|X|^r|\mathscr{G}]+E^{\frac{1}{r}}[|Y|^r|\mathscr{G}] \text{ a.s.} \tag{2.2.7}$$

2) 设$0<r<1$,则

$$E^{\frac{1}{r}}[|X+Y|^r|\mathscr{G}]\geqslant E^{\frac{1}{r}}[|X|^r|\mathscr{G}]+E^{\frac{1}{r}}[|Y|^r|\mathscr{G}] \text{ a.s.} \tag{2.2.8}$$

(v)(条件 Jensen 不等式) 设 EX 存在,g 为 R 上的连续凸函数且 $E[g(X)]$存在,则

$$g[E(X|\mathscr{G})]\leqslant E[g(X)|\mathscr{G}] \text{ a.s.} \tag{2.2.9}$$

证 (i)注意到 C_r-不等式

$$|X+Y|^r\leqslant C_r|X|^r+C_r|Y|^r,\ r>0,$$

利用 $E(\cdot|\mathscr{G})$的单调及线性性立得.

(ii)注意把算术平均$\geqslant$几何平均的加权形式用于$|a|^r$、$|b|^s$(以$\frac{1}{r}$、$\frac{1}{s}$($\frac{1}{r}+\frac{1}{s}=1$)为权)可得

$$|ab|^1\leqslant\frac{1}{r}|a|^r+\frac{1}{s}|b|^s.$$

在 $E[|X|^r|\mathscr{G}]\neq 0$ a.s. 与 $E[|Y|^s|\mathscr{G}]\neq 0$ a.s. 成立时,于上式中置$a=\dfrac{X}{E^{\frac{1}{r}}[|X|^r|\mathscr{G}]}$,$b=\dfrac{Y}{E^{\frac{1}{s}}[|Y|^s|\mathscr{G}]}$,援用 $E(\cdot|\mathscr{G})$的线性性、单调性,并用定理2.2.6(详后)的结果,把 $\mathscr{G}$-可测因子$\dfrac{1}{E^{\frac{1}{r}}[|X|^r|\mathscr{G}]}$、$\dfrac{1}{E^{\frac{1}{s}}[|Y|^s|\mathscr{G}]}$自条件期望号内提出,稍加整理即得.

这样只在特定情形证明了(ii).严格的证明详§2.4的定理2.4.5.

(iii)易(ii)中 r,s 为 p、q,并置 $p=\dfrac{t}{s}>1$,$X=|Z|^s$,$Y=1$即得.

(iv)1)、2)证法类似,兹仅证1).

当 $r=1$时,因$|X+Y|\leqslant|X|+|Y|$,由 $E(\cdot|\mathscr{G})$的线性性与单调性可立得.

当 $r>1$时,由于$|X+Y|^r=|X+Y|^{r-1}\cdot|X+Y|\leqslant|X|\cdot|X+$

$Y|^{r-1}+|Y|\cdot|X+Y|^{r-1}$，用 $E(\cdot|\mathscr{G})$ 的单调性、线性性及(ii)可得

$$\begin{aligned}E[|X+Y|^r|\mathscr{G}]&\leqslant E[|X|\cdot|X+Y|^{r-1}|\mathscr{G}]\\&\quad+E[|Y|\cdot|X+Y|^{r-1}|\mathscr{G}]\\&\leqslant E^{\frac{1}{r}}[|X|^r|\mathscr{G}]\cdot E^{\frac{1}{s}}[|X+Y|^{(r-1)s}|\mathscr{G}]\\&\quad+E^{\frac{1}{r}}[|Y|^r|\mathscr{G}]\cdot E^{\frac{1}{s}}[|X+Y|^{(r-1)s}|\mathscr{G}]\\&=(E^{\frac{1}{r}}[|X|^r|\mathscr{G}]+E^{\frac{1}{r}}[|Y|^r|\mathscr{G}])\\&\quad\cdot E^{\frac{1}{s}}[|X+Y|^r|\mathscr{G}].\end{aligned}$$

当 $E^{\frac{1}{s}}[|X+Y|^r|\mathscr{G}]\neq 0$ a.s. 时，两边同以除之即得证. 当 $E^{\frac{1}{s}}[|X+Y|^r|\mathscr{G}]=0$时因欲证的不等式右方$\geqslant 0$，故显然成立.

(v) 1°先设有 $c>0$使$|X|<c$. 注意(习题二，13)对凸函数$g(x)$有实值非降函数 λ 可使 $g(x)-g(y)\geqslant\lambda(y)\cdot(x-y)$(当 g' 存在时取 $\lambda(y)=g'(y)$；在一般情况下则可取 $\lambda(y)\triangleq\sup\limits_{u<y}\dfrac{g(y)-g(u)}{y-u}$). 在上式中置 $x=X$，$y=E[X|\mathscr{G}]$，再对两边取 $E(\cdot|\mathscr{G})$，注意其单调性、线性性及定理2.2.6就可得 $E[g(X)|\mathscr{G}]\geqslant g[E(X|\mathscr{G})]$ a.s.

2°若 X 无界. 令

$$X_{m,n}=\begin{cases}X, & -m\leqslant X\leqslant n;\\ n, & n<X;\\ -m, & X<-m.\end{cases}$$

$$X_m=\begin{cases}X, & -m\leqslant X;\\ -m, & X<-m.\end{cases}$$

于是 $n\to\infty$ 时 $X_{m,n}\uparrow X_m$；而 $m\to\infty$ 时 $X_m\downarrow X$. 而由1°有

$$E[g(X_{m,n})|\mathscr{G}]\geqslant g[E(X_{m,n}|\mathscr{G})]\ \text{a.s.}\qquad(2.2.10)$$

注意在定理2.2.2(i)中实则只要 X_n 单调趋于 X 就有 $E(X_n|\mathscr{G})\to E(X|\mathscr{G})$. 因 g 连续，$\{X_{m,n},n\geqslant 1\}\uparrow X_m$. 若点$(X_m,g(X_m))$处于曲线 $y=g(x)$ 的升段位置，则$\{g(X_{m,n}),n\geqslant 1\}\uparrow g(X_m)$；反之有$\{g(X_{m,n}),n\geqslant 1\}\downarrow g(X_m)$. 总之 $n\to\infty$时 $g(X_{m,n})\xrightarrow{\text{单调}}g(X_m)$. 于是对(2.2.10)两边取 $n\to\infty$时的极限，运用定理2.2.2(i)就得

$$E[g(X_m)|\mathscr{G}]\geqslant g[E(X_m|\mathscr{G})]\ \text{a.s.}$$

又因 $X_m \downarrow X$(当 $m\to\infty$时),对上式两端取 $m\to\infty$时的极限,同理可得

$$E[g(X)|\mathscr{G}]\geqslant g[E(X|\mathscr{G})] \text{ a.s.}$$

推论2.2.1 设 $p\geqslant 1$,又 $E|X|^p<\infty$,则

$$|E[X|\mathscr{G}]|^p\leqslant E[|X|^p|\mathscr{G}] \text{ a.s.}$$

证 在条件 Jensen 不等式中置 $g(x)=|x|^p,p\geqslant 1$,即可.

推论2.2.2 若 EX 存在,则

$$[E(X|\mathscr{G})]^+\leqslant E[X^+|\mathscr{G}] \text{ a.s.}$$

$$[E(X|\mathscr{G})]^-\leqslant E[X^-|\mathscr{G}] \text{ a.s.}$$

证 由 $X^+=\max(X,0)$,$X^-=\max(-X,0)$皆凸知此.

由§2.1知 $E(\cdot|\mathscr{G})$是在 $\mathscr{G}$ 的原子上的平滑运算.即 X 在 $\mathscr{G}$ 的每个原子上未必为常数,但 $E(X|\mathscr{G})$却在 $\mathscr{G}$ 的每个原子上为常数;并且当原子 B 有正概率时,该常数为 X 在 B 上(关于 P)的局部平均值 $E(X|B)$.

可以想见,如果在 $\mathscr{G}$ 的每个原子上 X 已为常数(当 X 为 $\mathscr{G}$-可测时,因对每个实数 c 有 $X^{-1}(\{c\})\in\mathscr{G}$ 便是这种情况),平滑算子 $E(\cdot|\mathscr{G})$对它就不具有平滑作用了.换言之,此时有 $E(X|\mathscr{G})=X$ a.s. 这点由(2.1.10)亦能看出(见定义2.1.3注4).我们把它归结为下面的定理.

定理2.2.5 若 $X\in\mathscr{G}$,则 $E[X|\mathscr{G}]=X$ a.s.

把这定理予以推广就得

定理2.2.6 设 $X\in\mathscr{G}$,则 $E(XY|\mathscr{G})=XE(Y|\mathscr{G})$ a.s.

$$(2.2.11)$$

证 当 $X=I_{B'}$,$B'\in\mathscr{G}$ 时,由定义2.1.3知:对任意 $B\in\mathscr{G}$ 有 $\int_B E[I_{B'}Y|\mathscr{G}](\omega)P_{\mathscr{G}}(\mathrm{d}\omega) = \int_B I_{B'}YP(\mathrm{d}\omega) = \int_{BB'}YP(\mathrm{d}\omega) = \int_{BB'}E(Y|\mathscr{G})P_{\mathscr{G}}(\mathrm{d}\omega)=\int_B I_{B'}E(Y|\mathscr{G})P_{\mathscr{G}}(\mathrm{d}\omega)$. 这表明

$$E(I_{B'}Y|\mathscr{G}) = I_{B'}E(Y|\mathscr{G}) \text{ a.s.}$$

由此据 $E(\cdot|\mathscr{G})$的线性性可知:当 X 为 $\mathscr{G}$-可测的简单函数时

也有

$$E(XY|\mathscr{G}) = XE(Y|\mathscr{G}) \text{ a.s.}$$

当 X 为一般的 $\mathscr{G}$-可测函数时，可用一列 $\mathscr{G}$-可测的简单函数 $\{X_n,n\geqslant1\}$ 单调地逼近之. 于是因为 $E(X_nY|\mathscr{G})=X_nE(Y|\mathscr{G})$ a.s. $(n\geqslant1)$，而 $X_nY\uparrow XY$（或 $X_nY\downarrow XY$），(因 $X_n\uparrow X$[或 $X_n\downarrow X$]之故)，用条件单调收敛定理2.2.2(i)就得

$$\begin{aligned}XE(Y|\mathscr{G}) &= \lim_{n\to\infty}X_nE(Y|\mathscr{G}) = \lim_{n\to\infty}E(X_nY|\mathscr{G})\\ &= E(\lim_{n\to\infty}X_nY|\mathscr{G}) = E(XY|\mathscr{G}) \text{ a.s.}\end{aligned}$$

即

$$E(XY|\mathscr{G}) = XE(Y|\mathscr{G}) \text{ a.s.}$$

证毕.

特别于(2.2.11)中置 $Y=1$，由定理2.2.6便得定理2.2.5.

这样我们看到 $E(\cdot|\mathscr{G})$不仅对 $\mathscr{G}$-可测的 X 无平滑作用，而且当把 $E(\cdot|\mathscr{G})$施于 XY 时，如其中有一个 $\mathscr{G}$-可测因子，亦可把它自 $E(\cdot|\mathscr{G})$号内提出.

另外，设 $\mathscr{F}\supset\mathscr{G}\supset\mathscr{G}'$ 皆 σ-域. 则因它们的原子一个比另一个的大，从而算子 $E[\cdot|\mathscr{F}]$、$E[\cdot|\mathscr{G}]$、$E[\cdot|\mathscr{G}']$的平滑效果一个比另一个强，即 $E(X|\mathscr{F})=X$ a.s.（无平滑！），$E(X|\mathscr{G})$比 X 平滑，$E(X|\mathscr{G}')$比 $E(X|\mathscr{G})$还要平滑. 且可以想见：对 X 先施以 $E[\cdot|\mathscr{G}]$，把得到的 $E(X|\mathscr{G})$继而再用 $E(\cdot|\mathscr{G}')$加以平滑，应与直接对 X 用算子 $E(\cdot|\mathscr{G}')$来平滑相当. 即我们有

定理2.2.7 若 $\mathscr{G}'\subset\mathscr{G}$ 皆为子 σ-域，则有

$$E[E(X|\mathscr{G})|\mathscr{G}'] = E[X|\mathscr{G}'] = E[E(X|\mathscr{G}')|\mathscr{G}] \text{ a.s.}$$

证 因为 $E(X|\mathscr{G}')\in\mathscr{G}'\subset\mathscr{G}$，故第二个等号由定理2.2.6及2.2.1(i)立得. 往证第一个等号. 由定义2.1.3知：对$\forall$ $A\in\mathscr{G}'$有

$$\begin{aligned}\int_A E[E(X|\mathscr{G})|\mathscr{G}']P_{\mathscr{G}'}(\mathrm{d}\omega) &= \int_A E(X|\mathscr{G})P_{\mathscr{G}}(\mathrm{d}\omega)\\ &= \int_A XP(\mathrm{d}\omega) = \int_A E(X|\mathscr{G}')P_{\mathscr{G}'}(\mathrm{d}\omega).\end{aligned}$$

这表明

$$E[E(X|\mathscr{G})|\mathscr{G}'] = E(X|\mathscr{G}') \text{ a.s.}$$

合定理2.2.6、2.2.7可得下面的定理.

定理2.2.8 若 $\mathscr{G}'\subset\mathscr{G}$，$X\in\mathscr{G}$，则有

$$E(XX'|\mathscr{G}')=E[E(XX'|\mathscr{G})|\mathscr{G}']=E[XE(X'|\mathscr{G})|\mathscr{G}']\ \text{a.s.}$$

特别置 $\mathscr{G}'=\sigma(Y)\subset\sigma(X,Y)\triangleq\mathscr{G}$，可得

$$E(XX'|Y)=E[X\cdot E(X'|X,Y)|Y]\ \text{a.s.}$$

§2.3 条件独立性

在初等概率中我们就知道：若两事件 A、B 满足 $P(AB)=P(A)P(B)$，就称 A、B 相互独立；设 $\mathscr{D}_1$、$\mathscr{D}_2$是两个事件类，自每类中任取一事件，若它们独立就称 $\mathscr{D}_1$与 $\mathscr{D}_2$独立；两个 r.v. X,Y，若由它们所产生的子 σ-域 $\sigma(X)$、$\sigma(Y)$相互独立就叫 X 与 Y 相互独立；以及 X 与 Y 独立时有 $E[XY]=EX\cdot EY$ 等.

进一步还有 $\xi=x$ 条件下 η 的条件期望定义为

$$E\{\eta|\xi=x\}=\int_{-\infty}^{\infty}yp(y|x)\mathrm{d}y,$$

其中 $p(y|x)=\dfrac{p(x,y)}{p_1(x)}$，$p(x,y)$是$(\xi,\eta)$的联合密度，$p_1(x)=\int_{-\infty}^{\infty}p(x,y)\mathrm{d}y$ 是 ξ 的边际密度. 而当 ξ 与 η 独立时 $p(y|x)=\dfrac{p_1(x)p_2(y)}{p_1(x)}=p_2(y)$，从而 $E[\eta|\xi=x]=\int_{-\infty}^{\infty}yp_2(y)\mathrm{d}y=E\eta$. 这就是

定理2.3.1 若子 σ-域 $\mathscr{G}$ 与可积 r.v. X 所产生的子σ-域$\sigma(X)$相互独立，则 $E[X|\mathscr{G}]=EX$ a.s.

证 对$\forall\ A\in\mathscr{G}$，由假设知 I_A 与 X 相互独立. 故有

$$\begin{aligned}\int_A E(X|\mathscr{G})P_{\mathscr{G}}(\mathrm{d}\omega)&=\int_A XP(\mathrm{d}\omega)=\int_\Omega I_AXP(\mathrm{d}\omega)\\&=E(I_AX)=EI_AEX=\int_A EX\cdot P_{\mathscr{G}}(\mathrm{d}\omega).\end{aligned}$$

由上式对一切 $A\in\mathscr{G}$ 皆成立可得

$$E(X|\mathscr{G})=EX\ \text{a.s.}$$

推论2.3.1 若 X 与 Y 独立，则 $E[X|Y]=EX$ a.s.；若 A 与 $\mathscr{G}$ 独立，则有 $P(A|\mathscr{G})=P(A)$a.s.. 此外(因对任何 X，$\sigma(X)$ 与 $\{\varnothing,\Omega\}$独立)$E[X|\{\varnothing,\Omega\}]=EX$ a.s.

与上述独立性平行，也有条件独立性概念.

定义2.3.1 设 $\mathscr{D}_1$、$\mathscr{D}_2$是 $\mathscr{F}$ 的两个子集类，$\mathscr{G}$ 为给定的子 σ-域. 若对任意 $A_1\in\mathscr{D}_1$，$A_2\in\mathscr{D}_2$有

$$P(A_1A_2|\mathscr{G}) = P(A_1|\mathscr{G})\cdot P(A_2|\mathscr{G}) \quad \text{a.s.} \qquad (2.3.1)$$

就说事件类 $\mathscr{D}_1$与 $\mathscr{D}_2$在给定子 σ-域 $\mathscr{G}$ 时**条件独立**.

注 1° 任两事件 $A_1,A_2\in\mathscr{F}$，恒为在给定 $\mathscr{F}$ 时条件独立：这是因为

$$\begin{aligned}P(A_1A_2|\mathscr{F}) &= E[I_{A_1A_2}|\mathscr{F}] = E[I_{A_1}\cdot I_{A_2}|\mathscr{F}] = I_{A_1}I_{A_2}\\ &= E[I_{A_1}|\mathscr{F}]\cdot E[I_{A_2}|\mathscr{F}] = P(A_1|\mathscr{F})P(A_2|\mathscr{F})\end{aligned}$$

(其中用到 $I_{A_1A_2}=I_{A_1}I_{A_2}$ 及定理2.2.5). 另一方面，若取 $\mathscr{G}=\{\varnothing,\Omega\}$，则因$\forall\ A\in\mathscr{F}$ 有 $P(A)=P(A\Omega)=P(A)P(\Omega)$，$P(\varnothing)=P(A\varnothing)=P(A)P(\varnothing)$，故 A 与 $\mathscr{G}$ 独立. 从而类 $\mathscr{D}_1$、$\mathscr{D}_2$皆与 $\mathscr{G}$ 独立. 由此，注意定理2.3.1就得$(A_i\in\mathscr{D}_i)P(A_1A_2|\mathscr{G})=E(I_{A_1A_2}|\mathscr{G})=EI_{A_1A_2}=P(A_1A_2)$及 $P(A_i|\mathscr{G})=P(A_i)(i=1,2)$. 因此 $P(A_1A_2|\mathscr{G})=P(A_1|\mathscr{G})\cdot P(A_2|\mathscr{G})$即 $P(A_1A_2)=P(A_1)P(A_2)$. 换句话说，两事件(类)在给定最小 σ-域(或称最粗的子 σ-域)$\mathscr{G}=\{\Omega,\varnothing\}$时的条件独立性就是通常的(无条件)独立性.

2° 相依 r.v.，在一定条件下考察时可能获得独立性，变成条件独立的 r.v.. 比如，设$\{X_n,n\geqslant1\}$是一列独立的整值 r.v.，$S_n=\sum_{i=1}^{n}X_i$. 显然 r.v. 列$\{S_n,n\geqslant1\}$是相依的. 然而，倘若正概率事件$\{S_2=k\}$发生了，则注意到 X_1、X_2、X_3独立，S_2与 X_3亦独立可得

$$\begin{aligned}&P(S_1=i|S_2=k)\cdot P(S_3=j|S_2=k)\\ &\quad=\frac{P(S_1=i,S_2=k)}{P(S_2=k)}\cdot\frac{P(S_3=j,S_2=k)}{P(S_2=k)}\\ &\quad=\frac{P(X_1=i,X_2=k-i)}{P(S_2=k)}\cdot\frac{P(S_2=k,X_3=j-k)}{P(S_2=k)}\end{aligned}$$

$$= \frac{P(X_1 = i) \cdot P(X_2 = k - i)}{P(S_2 = k)} \cdot \frac{P(S_2 = k) \cdot P(X_3 = j - k)}{P(S_2 = k)}$$

$$= \frac{P(X_1 = i) \cdot P(X_2 = k - i) \cdot P(X_3 = j - k)}{P(S_2 = k)}.$$

而

$$P(S_1=i, S_3=j \mid S_2=k) = \frac{P(S_1=i, S_2=k, S_3=j)}{P(S_2=k)}$$

$$= \frac{P(X_1=i, X_2=k-i, X_3=j-k)}{P(S_2=k)}$$

$$= \frac{P(X_1=i) \cdot P(X_2=k-i) \cdot P(X_3=j-k)}{P(S_2=k)}.$$

故有

$$P(S_1=i, S_3=j \mid S_2=k) = P(S_1=i \mid S_2=k) \cdot P(S_3=j \mid S_2=k),$$

或者写成

$$P(S_1 = i, S_3 = j \mid S_2) = P(S_1 = i \mid S_2) \cdot P(S_3 = j \mid S_2).$$

若把 S_n 的足标理解为“时间”，则随机变量 S_1, S_2, S_3 可分别想象成过去、现在与将来偶然发生的事件. 这时就可把上面的关系作这样形象地表述：“在给定现在的情况下，过去与将来是条件独立的.”事实上，认定 r. v. S_n 为“现在”，诸 r. v. $S_1, \cdots, S_{n-1}$ 为“过去”，而 $S_{n+1}, \cdots, S_{n+m}$ 为“将来”，则对于 $n \geqslant 2, m > 0$，可以证明“过去”与“将来”在给定“现在”之条件下，是条件独立的. 不仅独立 r. v. 的诸和 S_n 具此性质，更一般地当 r. v. 列 $\{S_n, n \geqslant 1\}$ 构成一个 Markov 链时也有此性质.

另一方面，独立 r. v. 在一定条件下会失去独立性. 比如，设 $\{X_n, n \geqslant 1\}$ 表示成功概率为 p 的 Bernoulli 试验序列，$S_n = \sum_1^n X_i$. 则 $P\{X_i = 1 \mid S_2 = 0\} > 0 (i = 1, 2)$，但 $P\{X_1 = 1, X_2 = 1 \mid S_2 = 0\} = 0$.

下面的定理给出了两个子 σ-域为给定第三个子 σ-域时条件独立的充要条件.

定理2.3.2 两个子 σ-域 $\mathscr{G}_1$、$\mathscr{G}_2$ 为给定子 σ-域 $\mathscr{G}$ 时条件独立，当且仅当对任意的 $B_2 \in \mathscr{G}_2$，有

$$P[B_2|\sigma(\mathscr{G}_1,\mathscr{G})]\triangleq P[B_2|\mathscr{G}_1\vee\mathscr{G}]=P(B_2|\mathscr{G})\ \text{a.s.}\qquad(2.3.2)$$

证 注意(2.1.6)知(2.3.2)即

$$E[I_{B_2}|\mathscr{G}_1\vee\mathscr{G}]=E[I_{B_2}|\mathscr{G}]\ \text{a.s.},\qquad(2.3.3)$$

而$\mathscr{G}_1$、$\mathscr{G}_2$为给定$\mathscr{G}$时条件独立，依定义即：对任意的$B_1\in\mathscr{G}_1$、$B_2\in\mathscr{G}_2$有

$$E[I_{B_1B_2}|\mathscr{G}]=E[I_{B_1}|\mathscr{G}]\cdot E[I_{B_2}|\mathscr{G}]\ \text{a.s.},\qquad(2.3.4)$$

现在只须证(2.3.3)⇔(2.3.4)．但因

$$(2.3.4)\text{之左}=E[I_{B_1}I_{B_2}|\mathscr{G}]\overset{(1)}{=}E[E(I_{B_1}I_{B_2}|\mathscr{G}_1\vee\mathscr{G})|\mathscr{G}]$$

$$\overset{(2)}{=}E[I_{B_1}E(I_{B_2}|\mathscr{G}_1\vee\mathscr{G})|\mathscr{G}]\ \text{a.s.},$$

$$\text{之右}=E(I_{B_1}|\mathscr{G})\cdot E[I_{B_2}|\mathscr{G}]\overset{(3)}{=}E[I_{B_1}\cdot E(I_{B_2}|\mathscr{G})|\mathscr{G}]\ \text{a.s.}$$

【(1)、(2)、(3)依次用到定理2.2.8，定理2.2.6.】因而(2.3.4)即

$$E[I_{B_1}E(I_{B_2}|\mathscr{G}_1\vee\mathscr{G})|\mathscr{G}]=E[I_{B_1}E(I_{B_2}|\mathscr{G})|\mathscr{G}]\ \text{a.s.}\qquad(2.3.5)$$

故只须证(2.3.3)⇔(2.3.5)．

往证(2.3.3)⇒(2.3.5)：把(2.3.3)两边皆以I_{B_1}乘之，再取$E(\cdot|\mathscr{G})$，即得(2.3.5)．

再证(2.3.5)⇒(2.3.3)：对任意$B\in\mathscr{G}$，由(2.3.5)知有

$$\int_B I_{B_1}E(I_{B_2}|\mathscr{G}_1\vee\mathscr{G})P_{\mathscr{G}}(\mathrm{d}\omega)=\int_B I_{B_1}E(I_{B_2}|\mathscr{G})P_{\mathscr{G}}(\mathrm{d}\omega),$$

即

$$\int_{BB_1}E(I_{B_2}|\mathscr{G}_1\vee\mathscr{G})P_{\mathscr{G}}(\mathrm{d}\omega)=\int_{BB_1}E(I_{B_2}|\mathscr{G})P_{\mathscr{G}}(\mathrm{d}\omega).\qquad(2.3.6)$$

但是$E(I_{B_2}|\mathscr{G}_1\vee\mathscr{G})$与$E[I_{B_2}|\mathscr{G}]$都是$\mathscr{G}_1\vee\mathscr{G}$-可测函数，它们在一切形如$BB_1$(其中$B\in\mathscr{G},B_1\in\mathscr{G}_1$)的集合上的积分相等．而集类$\mathscr{E}\triangleq\{BB_1:B\in\mathscr{G},B_1\in\mathscr{G}_1\}$包含$\mathscr{G}$及$\mathscr{G}_1$(当$B_1\equiv\Omega$时$\mathscr{E}=\mathscr{G}$，而$B\equiv\Omega$时$\mathscr{E}=\mathscr{G}_1$)．故而$\sigma(\mathscr{E})=\sigma(\mathscr{G},\mathscr{G}_1)=\sigma(\mathscr{G}\cup\mathscr{G}_1)\triangleq\mathscr{G}_1\vee\mathscr{G}$．记

$$E(I_{B_2}|\mathscr{G}_1\vee\mathscr{G})\triangleq X(\in\mathscr{G}_1\vee\mathscr{G}),$$

$$E(I_{B_2}|\mathscr{G})\triangleq Z(\in\mathscr{G}\subset\mathscr{G}_1\vee\mathscr{G}),$$

则(2.3.6),即$\int_A X=\int_A Z$,当$A\in\mathscr{E}$($\mathscr{E}$是π类,即对交封闭). 再令$\mathscr{A}\triangleq\left\{A:A\in\mathscr{G}_1\vee\mathscr{G},\int_A X=\int_A Z\right\}$. 显然$\mathscr{E}\subset\mathscr{A}$. 由于可积函数的不定积分作为集函数有可列可加性,易证$\mathscr{A}$含Ω,对和集,真差集及升集列的极限封闭,即$\mathscr{A}$为λ-类,因此由定理1.3.3知$\mathscr{A}\supset\sigma(\mathscr{E})=\mathscr{G}_1\vee\mathscr{G}$. 即对$\forall\ A\in\mathscr{G}_1\vee\mathscr{G}$,有

$$\int_A E(I_{B_2}|\mathscr{G}_1\vee\mathscr{G})P(\mathrm{d}\omega)=\int_A E(I_{B_2}|\mathscr{G})P(\mathrm{d}\omega).$$

这就表明:有$N\subset\Omega$满足$N\in\mathscr{G}_1\vee\mathscr{G}$及$P(N)=0$,而

$$E[I_{B_2}|\mathscr{G}_1\vee\mathscr{G}](\omega)=E[I_{B_2}|\mathscr{G}](\omega),\text{当 }\omega\in N^c\text{ 时},$$

即

$$E[I_{B_2}|\mathscr{G}_1\vee\mathscr{G}]=E[I_{B_2}|\mathscr{G}]\quad\text{a.s.}\,[P_{\mathscr{G}_1\vee\mathscr{G}}].$$

此即(2.3.3). 证毕.

注 除了定理2.3.2外,"$\mathscr{G}_1$、$\mathscr{G}_2$为给定$\mathscr{G}$时条件独立"一语,还有以下三种等价形式的命题:

1° 对$\forall\ D\in\mathscr{D}$($\mathscr{D}$是π-类,且$\mathscr{G}_2=\sigma(\mathscr{D})$)有

$$P\{D|\mathscr{G}_1\vee\mathscr{G}\}=P\{D|\mathscr{G}\}\quad\text{a.s.}\tag{2.3.7}$$

2° 对$\forall\ D_i\in\mathscr{D}_i$($\mathscr{D}_i$是$\pi$-类,$\mathscr{G}_i=\sigma(\mathscr{D}_i)$,$i=1,2$)有

$$P\{D_1D_2|\mathscr{G}\}=P\{D_1|\mathscr{G}\}\cdot P\{D_2|\mathscr{G}\}\quad\text{a.s.}\tag{2.3.8}$$

3° 对X(X为$\mathscr{G}_2$-可测且$|EX|\leqslant\infty$)有

$$E[X|\mathscr{G}_1\vee\mathscr{G}]=E[X|\mathscr{G}]\quad\text{a.s.}\tag{2.3.9}$$

(欲详其证明,可参看[1]).

由2°易知:$(\Omega,\mathscr{F},P)$上的r.v. $X_1,\cdots,X_n$为给定(σ-域)$\mathscr{G}$时条件独立$\Leftrightarrow\forall\ (x_1,\cdots,x_n)\in R^n$有

$$P\{\bigcap_{i=1}^n[X_i<x_i]|\mathscr{G}\}=\prod_{i=1}^n P\{X_i<x_i|\mathscr{G}\}\quad\text{a.s.}\tag{2.3.10}$$

由3°可得:r.v. X_1与X_2为给定$\mathscr{G}$时条件独立,又$|EX_1|\leqslant\infty$,则

$$E\{X_1|\ \sigma(\mathscr{G}\cup\sigma(X_2))\}=E\{X_1|\mathscr{G}\}\quad\text{a.s.}\tag{2.3.11}$$

推论2.3.2 设$\mathscr{G}_i(i=1,2,3)$皆为子σ-域. 如果$\sigma(\mathscr{G}_1\cup\mathscr{G}_3)\triangleq$

$\mathscr{G}_1 \vee \mathscr{G}_3$与$\mathscr{G}_2$独立，则$\mathscr{G}_1$与$\mathscr{G}_2$（显然独立！）还是给定$\mathscr{G}_3$时条件独立的. 又若$X$是$\mathscr{G}_1$可测的 r. v.，满足$|EX|\leqslant\infty$，则

$$E[X|\mathscr{G}_2 \vee \mathscr{G}_3] = E[X|\mathscr{G}_3] \quad \text{a.s.} \qquad (2.3.12)$$

证 注意条件概率的定义与条件期望的性质就知，对$A_i \in \mathscr{G}_i$ $(i=1,2)$概率为1地有

$$P\{A_1A_2|\mathscr{G}_3\} = E[I_{A_1A_2}|\mathscr{G}_3] = E\{E[I_{A_1A_2}|\mathscr{G}_1 \vee \mathscr{G}_3]|\mathscr{G}_3\}$$

$$\stackrel{(1)}{=} E\{I_{A_1}E[I_{A_2}|\mathscr{G}_1 \vee \mathscr{G}_3]|\mathscr{G}_3\} \stackrel{(2)}{=} E\{I_{A_1}E[I_{A_2}]|\mathscr{G}_3\}$$

$$= E(I_{A_2}) \cdot E\{I_{A_1}|\mathscr{G}_3\} \stackrel{(3)}{=} E[I_{A_2}|\mathscr{G}_3] \cdot E[I_{A_1}|\mathscr{G}_3]$$

$$= P\{A_2|\mathscr{G}_3\} \cdot P\{A_1|\mathscr{G}_3\},$$

【(1)因定理2.2.6；(2)、(3)皆因定理2.3.1】. 既然业已证明了给定$\mathscr{G}_3$时$\mathscr{G}_1$与$\mathscr{G}_2$为条件独立，由定理2.3.2就知有

$$E[I_{A_1}|\mathscr{G}_2 \vee \mathscr{G}_3] = E[I_{A_1}|\mathscr{G}_3] \quad \text{a.s.}$$

令

$$\mathscr{H} = \{X: X \geqslant 0, X \text{ 为 } \mathscr{G}_1 \text{ 可测且满足(2.3.12)}\},$$

则易证$\mathscr{H}$是单调系（即由$X_1, X_2 \in \mathscr{H}, c_1, c_2 \geqslant 0$，可得$c_1X_1 + c_2X_2 \in \mathscr{H}$；又若$X_1 \leqslant X_2 \leqslant \cdots$，则$\lim\limits_{n\to\infty} X_n \in \mathscr{H}$）. 既然对每个$A_1 \in \mathscr{G}_1$有$I_{A_1} \in \mathscr{H}$，而$\mathscr{G}_1$是$\sigma$-域，于是由定理1.4.1(2)知，对全体非负的$\mathscr{G}_1$可测函数$X$有(2.3.12)成立. 对于任意的$\mathscr{G}_1$可测函数$X = X^+ - X^-$，对$X^+$、$X^-$分别引用上述结果即可得知其亦满足(2.3.12). 证毕.

§2.4 正则条件概率与正则条件分布

2.4.1 正则条件概率

由定义2.1.3知，给定$\mathscr{G}$时的条件概率为

$$P(A|\mathscr{G})(\omega) = E[I_A|\mathscr{G}](\omega), \omega \in \Omega, A \in \mathscr{F}, \qquad (2.4.1)$$

而由定理2.2.1(i)、(ii)可知，自$\mathscr{F}$中任取A皆有

$$0 \leqslant P(A|\mathscr{G})(\omega) \leqslant 1; \qquad (2.4.2)$$

$$P(A|\mathscr{G})(\omega)=0\ \text{a.s.}\Leftrightarrow P(A)=0;\qquad(2.4.3)$$

$$P(A|\mathscr{G})(\omega)=1\ \text{a.s.}\Leftrightarrow P(A)=1.\qquad(2.4.4)$$

而对 $\mathscr{F}$ 中任一列互斥集$\{A_n,\ n\geqslant 1\}$，由§2.2注2知

$$P(\sum_{n=1}^{\infty}A_n|\mathscr{G})(\omega)=\sum_{n=1}^{\infty}P(A_n|\mathscr{G})(\omega)\quad \text{a.s.}\qquad(2.4.5)$$

若对每个 $n\geqslant 1$还有 $A_n\subset A_{n+1}$(或对每个 $n\geqslant 1$有 $A_n\supset A_{n+1}$)，则由定理2.2.2(i)可得

$$P(\lim_{n\to\infty}A_n|\mathscr{G})(\omega)=\lim_{n\to\infty}P(A_n|\mathscr{G})(\omega)\ \text{a.s.}\qquad(2.4.6)$$

对上述诸式应当正确理解，如(2.4.6)意即：自 $\mathscr{F}$ 中的集 $A_n(n\geqslant 1)$及 $\lim A_n$ 各自相应的(关于 $\mathscr{G}$ 的)条件概率等价类中各任取一函数，记为 $P(A_n|\mathscr{G})(\cdot)$，$(n\geqslant 1)$和 $P(\lim A_n|\mathscr{G})(\cdot)$. 则就有一零概集 N(与上述所选各函数有关，因而与 $A_1,\ A_2,\cdots,\lim A_n$ 有关!)满足：对于每个 $\omega\in N^c$，数 $P(\lim A_n|\mathscr{G})(\omega)$ 与数列 $P(A_n|\mathscr{G})(\omega)$的极限相等.

须要强调指出：给定 $\mathscr{G}$ 时的条件概率 $P(\cdot|\mathscr{G})(\cdot)$作为 $\mathscr{F}\times\Omega$ 上的二元(A,ω)函数，其满足

1° 当从 $\mathscr{F}$ 中取定 A 时，$P(A|\mathscr{G})(\cdot)$作为 ω 的函数是 $\mathscr{G}$-可测的，且对$\forall\ G\in\mathscr{G}$ 有 $\int_G P(A|\mathscr{G})P_{\mathscr{G}}(\mathrm{d}\omega)=P(AG)$.

2° 当从 Ω 中取定 ω 时，$P(\cdot|\mathscr{G})(\omega)$作为 A 的函数，却未必是 $\mathscr{F}$ 上的概率测度(尽管(2.4.2)～(2.4.5)似乎给我们以概率的影象，但由它们无论如何不能断言存在这样一零概集 N，使 $\omega\in N^c$ 时 $P(\cdot|\mathscr{G})(\omega)$即为 $\mathscr{F}$ 上的概率测度. 比如(2.4.5)表明：对于 $\mathscr{F}$ 中的集列$\{A_n,n\geqslant 1\}$有相应的零概集 $N=N(A_n,n\geqslant 1)$，使当 $\omega\in N^c$时该等式成立. 但据此不能得知 $\bigcup_{\text{一切}(A_n,n\geqslant 1)\subset\mathscr{F}}N(A_n,n\geqslant 1)\in\mathscr{F}$，更谈不上它是否零概集了).

但倘若对每个 $\omega\in\Omega$，$P(\cdot|\mathscr{G})(\omega)$皆是 $\mathscr{F}$ 上的概率测度，就称 $P(\cdot|\mathscr{G})(\cdot)$为给定 $\mathscr{G}$ 时的**正则**条件概率；而 X 关于它的积分恰为给定 $\mathscr{G}$ 时，X 的条件期望，即对每个 $\omega_0\in\Omega$ 有 $E(X|\mathscr{G})(\omega_0)$

$= \int_\Omega X(\omega)P(\mathrm{d}\omega|\mathscr{G})(\omega_0)$. 这就是我们下面要谈的.

定义2.4.1 设 $\mathscr{G}$ 与 $\mathscr{F}_1$ 皆为 $\mathscr{F}$ 的子 σ-域. 定义于 $\mathscr{F}_1\times\Omega$ 上的函数 $P(A,\omega)$ 若满足

(i)(正则性) 当($\Omega\ni$)ω 取定时,$P(\cdot,\omega)$ 为 $\mathscr{F}_1$ 上的概率测度;

(ii)(条件概率性) 当($\mathscr{F}\ni$)A 取定时,$P(A,\cdot)$ 为 Ω 上的 $\mathscr{G}$-可测函数,满足:对$\forall$ $G\in\mathscr{G}$ 有

$$\int_G P(A,\omega)P_{\mathscr{G}}(\mathrm{d}\omega) = P(AG).$$

就称 $P(\cdot,\cdot)$ 为**给定 $\mathscr{G}$ 时 $\mathscr{F}_1$ 上的正则条件概率**.

特别,若 $\mathscr{F}_1=\sigma(\xi)$($\xi$ 是 $(\Omega,\mathscr{F},P)$ 上的随机变量),就称 $P(\cdot,\cdot)$ 为 **ξ 关于 $\mathscr{G}$ 的正则条件概率**.

注 这里提请读者注意,给定 $\mathscr{G}$ 时的条件概率(与 σ-域 $\mathscr{F}$ 及其子 σ-域 $\mathscr{G}$ 有关!)$P(\cdot|\mathscr{G})(\cdot)=\{P(A|\mathscr{G})(\cdot):A\in\mathscr{F}\}$,其中 $P(A|\mathscr{G})(\cdot)$ 是自 A 关于 $\mathscr{G}$ 的条件概率的等价类中任意选定的一个. 于是从逻辑上讲就有这样的可能:即对有的 $\mathscr{F}$ 与 $\mathscr{G}$,对每个 A($\in\mathscr{F}$)从其关于 $\mathscr{G}$ 的条件概率等价类中无论怎么挑选,最后得到的条件概率 $P(\cdot|\mathscr{G})(\cdot)$ 都不是正则条件概率(事实上也确有这种情况,见[4]例6.1.6);而对有的 $\mathscr{F}$ 与 $\mathscr{G}$,则能挑出正则条件概率来(其实在定义2.1.2之后我们已见到过这样的例子了).

另外,如果对 $\mathscr{F}$ 与 $\mathscr{G}$ 有正则条件概率存在,则对 $\mathscr{F}_1$($\mathscr{F}$ 的子 σ-域)与 $\mathscr{G}$ 亦然;反过来则不见得.

如果 r.v. ξ 关于 $\mathscr{G}$ 的正则条件概率存在,则 ξ 关于 $\mathscr{G}$ 的条件期望能表为 ξ 关于该正则条件概率的积分. 即我们有

定理2.4.1(积分定理) 若 $\mathscr{F}_1$、$\mathscr{G}$ 皆是 $\mathscr{F}$ 的子 σ-域,$P_\omega(A)\triangleq P(A,\omega)$ 是给定 $\mathscr{G}$ 时 $\mathscr{F}_1$ 上的正则条件概率. ξ 是 $\mathscr{F}_1$ 可测函数,$|E\xi|\leqslant\infty$. 则

$$E(\xi|\mathscr{G})(\omega) = \int_\Omega \xi(\omega')\cdot P_\omega(\mathrm{d}\omega')\ \text{a.s.} \qquad (2.4.7)$$

证 设$\xi \geqslant 0$(在一般情况下可对ξ^+,ξ^-分别加以考虑).令

$$\mathscr{H} = \{\xi : \xi \geqslant 0, \xi \text{ 为 } \mathscr{F}_1 \text{ 可测且有(2.4.7)成立}\}.$$

由$P(\cdot,\cdot)$的正则性知,对每个$\omega \in \Omega$,$P_\omega(\cdot) \triangleq P(\cdot,\omega)$是$\mathscr{F}_1$上的概率测度,因而

$$P_\omega(A) = \int_A P_\omega(\mathrm{d}\omega') = \int_\Omega I_A(\omega') P_\omega(\mathrm{d}\omega'). \qquad (2.4.8_1)$$

由$P(\cdot,\cdot)$的条件概率性知,对每个$A \in \mathscr{F}_1$有

$$P_\cdot(A) \triangleq P(A,\cdot) = P(A|\mathscr{G})(\cdot) \text{ a.s.}, \qquad (2.4.8_2)$$

其中$P(A|\mathscr{G})(\cdot)$是自A关于$\mathscr{G}$的条件概率的等价类中任取的一个.注意(定义2.1.3)

$$P(A|\mathscr{G})(\cdot) \triangleq E[I_A|\mathscr{G}](\cdot),$$

合上式与$(2.4.8_1)$、$(2.4.8_2)$于一处即得

$$E[I_A|\mathscr{G}](\omega) = P_\omega(A) = \int_\Omega I_A(\omega') P_\omega(\mathrm{d}\omega') \quad \text{a.s.}$$

这表明$\xi \triangleq I_A(\omega') \in \mathscr{H}$,由于$A \in \mathscr{F}_1$为任意,故而$\mathscr{H} \supset \{I_A : A \in \mathscr{F}_1\}$.

再由条件期望$E(\cdot|\mathscr{G})$与非负的$\mathscr{F}_1$-可测函数关于概率测度$P_\omega(\cdot)$的积分皆有线性性及单调收敛性,可知$\mathscr{H}$是单调系.注意到$\mathscr{F}_1$为σ-域,因而由定理1.4.1(ii)即知$\mathscr{H}$含所有非负的$\mathscr{F}_1$-可测函数.这样我们就证明了对$0 \leqslant \xi \in \mathscr{F}_1$,存在零概集$N$(依赖于$\xi$),当$\omega \in N^c$时有

$$E(\xi|\mathscr{G})(\omega) = \int_\Omega \xi(\omega') P_\omega(\mathrm{d}\omega').$$

我们再看一个具体的例子,以便对上述概念与结论有更深刻的理解.

例2.4.1 设$\xi \triangleq (\xi_1,\xi_2)$是$(\Omega,\mathscr{F},P) \triangleq (R^2,\mathscr{B}^2,P)$上的坐标随机变量,其分布函数$F(x_1,x_2) \triangleq P(\xi_1 < x_1, \xi_2 < x_2)$绝对连续,即有Borel函数$f$满足

(i) $F(x_1,x_2) = \int_{-\infty}^{x_2} \left[\int_{-\infty}^{x_1} f(s,t)\mathrm{d}s\right]\mathrm{d}t$, $\omega \triangleq (x_1,x_2) \in R^2$.

此时$\mathscr{F}_0 = \mathscr{F} = \mathscr{B}^2 = \sigma(\xi_1,\xi_2)$,$\mathscr{G} = \sigma(\xi_2) = R \times \mathscr{B}$

$=\{R\times D: D\in\mathscr{B}\}$. 对 $\omega=\{x_1,x_2\}$ 定义

$$
\text{(ii)}\quad \begin{cases} f_1(x_1)=\displaystyle\int_{-\infty}^{\infty} f(x_1,t)\mathrm{d}t, \\ f_2(x_2)=\displaystyle\int_{-\infty}^{\infty} f(s,x_2)\mathrm{d}s\ . \end{cases}
$$

$$
\text{(iii)}\quad f_1(x_1|x_2)=\begin{cases} f(x_1,x_2)/f_2(x_2), & \text{若 } f_2(x_2)>0; \\ f_1(x_1), & \text{若 } f_2(x_2)=0\ . \end{cases}
$$

由 Fubini 定理(定理1.9.1)知 $f_i(x_i)$是 R 上的 Borel 函数,因而 $f_1(x_1|x_2)$是 $\Omega=R^2$上的 Borel 函数.

对 $B\in\mathscr{F}_0=\mathscr{B}^2$与 $\omega=(x_1,x_2)\in\Omega=R^2$定义

$$
\text{(iv)}\quad P(B,\omega)\triangleq\int_{[s:(s,x_2)\in B]} f_1(s|x_2)\mathrm{d}s\ .
$$

则(注意当 $\omega_1=(x'_1,x'_2)$与 $\omega_2=(x''_1,x''_2)$满足 $x'_2=x''_2$时就有 $P(B,\omega_1)=P(B,\omega_2)$;又当$[s:(s,x_2)\in B']=[s:(s,x_2)\in B'']$时亦有 $P(B',\omega)=P(B'',\omega)$. 故尽管 B 是二维集合,但当 ω 固定时 $P(B,\omega)$作为 B 的测度,本质上是一维的:其值为 $f_1(\cdot|x_2)$在 B 于 X_1轴的投影上依 Lebesgue 测度之积分. 故置 $P_\omega(B)\triangleq P(B,\omega)$有 $P_\omega(\mathrm{d}\omega')=f_1(s|x_2)\mathrm{d}s$,其中 $\omega=(x_1,\ x_2)$, $\omega'=(s,t)$).

1° 对每个 $\omega\in R^2$, $P(B,\omega)$是 $\mathscr{F}_0=\mathscr{B}^2$上的一个概率测度.

2° 对每个 $B\in\mathscr{F}_0$, $P(B,\omega)$是 x_2的 Borel 函数(因而是 $\mathscr{G}=\sigma(\xi_2)$可测的),且对 $B\in\mathscr{F}_0$与 $A_2\triangleq R\times B_2\in\mathscr{G}=\sigma(\xi_2)$ 有

$$
\begin{aligned}
\int_{A_2} P(B,\omega)\mathrm{d}P(\omega) &= \int_{B_2}\int_{-\infty}^{\infty} P(B,(x_1,x_2))\cdot f(x_1,x_2)\mathrm{d}x_1\mathrm{d}x_2 \\
&= \int_{B_2}\int_{-\infty}^{\infty}\left[\int_{[s:(s,x_2)\in B]} f_1(s|x_2)\mathrm{d}s\right]\cdot f(x_1,x_2)\mathrm{d}x_1\mathrm{d}x_2 \\
&= \int_{B_2}\left\{\int_{[s:(s,x_2)\in B]} f_1(s|x_2)\cdot\left[\int_{-\infty}^{\infty} f(x_1,x_2)\mathrm{d}x_1\right]\cdot\mathrm{d}s\right\}\mathrm{d}x_2 \\
&= \int_{B_2}\left[\int_{[s:(s,x_2)\in B]} f_1(s|x_2)\mathrm{d}s\right] f_2(x_2)\mathrm{d}x_2
\end{aligned}
$$

$$= \int_{B_2} \int_{[s:(s,x_2)\in B]} f(s,x_2)\mathrm{d}s\mathrm{d}x_2 = P(BA_2).$$

注意定义2.1.3,即条件概率 $P(B|\mathscr{G})(\omega)$(其中 $B\in\mathscr{F}_0$为任取)满足:对$\forall$ $A_2\in\mathscr{G}$ 有

$$\int_{A_2} P(B|\mathscr{G})(\omega)\mathrm{d}P(\omega) = \int_{A_2} I_B(\omega)\mathrm{d}P(\omega) = P(BA_2).$$

上两式比照之即知有

$$P(B,\omega) = P(B|\mathscr{G})(\omega) \quad \text{a. s.},对每个\ B\in\mathscr{F}_0 = \mathscr{B}^2.$$

因此 $P(B,\omega)$是 $\mathscr{F}_0=\mathscr{B}^2$ 上给定 $\mathscr{G}=\sigma(\xi_2)$时的一个正则条件概率.

于是,对 $\Omega=R^2$ 上的一个 Borel 函数 $h[\boldsymbol{\xi}(\omega)]=h[\xi_1(\omega),\xi_2(\omega)]$当$|Eh(\xi_1,\xi_2)|\leqslant\infty$时运用定理2.4.1就得

$$\begin{aligned}
&E\{h(\xi_1,\xi_2)|\mathscr{G}\}(\omega) \triangleq E\{h(\xi_1,\xi_2)|\xi_2\}(\omega) \\
&= \int_{\Omega=R^2} h[\boldsymbol{\xi}(\omega')]P_\omega(\mathrm{d}\omega') \\
&= \int_{R^2} h(x'_1,x'_2)\cdot P_\omega(\mathrm{d}\omega') \\
&= \left(\int_{F\triangleq[\omega'=(x'_1,x'_2):x'_2=x_2]} + \int_{F^c}\right) h(x'_1,x'_2)P_\omega(\mathrm{d}\omega') \\
&\overset{(1)}{=} \int_F h(x'_1,x'_2)P_{\omega=(x_1,x_2)}(\mathrm{d}\omega') = \int_{-\infty}^{\infty} h(x'_1,x'_2)f_1(x'_1|x_2)\mathrm{d}x'_1 \text{ a. s.}
\end{aligned}$$

【(1)因由(iv)知,当 $B\subset F^c$ 时 $P_\omega(B)=P(B,\omega)=0$】,即

$$\text{(v)} \quad E\{h(\xi_1,\xi_2)|\xi_2\} = \int_{-\infty}^{\infty} h(s,\xi_2)\cdot f_1(s|\xi_2)\mathrm{d}s \quad \text{a. s.}$$

Borel 函数 $f_1(x_1|x_2)$ 称为给定 $\xi_2=x_2$ 时 ξ_1 的条件密度,而 $F_1(x_1|x_2)=\int_{-\infty}^{x_1} f_1(u|x_2)\mathrm{d}u$ 称为给定 $\xi_2=x_2$ 时 ξ_1 的条件分布函数. $\int_{-\infty}^{\infty} h(s,x_2)f_1(s|x_2)\mathrm{d}s$ 称为给定 $\xi_2=x_2$ 时 $h(\xi_1,\xi_2)$ 的条件期望,记作 $E\{h(\xi_1,\xi_2)|\xi_2=x_2\}$.

特别,令 $B=\{\omega=(s,t):s<x_1\}$, $h(\xi_1,\xi_2)=I_B(\omega)$,则由(v)得

$$P(B|\xi_2)(\omega)=E\{I_B(\omega')|\xi_2\}(\omega)=\int_{-\infty}^{\infty}I_B(s,t)f_1(s|\xi_2)\mathrm{d}s$$

$$=\int_{-\infty}^{x_1}f_1(s|\xi_2)\mathrm{d}s=F_1(x_1|\xi_2),$$

即 $P(\xi_1<x_1|\xi_2)=F_1(x_1|\xi_2)$.

2.4.2 正则条件分布

我们知道,若$(\Omega,\mathscr{F},P)$上的 r.v. ξ 以$(R,\mathscr{B})$为取值空间,则由

$$P_\xi(B)\triangleq P[\xi^{-1}B]=P[\xi\in B],\ B\in\mathscr{B}$$

所给出的 $\mathscr{B}$ 上的概率测度 $P_\xi(\cdot)$叫做 ξ 的(概率)分布.

又由前述,给定子 σ-域 $\mathscr{G}$ 后便可作一条件概率 $P(\cdot|\mathscr{G})(\cdot)$(对每个 $A\in\mathscr{F}$,自其关于 $\mathscr{G}$ 的条件概率等价类中任取定一个即成),它是在 $\Omega\times\mathscr{F}$ 上定义的二元函数. 我们称它在 $\Omega\times\sigma(\xi)$上的限制

$$P\{A|\mathscr{G}\}(\omega):\omega\in\Omega,A\in\sigma(\xi)\triangleq[\xi^{-1}B:B\in\mathscr{B}]$$

为 ξ 关于 $\mathscr{G}$ 的条件概率. 由这个条件概率借助于

$$P_\xi^{\mathscr{G}}(B,\omega)\triangleq P[\xi^{-1}B|\mathscr{G}](\omega),\ \omega\in\Omega,B\in\mathscr{B}$$

诱导出的定义于 $\Omega\times\mathscr{B}$ 上的二元函数 $P_\xi^{\mathscr{G}}(\cdot,\cdot)$称为 ξ 关于 $\mathscr{G}$ 的**条件分布**.

显然,当 $B(\in\mathscr{B})$固定时,$P_\xi^{\mathscr{G}}(B,\cdot)$是 Ω 上的 $\mathscr{G}$-可测函数,满足:对$\forall\ G\in\mathscr{G}$ 有

$$\begin{aligned}\int_G P_\xi^{\mathscr{G}}(B,\omega)\cdot P_{\mathscr{G}}(\mathrm{d}\omega)&=\int_G P[\xi^{-1}B|\mathscr{G}](\omega)P_{\mathscr{G}}(\mathrm{d}\omega)\\&=\int_G E[I_{\xi^{-1}B}|\mathscr{G}](\omega)P_{\mathscr{G}}(\mathrm{d}\omega)\\&=\int_G I_{\xi^{-1}B}(\omega)P(\mathrm{d}\omega)\\&=P[G\cap\xi^{-1}B].\end{aligned}$$

但当 $\omega(\in\Omega)$固定时,$P_\xi^{\mathscr{G}}(\cdot,\omega)$作为 $\mathscr{B}$ 上的函数,却不见得是 $\mathscr{B}$ 上的概率测度. 倘若是时,我们就称 $P_\xi^{\mathscr{G}}(\cdot,\cdot)$为 ξ 关于 $\mathscr{G}$ 的正则条

件分布.

易见,如果 $P(\cdot|\mathscr{G})(\cdot)$ 是 ξ 关于 $\mathscr{G}$ 的正则条件概率,则 $P_\xi^{\mathscr{G}}(\cdot,\cdot)$ 就是 ξ 关于 $\mathscr{G}$ 的正则条件分布. 反过来,如果 $P_\xi^{\mathscr{G}}(\cdot,\cdot)$ 是 ξ 关于 $\mathscr{G}$ 的正则条件分布,后面我们行将看到,添上一个毫不苛刻的附加条件,就也可推出此时 ξ 关于 $\mathscr{G}$ 的正则条件概率亦存在.

另外还将看到,当 ξ 关于 $\mathscr{G}$ 的正则条件分布存在时,有与定理2.4.1相类似的结果. 我们从 给出下述明确的定义开始,来展开这些讨论.

定义2.4.2 设 $\mathscr{G}$ 是 $\mathscr{F}$ 的子 σ-域,ξ 是取值于$(R,\mathscr{B})$的 r.v. 定义在 $\Omega\times\mathscr{F}$ 上的函数 $P_\xi^{\mathscr{G}}(\cdot,\cdot)=\{P_\xi^{\mathscr{G}}(B,\omega):B\in\mathscr{B},\ \omega\in\Omega\}$ 若满足

(i)取定 $\omega_0(\in\Omega)$后,$P_\xi^{\mathscr{G}}(\cdot,\omega_0)$是 $\mathscr{B}$ 上的概率测度;

(ii)取定 $B(\in\mathscr{B})$后,$P_\xi^{\mathscr{G}}(B,\cdot)$是 $\xi^{-1}B$ 关于 $\mathscr{G}$ 的条件概率(即为 $\mathscr{G}$-可测函数,满足:对$\forall\ G\in\mathscr{G}$ 有 $\int_G P_\xi^{\mathscr{G}}(B,\omega)P_{\mathscr{G}}(\mathrm{d}\omega)=P[G\cap\xi^{-1}B]$)就称为 **$\xi$ 关于 $\mathscr{G}$ 的正则条件分布**.

当 $P_\xi^{\mathscr{G}}(\cdot,\cdot)$为 ξ 关于 $\mathscr{G}$ 的正则条件分布时有如下的积分定理.

定理2.4.2(局限积分定理) 设 $P_\xi^{\mathscr{G}}(\cdot,\cdot)=\{P_\xi^{\mathscr{G}}(B,\omega):\omega\in\Omega,B\in\mathscr{B}\}$为 r.v. ξ 关于 $\mathscr{G}$ 的正则条件分布,$g(\cdot)$为 ξ 的取值空间 R 上的 Borel 函数,且设 $Eg(\xi)$存在. 则有

$$E[g(\xi)|\mathscr{G}](\omega)=\int_R g(x)P_\xi^{\mathscr{G}}(\mathrm{d}x,\omega). \qquad (2.4.10)$$

证 注意到 $P_\xi^{\mathscr{G}}(\cdot,\cdot)$为 ξ 关于 $\mathscr{G}$ 的正则条件分布,故当 $g(x)=I_B(x)\quad(B\in\mathscr{B})$时有

$$E[I_B(\xi)|\mathscr{G}](\omega)=P\{[\xi(\omega')\in B]|\mathscr{G}\}(\omega)=P[\xi^{-1}B|\mathscr{G}](\omega)$$
$$\overset{(2)}{=}P_\xi^{\mathscr{G}}(B,\omega)\overset{(1)}{=}\int_B P_\xi^{\mathscr{G}}(\mathrm{d}x,\omega)=\int_R I_B(x)\cdot P_\xi^{\mathscr{G}}(\mathrm{d}x,\ \omega)$$

【(1)、(2)分别由定义2.4.2之(i)、(ii)得出】,即这时定理成立. 于是令

$$\mathscr{D}\triangleq\{B:B\in\mathscr{B}\}.$$

易见 $\mathscr{D}$ 是 π-类，又 $\sigma(\mathscr{D})=\mathscr{B}$. 令

$$\mathscr{H} \triangleq \{g: g\geqslant 0, \text{关于 } \mathscr{B} \text{ 可测且满足}(2.4.10)\},$$

则不难验证 $\mathscr{H}$ 为 λ-系.

既然上面证明了 $\mathscr{H}$ 包含所有的 $I_B, B\in\mathscr{D}$，又 $\mathscr{D}$ 是 π-类，故由定理1.4.1(i)知 $\mathscr{H}$ 含一切非负的 $\sigma(\mathscr{D})=\mathscr{B}$-可测的函数. 换言之，对非负的 Borel 函数[见 §1.6]$g(x)$有(2.4.10). 对于任一 Borel 函数 $g(\xi)=[g(\xi)]^+-[g(\xi)]^-$，就其正、负部分别作上述推证即可，如此定理获证.

注 当 ξ 的取值空间为任一可测空间$(\mathscr{X},\mathscr{B}(\mathscr{X}))$时定理亦真. 又，由定理特别可得

$$E[\xi|\mathscr{G}](\cdot) = \int_R x\cdot P_\xi^{\mathscr{G}}(\mathrm{d}x,\ \cdot)\ \text{a.s.}$$

下面的定理表明：当 ξ 关于 $\mathscr{G}$ 的正则条件分布存在时，则在一个毫不苛刻的附加要求下，相应的正则条件概率亦存在.

定理2.4.3 设 ξ 是$(\Omega,\mathscr{F},P)$到可测空间$(R,\mathscr{B})$上的随机变量，$\mathscr{G}$ 是 $\mathscr{F}$ 的子 σ-域，如果 $P_\xi^{\mathscr{G}}(B,\omega)\quad(B\in\mathscr{B},\omega\in\Omega)$为 ξ 关于 $\mathscr{G}$ 的正则条件分布，又

$$\xi(\Omega)\triangleq\{\xi(\omega):\omega\in\Omega\}\in\mathscr{B}$$

(即 ξ 的值域为取值空间的一可测集)，则 ξ 关于 $\mathscr{G}$ 的正则条件概率亦存在.

证 设 $P_\xi^{\mathscr{G}}(\cdot,\cdot)$是 ξ 关于 $\mathscr{G}$ 的正则条件分布，则依定义2.4.2(ii)知有

$$P_\xi^{\mathscr{G}}[\xi(\Omega),\cdot]=P\{[\xi\in\xi(\Omega)]|\mathscr{G}\}(\cdot)=P[\Omega|\mathscr{G}](\cdot)=1\quad \text{a.s.}$$

令 $Z=\{\omega: P_\xi^{\mathscr{G}}(\xi(\Omega),\omega)\neq 1\}$，则 $Z\in\mathscr{G}$ 且 $P[Z]=0$. 对每个 $A\in\sigma(\xi)$，取 $B\in\mathscr{B}$ 使 $A=\xi^{-1}B$，并令

$$P(A,\omega)\triangleq\begin{cases}P_\xi^{\mathscr{G}}[B,\omega], & \omega\in Z^c,\\ P(A), & \omega\in Z.\end{cases}\tag{2.4.11}$$

现证明该二元函数 $P(\cdot,\cdot)$在每对(A,ω)上取值唯一确定. 当 $\omega\in Z$ 时，显系如此. 当 $\omega\in Z^c$ 时，则可能有 $\mathscr{B}$ 中不同的二集 B_1、B_2 皆满足 $\xi^{-1}B_1=A=\xi^{-1}B_2$. 但因逆象运算满足对并、交、差的分配律，

注意到 $B_1\Delta B_2 \triangleq (B_1-B_2)\cup(B_2-B_1)$，就有

$$\xi^{-1}(B_1\Delta B_2)=(\xi^{-1}B_1)\Delta(\xi^{-1}B_2)=A\Delta A=\varnothing.$$

亦即 $B_1\Delta B_2\subset(\xi(\Omega))^c$. 因而(由定义2.4.2(i))

$$P_\xi^{\mathscr{G}}(B_1\Delta B_2,\omega)\leqslant P_\xi^{\mathscr{G}}[(\xi(\Omega))^c,\omega]=0\ .$$

但上式左方$=P_\xi^{\mathscr{G}}(B_1-B_2,\omega)+P_\xi^{\mathscr{G}}(B_2-B_1,\omega)$，因此得到 $P_\xi^{\mathscr{G}}(B_1,\omega)=P_\xi^{\mathscr{G}}(B_2,\omega)$. 这样当 $\omega\in Z^c, A\in\sigma(\xi)$ 时，纵使有 $\mathscr{B}$ 中不同的 B_1 与 B_2 可使 $\xi^{-1}B_1=A=\xi^{-1}B_2$ 成立，由(2.4.11)所构造的 $P(A,\omega)$ 取值还是一意的. 由于 $P(A,\omega)$ 是由正则条件分布 $P_\xi^{\mathscr{G}}(\cdot,\cdot)$ 用(2.4.11)给出的，依 $P_\xi^{\mathscr{G}}(\cdot,\cdot)$ 的定义易验明：(i)当固定 $\omega(\in\Omega)$ 时 $P(\cdot,\omega)$ 是 $\sigma(\xi)$ 上的概率测度；(ii)当固定 $A(\in\sigma(\xi))$ 时，$P(A,\cdot)$ 是 $\mathscr{G}$-可测的，满足对 $\forall\ G\in\mathscr{G}$ 有 $\int_G P(A,\omega')P_{\mathscr{G}}(\mathrm{d}\omega')=\int_G P_\xi^{\mathscr{G}}(B,\omega')\cdot P_{\mathscr{G}}(\mathrm{d}\omega')=P[G\cap\xi^{-1}B]=P[G\cap A]$. 即由(2.4.11)构造的 $P(A,\omega)$ 确可作为 ξ 关于 $\mathscr{G}$ 的一个正则条件概率. 证毕.

最后，我们来证明随机向量与随机序列的正则条件分布存在.

定理2.4.4 设 $\boldsymbol{\xi}=(\xi_1,\cdots,\xi_n)$ 是 $(\Omega,\mathscr{F},P)$ 上的随机向量，$\mathscr{G}$ 是子 σ-域，则给定 $\mathscr{G}$ 时 $\boldsymbol{\xi}$ 的正则条件分布存在.

证 以 Γ 记全体有理数之集. 又对 $\lambda_i\in\Gamma$ 记 $A(\lambda_1,\cdots,\lambda_n)\triangleq\bigcap_{i=1}^n[\xi_i\leqslant\lambda_i]$，令 $\mathscr{D}_n\triangleq\{A(\lambda_1,\cdots,\lambda_n):\lambda_i\in\Gamma,1\leqslant i\leqslant n\}$. 显然 $\mathscr{D}_n$ 共含可列多个 A. 对每个 $A\in\mathscr{D}_n$，自其关于 $\mathscr{G}$ 的条件概率的等价类中任意取定一个，所得可列多个 $\mathscr{G}$-可测函数构成一族，记以 $\mathscr{P}_n=\{P(A|\mathscr{G})(\omega):A\in\mathscr{D}_n,\ \omega\in\Omega\}$. 由条件概率的性质(2.4.2)～(2.4.6)可知有 $Z_n\in\mathscr{G}, P(Z_n)=0$. 当 $\omega\in Z_n^c$ 时，

1° $0\leqslant P(A|\mathscr{G})(\omega)\leqslant 1,\forall\ A\in\mathscr{D}_n$；

2° $P(A_1|\mathscr{G})(\omega)\leqslant P(A_2|\mathscr{G})(\omega)$，对$\forall\ A_1$、$A_2\in\mathscr{D}_n$ 且 $A_1\subset A_2$；

3° $\lim\limits_{m\to\infty}P(A_m|\mathscr{G})(\omega)=P(\lim\limits_{m\to\infty}A_m|\mathscr{G})(\omega)$，任取$\{A_m,m\geqslant1\}\subset\mathscr{D}_n$，当

$$A_1\subset A_2\subset\cdots(\text{或 } A_1\supset A_2\supset\cdots)\text{ 时；}$$

4° $P\left(\sum_{1}^{\infty}A_m|\mathscr{G}\right)(\omega)=\sum_{m=1}^{\infty}P(A_m|\mathscr{G})(\omega)$，对任取$\{A_m,m\geqslant 1\}\subset\mathscr{D}_n$.

现在对任意有理数 $\lambda_i(1\leqslant i\leqslant n)$定义

$$F_n^{\omega}(\lambda_1,\cdots,\lambda_n)\triangleq P[A(\lambda_1,\cdots,\lambda_n)|\mathscr{G}](\omega)$$

$$=P\{\bigcap_{i=1}^{n}[\xi_i\leqslant\lambda_i]|\mathscr{G}\}(\omega),\qquad(2.4.12)$$

则可知当 $\omega\in Z_n^c$ 时对一切有理数 λ_i，λ_i'，r_{im}有

(i)$F_n^{\omega}(\lambda_1',\cdots,\lambda_n')\leqslant F_n^{\omega}(\lambda_1,\cdots,\lambda_n)$，若对$1\leqslant i\leqslant n$ 皆有 $\lambda_i'<\lambda_i$；

(ii)$F_n^{\omega}(\lambda_1,\cdots,\lambda_n)=\lim\limits_{\begin{cases}r_{im}\uparrow\lambda_i\\1\leqslant i\leqslant n\end{cases}}F_n^{\omega}(r_{1m},\cdots,r_{nm})$；

(iii)$\lim\limits_{\lambda_i\to-\infty}F_n^{\omega}(\lambda_1,\cdots,\lambda_n)=0,i=1,\cdots,r$；$\lim\limits_{\begin{cases}\lambda_i\to\infty\\1\leqslant i\leqslant n\end{cases}}F_n^{\omega}(\lambda_1,\cdots,\lambda_n)=1$；

(iv)$\Delta_n^{\lambda,\lambda'}F_n^{\omega}\geqslant 0$，若 $\lambda\leqslant\lambda'$，

其中 $\lambda\leqslant\lambda'$表示对$1\leqslant i\leqslant n$ 皆有 $\lambda_i\leqslant\lambda'_i$，而

$$\begin{aligned}\Delta_n^{\lambda,\lambda'}F_n^{\omega}\triangleq{}&F_n^{\omega}(\lambda_i',\cdots,\lambda_n')-\sum_{j=1}^{n}F_n^{\omega}(\lambda_1',\cdots,\lambda_{j-1}',\lambda_j,\lambda_{j+1}',\cdots,\lambda_n')\\&+\sum_{1\leqslant j<k\leqslant n}^{n}F_n^{\omega}(\lambda_1',\cdots,\lambda_{j-1}',\lambda_j,\lambda_{j+1}',\cdots,\lambda_{k-1}',\lambda_k,\lambda_{k+1}',\cdots,\lambda_n')\\&-\cdots\cdots\\&+(-1)^nF_n^{\omega}(\lambda_1,\cdots,\lambda_n).\end{aligned}$$

对任意实数 x_i，当 $\omega\in Z_n^c$ 时定义

$$F_n^{\omega}(x_1,\cdots,x_n)=\lim_{\begin{cases}\lambda_i\uparrow x_i\\1\leqslant i\leqslant n\end{cases}}F_n^{\omega}(\lambda_1,\cdots,\lambda_n),\ \lambda_i\in\Gamma,1\leqslant i\leqslant n.\qquad(2.4.13)$$

而当 $\omega\in Z_n$ 时定义

$$F_n^{\omega}(x_1,\cdots,x_n)=P\{\bigcap_{i=1}^{n}[\xi_i\leqslant x_i]\},\qquad(2.4.14)$$

则对每个 $\omega\in\Omega$，$F_n^{\omega}(x_1,\cdots,x_n)$是 n 维分布函数. 因此就在 $\mathscr{B}^n$ 上确定一个 Lebesgue-Stieltjes 测度 μ_ω[欲详其所以，可参看文献[1]

§6.1, §6.3]，其满足 $\mu_\omega\{R^n\}=1$.

对 $B\in\mathscr{B}^n$ 与 $\omega\in\Omega$ 定义

$$P_\xi(B,\omega)\triangleq\mu_\omega\{B\}. \tag{2.4.15}$$

令

$$\mathscr{H}\triangleq\{B: B\in\mathscr{B}^n, P_\xi(B,\cdot)\text{ 是 }\mathscr{G}\text{- 可测，且 } P_\xi(B,\omega)=P\{\xi^{-1}(B)|\mathscr{G}\}(\omega), \text{a.s.}\}$$

$$\mathscr{K}\triangleq\{B: B=\mathop{\times}_{i=1}^{n}[-\infty,\lambda_i], -\infty<\lambda_i<\infty, 1\leqslant i\leqslant n\}.$$

则 $\mathscr{H}$ 是 λ-类，而 $\mathscr{K}$ 是 π-类. 因(2.4.12)～(2.4.15)表明 $\mathscr{H}\supset\mathscr{K}$，故由定理1.3.3得证 $\mathscr{H}\supset\sigma(\mathscr{K})=\mathscr{B}^n$. 这证明了对每个 $B\in\mathscr{B}^n$，$P_\xi(B;\cdot)$ 是 $\xi^{-1}(B)$ 关于 $\mathscr{G}$ 的条件概率. 而对每个 $\omega\in\Omega$，$P_\xi(\cdot,\omega)$ 是 $\mathscr{B}^n$ 上的概率测度由前述已知. 如此，(2.4.15)给出的 $P_\xi(B,\omega)$ $(B\in\mathscr{B}^n,\ \omega\in\Omega)$ 就是 ξ 关于 $\mathscr{G}$ 的一个正则条件分布. 证毕.

推论2.4.1 设 $\xi=(\xi_1,\xi_2,\cdots)$ 是 $(\Omega,\mathscr{F},P)$ 上一列 r.v.，$\mathscr{G}$ 是 $\mathscr{F}$ 的子 σ-域，则 ξ 关于 $\mathscr{G}$ 的正则条件分布存在.

证 注意令 $\mathscr{D}\triangleq\bigcup_{n=1}^{\infty}\mathscr{D}_n$，其中 $\mathscr{D}_n$ 如定理2.4.4证明中所示. 则 $\mathscr{D}$ 亦为可列集. 对每个 $A\in\mathscr{D}$，自其关于 $\mathscr{G}$ 的条件概率等价类中任意取定一个后，可得 $\mathscr{G}$-可测函数族 $\mathscr{P}\triangleq\{P(A|\mathscr{G})(\omega): A\in\mathscr{D},\ \omega\in\Omega\}$. 置 $Z\triangleq\bigcup_{n=1}^{\infty}Z_n$（$Z_n$ 有如定理2.4.4证明中所述），则 $P(Z)=0$，且把定理2.4.4证明中所述1°～4°各项中的 $\mathscr{D}_n$ 改为 $\mathscr{D}$ 后，对每个 $\omega\in Z^c$ 仍然成立.

对每个 $n\geqslant1$，仍皆按定理2.4.4证明中那样地定义 F_n^ω，则对每个 $n\geqslant1$，当 $\omega\in Z^c$ 时有

$$\lim_{\lambda_{n+1}\to\infty}F_{n+1}^\omega(\lambda_1,\cdots,\lambda_n,\lambda_{n+1})=F_n^\omega(\lambda_1,\cdots,\lambda_n).$$

对 $x_1,\cdots,x_n\in R$，还令

$$F_n^\omega(x_1,\cdots,x_n)=\begin{cases}\lim\limits_{\substack{(\Gamma\ni)\lambda_i\uparrow x_i\\ 1\leqslant i\leqslant n}}F_n^\omega(\lambda_1,\cdots,\lambda_n),\ \omega\in Z^c\text{ 时；}\\ P\{\bigcap\limits_{i=1}^{n}[\xi_i\leqslant x_i]\},\ \omega\in Z\text{ 时.}\end{cases}$$

则对每个 $\omega\in\Omega$，$\{F_n^\omega, n\geqslant 1\}$ 为一族相容的分布函数，于是由 Kolmogorov 相容性定理1.9.2，就可在 $(R^\infty, \mathscr{B}^\infty)$ 上确定出一个概率测度 $\mu_\omega(\cdot)$ 来.

对 $B\in\mathscr{B}^\infty$ 定义 $P_\xi(B,\omega)\triangleq\mu_\omega\{B\}$. 显然对每个 $\omega\in\Omega$，$P_\xi(\cdot,\omega)$ 是 $\mathscr{B}^\infty$ 上的一个概率测度. 现只须再证：对每个 $B\in\mathscr{B}^\infty$，$P_\xi(B,\cdot)$ 是 $\mathscr{G}$-可测的，且为 $\xi^{-1}(B)$ 关于 $\mathscr{G}$ 的条件概率. 为此，令

$$\mathscr{H}\triangleq\{B: B\in\mathscr{B}^\infty, P_\xi(B,\omega)\text{为}\mathscr{G}\text{-可测且}$$
$$P_\xi(B,\omega)=P[\xi^{-1}(B)|\mathscr{G}](\omega)\text{a.s.}\},$$

$$\mathscr{K}\triangleq\bigcup_{n=1}^\infty\{B: B\in\mathscr{B}^\infty, B=(\mathop{\times}_{i=1}^n[-\infty,\lambda_i])\times R\times R\times\cdots, \lambda_i\in\Gamma\}.$$

易见 $\mathscr{K}$ 是 π-类，又不难证明 $\mathscr{H}$ 是 λ-类. 由 F_n^ω 定义中知有 $\mathscr{K}\subset\mathscr{H}$. 因此由定理1.3.3知 $\mathscr{B}^\infty=\sigma(\mathscr{K})\subset\mathscr{H}$. 如此就证明了：对 $B\in\mathscr{B}^\infty$，$P_\xi(B,\cdot)$ 是 $\xi^{-1}(B)$ 关于 $\mathscr{G}$ 的条件概率. 因而所构造的 $P_\xi(\cdot,\cdot)$ 是 ξ 关于 $\mathscr{G}$ 的正则条件分布. 证毕.

利用上述结论即可对条件 Hölder 不等式作严格证明.

定理2.4.5 设 X、Y 是 $(\Omega,\mathscr{F},P)$ 上的 r.v.，$\mathscr{G}$ 是 $\mathscr{F}$ 的子 σ-域，$1<p<\infty$ 且 $\frac{1}{p}+\frac{1}{q}=1$. 则

$$E\{|XY||\mathscr{G}\}\leqslant E^{\frac{1}{p}}[|X|^p|\mathscr{G}]\cdot E^{\frac{1}{q}}[|Y|^q|\mathscr{G}]\quad\text{a.s.}\tag{2.4.16}$$

证 由于 (X,Y) 的正则条件分布存在，设其为 $\hat{P}_\omega(B)\triangleq P_{(X,Y)}(B,\omega)$ $(\omega\in\Omega, B\in\mathscr{B}^2)$，于是可由(2.4.10)得

$$E\{|XY||\mathscr{G}\}(\omega)=\int_{R^2}|x_1x_2|\hat{P}_\omega(\mathrm{d}\sigma)$$
$$=\int_{R^2}|x_1x_2|P_{(X,Y)}(\mathrm{d}\sigma,\omega)\quad\text{a.s.},$$

$$E^{\frac{1}{p}}\{|X|^p|\mathscr{G}\}(\omega)=\left(\int_{R^2}|x_1|^p\hat{P}_\omega(\mathrm{d}\sigma)\right)^{\frac{1}{p}}$$
$$=\left(\int_{R^2}|x_1|^pP_{(X,Y)}(\mathrm{d}\sigma,\omega)\right)^{\frac{1}{p}}\quad\text{a.s.},$$

$$E^{\frac{1}{q}}\{|Y|^q|\mathscr{G}\}(\omega)=\left(\int_{R^2}|x_2|^q\hat{P}_\omega(\mathrm{d}\sigma)\right)^{\frac{1}{q}}$$

$$= \left(\int_{R^2} |x_2|^q P_{(X,Y)}(\mathrm{d}\sigma, \omega) \right)^{\frac{1}{q}} \quad \text{a. s.},$$

其中 $\mathrm{d}\sigma = \mathrm{d}x_1 \times \mathrm{d}x_2$. 既然对于每个 $\omega \in \Omega$, $\hat{P}_\omega(\cdot)$ 是 $\mathscr{B}^2$ 上的一个概率测度，由上列各式，借诸通常的 Hölder 不等式可得(2.4.16).

§2.5 应 用

作为本章的结束，我们对条件期望在统计推断上的应用作梗概介绍.

在统计推断中，常常可以通过观察一个充分统计量(它含未知分布的一切有关信息)而把数据化简. 对于定义在$(\Omega, \mathscr{F})$上的一个分布族 $\mathscr{P} = \{P_\theta : \theta \in \Theta\}$来说，若一个统计量 T 满足：对每个 $A \in \mathscr{F}$，有条件概率函数 $P_\theta\{A|T\}$的一个代表 $P_\theta\{A|T\}$，其与 θ 无关，就叫 T 是分布族 $\mathscr{P}$ 的一个**充分统计量**. 它在统计中扮演主角.

定理2.5.1 设 Y 是$(\Omega, \mathscr{F}, P)$上的任一 r. v.，$EY^2 < \infty$. $\mathscr{D}$ 是 $\mathscr{F}$ 的一个子 σ-域. 则对每个 $\mathscr{D}$-可测函数 $Z(EZ^2 < \infty)$有

$$E(Y - Z)^2 \geqslant E[Y - E(Y|\mathscr{D})]^2, \tag{2.5.1}$$

式中等号当且仅当 $Z = E[Y|\mathscr{D}]$ a. s. 时成立.

证 显然

$$\begin{aligned} E(Y - Z)^2 = & E[Y - E(Y|\mathscr{D})]^2 + E[Z - E(Y|\mathscr{D})]^2 \\ & - 2E\{[Y - E(Y|\mathscr{D})][Z - E(Y|\mathscr{D})]\}. \end{aligned}$$

既然

$$E|Z - E(Y|\mathscr{D})| < \infty,$$

$$E|[Y - E(Y|\mathscr{D})][Z - E(Y|\mathscr{D})]| < \infty.$$

又 $[Z - E(Y|\mathscr{D})]$为 $\mathscr{D}$-可测的，故有

$$\begin{aligned} & E\{[Y - E(Y|\mathscr{D})][Z - E(Y|\mathscr{D})]|\mathscr{D}\} \\ & = [Z - E(Y|\mathscr{D})] \cdot E\{[Y - E(Y|\mathscr{D})]|\mathscr{D}\} = 0 \text{ a. s.} \end{aligned}$$

进而由(2.1.11)可得 $E\{[Y - E(Y|\mathscr{D})][Z - E(Y|\mathscr{D})]\} = 0$. 于是

$$E(Y - Z)^2 = E[Y - E(Y|\mathscr{D})]^2 + E[Z - E(Y|\mathscr{D})]^2. \tag{2.5.2}$$

这就证明了(2.5.1)，且其中等号当且仅当

$$E[Z - E(Y|\mathscr{D})]^2 = 0,$$

即

$$Z = E(Y|\mathscr{D}) \quad \text{a.s. 时成立.}$$

推论1 若 $EY^2<\infty$，则

$$\operatorname{Var}Y \geqslant \operatorname{Var}[E(Y|\mathscr{D})], \tag{2.5.3}$$

且式中等号当且仅当 $Y=E(Y|\mathscr{D})$a.s. 时成立.

证 于(2.5.2)中置 $Z=EY$，注意 $EY=E\{E(Y|\mathscr{D})\}$即可推出. 证毕.

上述结果可用于统计推断的诸多方面.

1. 估计问题

设 $\boldsymbol{X}=(X_1,\cdots,X_n)$是定义在$(\Omega,\mathscr{F},P)$上的随机向量，而 $T=T(X_1,\cdots,X_n)$是 θ(或族 $\mathscr{P}$)的充分统计量. 于是(2.5.3)可以解释如下：若 Y 是 θ 的无偏估计($EY=\theta$)，方差有限，则 $E(Y|T)$也是 θ 的无偏估计且有较小的方差. 换句话说，如果要找 θ 的最小方差无偏估计，只要研究藉 T 依赖于 $\boldsymbol{X}$ 的那些无偏估计就够了.

2. 预报问题

人们常常有意于用一个 $\mathscr{D}$-可测随机变量 $Z(EZ^2<\infty)$来近似 Y. 定理2.5.1表明：在最小二乘(或均方误)意义下，$Z=E(Y|\mathscr{D})$ a.s. 是 Y 的最佳近似，即当且仅当 $Z=E(Y|\mathscr{D})$ a.s. 时 $E(Y-Z)^2$为最小.

特别，如果 $\boldsymbol{X}=(X_1,\cdots,X_n)$，而 $\mathscr{D}=\sigma(X_1,\cdots X_n)$则在 $R^n\to R$ 的一切可测函数 g 中，在最小二乘意义下 $E[Y|X_1,\cdots,X_n]$是 Y 的最佳预测.

3. Bayes 估计

考虑参数 $\theta(\theta\in\Theta)$的某个函数 $\mathrm{d}:\Theta\to R$ 的估计问题. 在 Bayes 模型中，θ 本身被看成是一随机变量 Θ 的一个实现. 而 P_θ 则被解释成在给定 $\Theta=\theta$ 时 $\boldsymbol{X}=(X_1,\cdots,X_n)$的条件分布. 在这一框架下，我们的目的是找 d 的一个估计 $\delta(X_1,\cdots,X_n)$，使风险 $E[\delta(\boldsymbol{X})-\mathrm{d}(\Theta)]^2$为最小. 而定理2.5.1立即导致用 Bayes 估计

$$\delta^*(\boldsymbol{X}) = E[\mathrm{d}(\Theta)|X_1,\cdots,X_n]$$

作为此问题的解. 如果我们知道$(\boldsymbol{X},\mathrm{d}(\Theta))$的联合分布,我们就能计算$\delta^*$.

4. 假设检验

假设检验问题可扼述如下. 设$(\Omega,\mathscr{F},P)$是概率空间,Θ是至少含两个元素的集合. 对于每个$\theta\in\Theta$,设Q_θ是$(\Omega,\mathscr{F})$上的一个概率测度. 又设$\Theta_0\subset\Theta,\Theta_1=\Theta-\Theta_0$,而$\boldsymbol{X}=(X_1,\cdots,X_n)$是观察向量,用$P_\theta$表示$\boldsymbol{X}$的对应的(导出)分布. 问题是要决定:究竟是$\theta\in\Theta_0$,还是$\theta\in\Theta_1$. 该问题的 Neyman-Pearson 方法是选一个可测函数$\varphi:R^n\to R,0\leqslant\varphi\leqslant1$,使它除满足

$$\int\varphi(\boldsymbol{X})\mathrm{d}P_\theta(\boldsymbol{X})\leqslant\alpha,\text{对一切 }\theta\in\Theta_0$$

(其中$0\leqslant\alpha\leqslant1$为一常数)外,还使势函数

$$\beta_\varphi(\theta)=\int\varphi(\boldsymbol{X})\mathrm{d}P_\theta(\boldsymbol{X})\qquad\text{对一切 }\theta\in\Theta_1$$

达到最大. 设$T=T(\boldsymbol{X})$是θ的充分统计量,φ是一个检验函数,满足

$$\int\varphi(\boldsymbol{X})\mathrm{d}P_\theta(\boldsymbol{X})\leqslant\alpha,\qquad\text{对所有的 }\theta\in\Theta_0.$$

则$\Psi(T)=E[\varphi(\boldsymbol{X})|T]$也是一个检验函数(它与$\theta$无关),而且

$$\beta_\Psi(\theta)=E_\theta[\Psi(T)]=E_\theta\{E[\varphi(\boldsymbol{X})|T]\}=E_\theta\varphi(\boldsymbol{X})=\beta_\varphi(\theta).$$

这样Ψ就有与φ同样的势. 因而把注意力集中到作为该充分统计量T的函数的那些检验上就可以了.

习题二

1. 若X是 r.v, $|EX|\leqslant\infty$, $\mathscr{G}$是事件的σ-域,而$\sigma(X)$与$\mathscr{G}$是独立的事件类,则$E\{X|\mathscr{G}\}=EX$ a.s. 特别,如果$\{X_n\}$是独立 r.v., $|EX_n|\leqslant\infty,n\geqslant1$,则$E\{X_n|X_1,\cdots,X_{n-1}\}=E\{X_n|X_{n+1},X_{n+2},\cdots\}=EX_n$ a.s.

2. 若$\{A_n,n\geqslant1\}$是Ω在$\mathscr{F}$中的σ-分割. 证明:如果$\mathscr{G}=\sigma(A_n,n\geqslant1)$,又$|EX|\leqslant\infty$,则

$$E\{X|\mathscr{G}\}=\sum_1^\infty I_{A_n}\left(\frac{\int_{A_n}X\mathrm{d}P}{P\{A_n\}}\right),$$

其中括号中的量在$P\{A_n\}=0$时为一任意实数.

3. 设(X_1,X_2)是联合正态分布,密度函数为

$$[2\pi\sigma_1\sigma_2(1-\rho^2)^{1/2}]^{-1}\exp\left\{\frac{-1}{2(1-\rho^2)}\left[\frac{x_1^2}{\sigma_1^2}-\frac{2\rho x_1x_2}{\sigma_1\sigma_2}+\frac{x_2^2}{\sigma_2^2}\right]\right\}.$$

求$E\{X_1|X_2\}$与条件方差.[见下题]

4. 设$X\in L_2(\Omega,\mathscr{F},P)$,$\mathscr{G}$是$\mathscr{F}$的子$\sigma$-域.称

$$\mathrm{Var}(X|\mathscr{G})=E\{[X-E(X|\mathscr{G})]^2|\mathscr{G}\}$$

为X关于$\mathscr{G}$的条件方差.证明:

(i) $\mathrm{Var}(X|\mathscr{G})=E(X^2|\mathscr{G})-E^2(X|\mathscr{G})$ a.s.

(ii) 条件 Chebyshev 不等式:对每个$\varepsilon>0$

$$P[|X-E(X|\mathscr{G})|\geqslant\varepsilon|\mathscr{G}]\leqslant\frac{\mathrm{Var}(X|\mathscr{G})}{\varepsilon^2}\quad \text{a.s.}$$

5. 证明:

(i) 若X是L_2 r.v.,Y是一 r.v.,满足$E\{X|Y\}=Y$ a.s.及$E\{Y|X\}=X$ a.s.,则$X=Y$ a.s.

(ii) 若$\mathscr{G}_1,\mathscr{G}_2$皆是事件的$\sigma$-代数,$X$是一个$L_1$ r.v.如果$X_1=E\{X|\mathscr{G}\}$,$X_2=E\{X_1|\mathscr{G}_2\}$,又$X=X_2$ a.s.,则$X_1=X_2$ a.s.

(iii) 如果X,Y皆L_1 r.v.,满足$E\{X|Y\}=Y$ a.s.及$E\{Y|X\}=X$ a.s.,则$X=Y$ a.s.

6. 设X是一个L_2 r.v.,$\mathscr{G}$是事件的σ-代数.证明:

(i) $\mathrm{Var}E\{X|\mathscr{G}\}\leqslant\mathrm{Var}X$.

(ii) 如果对$(-\infty,\infty)$中任何α,$Y=\min(X,\alpha)$,则

$$E\{[X-E(X|\mathscr{G})]^2|\mathscr{G}\}\geqslant E\{[Y-E(Y|\mathscr{G})]^2|\mathscr{G}\}\quad \text{a.s.}$$

7. 设$\mathscr{G}$是事件的σ-代数,$\{X_n,n\geqslant1\}$是 r.v.若对某个$p\geqslant1$,$X_n\xrightarrow{L_p}X$,则$E\{X_n|\mathscr{G}\}\xrightarrow{L_p}E\{X|\mathscr{G}\}$.

8. 设$\xi_1,\cdots,\xi_n$是独立同分布 r.v.,$E|\xi_1|<\infty$.记$S=\sum_{i=1}^n\xi_k$.证明

$$E(\xi_k|S)=\frac{S}{n}\quad \text{a.s.},k=1,2,\cdots,n.$$

9. 设$\xi_1,\cdots,\xi_n$为独立 r.v.,以$[0,1]$上的均匀分布为共同分布.求$E\left(\sum_{i=1}^n\frac{\xi_i}{n}\,\middle|\,\max\limits_{1\leqslant i\leqslant n}\xi_i\right)$.

10. 设随机向量$\xi=(\xi_1,\cdots,\xi_n)$为n维正态分布,密度为

$p(\boldsymbol{x})=\frac{1}{(2\pi)^{n/2}|\boldsymbol{\Sigma}|^{\frac{1}{2}}}\exp\left(-\frac{1}{2}\boldsymbol{x}'\boldsymbol{\Sigma}^{-1}\boldsymbol{x}\right)$，其中 $\boldsymbol{x}=(x_1,\cdots,x_n)\in R^n$. 求 $P(\xi_1<x_1,\cdots,\xi_n<x_n|\boldsymbol{\xi}'\boldsymbol{\Sigma}^{-1}\boldsymbol{\xi})$.

11. 设 $\xi,\eta\in L_2(\Omega,\mathscr{F},P)$. 证明：若 $E(\eta|\xi)=E\eta$ a.s.，则必有 $\mathrm{cov}(\xi,\eta)=0$.

12. 设$\{X_n,n\geqslant1\}$是可交换的随机变量列(即对其中任取的有限个，无论按怎样的排列构成的随机向量的联合分布都一样)，$\mathscr{F}_n=\sigma\left(\sum_{i=1}^{j}X_i,j\geqslant n\right)$. 证明：$E\{X_i|\mathscr{F}_n\}=\frac{1}{n}\sum_1^n X_i$ a.s.，$1\leqslant i\leqslant n$. 更一般地，若$\{X_n,n\geqslant1\}$是可交换 r.v. 列，φ是 R^m 上的一个对称 Borel 函数，满足 $E|\varphi(X_1,\cdots,X_m)|<\infty$，而 $\mathscr{F}_n=\sigma(\mathrm{U}_{m,j},j\geqslant n)$，其中

$$\binom{n}{m}\mathrm{U}_{m,n}=\sum_{1\leqslant i_1<\cdots<i_m\leqslant n}\varphi(X_{i_1},\cdots,X_{i_m}),n\geqslant m,$$

则对任意 $B\in\mathscr{F}_{n+1}$及$1\leqslant i_1<\cdots<i_m\leqslant n+1$有

$$E\{\varphi(X_{i_1},\cdots,X_{i_m})|\mathscr{F}_{n+1}\}=E\{\varphi(X_1,\cdots,X_m)|\mathscr{F}_{n+1}\}\quad\text{a.s.}$$

13. 设 g 是 R 上的连续凸函数. 证明：存在有限的非降函数 $k(y)$使对一切 x、$y\in R$ 有

$$g(x)-g(y)\geqslant k(y)\cdot(x-y).$$

14. 试举例说明：有可能 $E\xi$ 不存在，但 $E[\xi|\mathscr{G}]$依旧存在.

15. 试证明定理2.2.2(i)可改为：若 X_n 单调地趋于 X，就有$\lim\limits_{n\to\infty}E(X_n|\mathscr{G})=E(X|\mathscr{G})$ a.s.

第三章　离散鞅及其应用

现在我们转入本书的主要论题，介绍（离散）鞅的一些基本内容.

§3.1　基本概念

3.1.1　定义

设$(\Omega,\mathscr{F},P)$为我们所讨论的概率空间. N为指标集，$N\subset\{-\infty,\cdots,-2,-1,0,1,2,\cdots,+\infty\}$. $\{\mathscr{F}_n,n\in N\}$是$\mathscr{F}$的一列子σ-域. 若它是增序列（由$m<n$可得$\mathscr{F}_m\subset\mathscr{F}_n$），就称之为一**随机基**. 若对每个$n\in N$，$S_n$为$\mathscr{F}_n$-可测函数，就称列$\{S_n,n\in N\}$**适应**随机基$\{\mathscr{F}_n,n\in N\}$，此时称序列$\{S_n,\mathscr{F}_n,n\in N\}$为**适随机序列**. 若对$p>0$及$n\in N$有$E|S_n|^p<\infty$，就称$\{S_n,\mathscr{F}_n,n\in N\}$为一$\boldsymbol{L_p}$**-随机序列**；若更有$\sup\limits_{n\in N}E|S_n|^p<\infty$，就称为$L_p$**有界**随机序列.

定义3.1.1　若随机序列$\{S_n,\mathscr{F}_n,n\in N\}$满足：对$n\in N$有$|ES_n|\leqslant\infty$，并对一切$m$、$n\in N(m<n)$有

$$E\{S_n|\mathscr{F}_m\}\geqslant S_m\quad \text{a.s.}\tag{3.1.1}$$

就称$\{S_n,\mathscr{F}_n,n\in N\}$为一**下鞅**.

若$\{-S_n,\mathscr{F}_n,n\in N\}$为下鞅，则称$\{S_n,\mathscr{F}_n,n\in N\}$为**上鞅**.

若$\{S_n,\mathscr{F}_n,n\in N\}$兼为下鞅与上鞅，就称之为**鞅**.

定义3.1.2　设$\{\mathscr{F}_n,n\in N\}$为随机基. T是从Ω到$N\cup\{\infty\}$的函数，满足：对$n\in N$有$\{T=n\}\in\mathscr{F}_n$，且

$$P\{[T\in N]\cup[T=\infty]\}=1,$$

即称 T 是一个**停时**[①](或 $\{\mathscr{F}_n\}$-时间). 若有

$$P\{T = \infty\} = 0$$

就称 T 是一个**有限停时**(或停止变量).

定义3.1.3 对下鞅 $\{S_n, \mathscr{F}_n, n \in N\}$, 若有一个可测函数 $R(|ER| \leqslant \infty)$, 使对每个 $n \in N$ 有

$$E\{R | \mathscr{F}_n\} \geqslant S_n \quad \text{a.s.} \tag{3.1.2}$$

就称它被 R **右封闭**; 若是存在一个 $\bigcap_{n \in N} \mathscr{F}_n$-可测函数 $L(|EL| \leqslant \infty)$, 使对每个 $n \in N$ 有

$$E\{S_n | \bigcap_{n \in N} \mathscr{F}_n\} \geqslant L \quad \text{a.s.} \tag{3.1.3}$$

就称它为 L **左封闭**. 兼为左、右封闭的下鞅, 称为**闭下鞅**.

对于鞅, 有类似的封闭定义(其时(3.1.2)、(3.1.3)中的"$\geqslant$"为"$=$").

如果 N 有最大(小)值, 就称下鞅 $\{S_n, \mathscr{F}_n, n \in N\}$ 有末(首)元, 显然有末(首)元的下鞅是右(左)封闭的, 因此 $\{S_n, \mathscr{F}_n, n \geqslant 1\}$ 为封闭下鞅, 只要它是右封闭的(因它自动为 S_1 所左封闭), 而 $\{S_n, \mathscr{F}_n, n \leqslant -1\}$ 为封闭下鞅, 只须它是左封闭的.

下鞅(鞅) $\{S_n, \mathscr{F}_n, n \in N\}$ 当对 $n \in N$ 皆有 $\mathscr{F}_n = \sigma(S_m, m \leqslant n$ 且 $m \in N)$ 时, 迳记作 $\{S_n, n \in N\}$.

定义3.1.4 若随机序列 $\{S_n, \mathscr{F}_n, n \geqslant 1\}$ 满足 $\{\mathscr{F}_n\} \downarrow (n \uparrow \infty$ 时), 又对一切 $m > n$ 有

$$E[S_n | \mathscr{F}_m] = S_m \quad \text{a.s.}$$

即称为**倒鞅**.

对倒鞅 $\{S_n, \mathscr{F}_n, n \geqslant 1\}$, 若令 $\mathscr{F}^*_{-n} \triangleq \mathscr{F}_n, S^*_{-n} \triangleq S_n$, 则当 $n \uparrow -1$ 时, σ-域列 $\{\mathscr{F}^*_n, n \leqslant -1\}$ 呈递增, 而 $\{S^*_n, \mathscr{F}^*_n, n \leqslant -1\}$ 满足: 对 $m < n \leqslant -1$ 有 $E[S^*_n | \mathscr{F}^*_m] = S^*_m$ a.s., 即 $\{S^*_n, \mathscr{F}^*_n, n \leqslant -1\}$ 为鞅. **换言之, 一个倒鞅总可写成负值参数鞅的形式.**

---

① 停时又称可选时.

3.1.2 简单性质

由条件期望的性质定理易得以下命题.

命题3.1.1 随机序列$\{S_n,\mathscr{F}_n,-\infty<n<\infty\}$为下鞅$\Leftrightarrow$对每个有限整数$n$有$|ES_n|\leqslant\infty$且$E\{S_{n+1}|\mathscr{F}_n\}\geqslant S_n$ a.s.

证 据定理2.2.1(ii),2.2.7易证.

命题3.1.2 L_1随机序列$\{S_n=\sum_{i=1}^{n}X_i,\mathscr{F}_n,1\leqslant n<\infty\}$是下鞅[鞅]$\Leftrightarrow$对每个$n\geqslant 1$有$E\{X_{n+1}|\mathscr{F}_n\}\geqslant 0$ a.s. [$E(X_{n+1}|\mathscr{F}_n)=0$ a.s.].

证 用定理2.2.1(iii)易证.

注意:此处序列$\{X_n,n\geqslant 1\}$称为下鞅[鞅]差列.

命题3.1.3 $\{S_n,\mathscr{F}_n,n\in N\}$是下鞅[鞅]$\Rightarrow ES_n$(作为$n(\in N)$的函数)是非降[常]函数.

证 由式(2.1.11)立得.

命题3.1.4 $\left\{S_n=\sum_{i=1}^{n}X_i,\mathscr{F}_n,n\geqslant 1\right\}$是$L_2$鞅$\Rightarrow$

$$ES_n^2=\sum_{j=1}^{n}EX_i^2\quad(n\geqslant 1)$$

(即此时鞅差列$\{X_n,n\geqslant 1\}$为正交列:$EX_nX_m=0$,对$m\neq n$).

证 利用命题3.1.2,式(2.1.11),定理2.2.1(iii),2.2.6及2.2.7可以证得.

下列各命题从不同角度刻画了下鞅[鞅]列的再生性质.

命题3.1.5 若$\{S_n,\mathscr{F}_n,N\}$是下鞅,$\{S_n,\mathscr{G}_n,N\}$是随机序列,对$n\in N$有$\mathscr{G}_n\subset\mathscr{F}_n$,则$\{S_n,\mathscr{G}_n,N\}$也是下鞅.

证 由定理2.2.1(ii),2.2.7可得证.

命题3.1.6 若$\{S_n,\mathscr{F}_n,N\}$与$\{S'_n,\mathscr{F}_n,N\}$皆为下鞅[鞅],又对非负实数α,β[实数α、β]及每个$n\in N$有$\alpha ES_n+\beta ES'_n$存在,则$\{\alpha S_n+\beta S'_n,\mathscr{F}_n,N\}$也是下鞅[鞅].特别(下)鞅列各项同加一常数所得序列仍为(下)鞅.

证 由定理2.2.1(iii)易证.

命题3.1.7 若$\{S_n,\mathscr{F}_n,n\in N\}$、$\{S'_n,\mathscr{F}_n,N\}$皆是下鞅，又对每个$n\in N$，$E(S_n\vee S'_n)$有意义，则$\{S_n\vee S'_n,\mathscr{F}_n,N\}$也是下鞅.

证 由定理2.2.1(ii)易明.

命题3.1.8 若$\{S_n,\mathscr{F}_n,n\in N\}$是鞅[下鞅]，$\varphi$是$R$上的连续凸函数[非降连续凸函数]，$|E\varphi(S_n)|\leqslant\infty$，则$\{\varphi(S_n),\mathscr{F}_n,n\in N\}$是下鞅.

证 由条件期望的 Jensen 不等式(定理:2.2.4(v))首先可得:对任何$m<n(m、n\in N)$有

$$E\{\varphi(S_n)|\mathscr{F}_m\}\geqslant\varphi\{E[S_n|\mathscr{F}_m]\},$$

在鞅场合，上式右端$=\varphi(S_m)$；在下鞅场合，由于φ非降，上式右端$\geqslant\varphi(S_m)$.总之，在两种场合$\varphi(S_n)$皆为下鞅.证毕.

推论3.1.1 (i)若$\{S_n,n\geqslant1\}$是鞅，则对任意$p\geqslant1$，$\{|S_n|^p,n\geqslant1\}$是下鞅.

(ii) 如果$\{S_n,n\geqslant1\}$是下鞅，则对任一$K\in(-\infty,\infty)$，$\{\max(S_n,K),n\geqslant1\}$是下鞅；特别$\{S_n^+,n\geqslant1\}$是下鞅.

【因对$p\geqslant1$，$|x|^p$连续凸及$x^+=\max(x,0)$为非降连续凸.】

命题3.1.9(任意停止保持鞅结构) (i)设$\{S_n,\mathscr{F}_n,n\geqslant1\}$是一个鞅，而$t$是一个停止规则，则$\{S_n^{(t)},\mathscr{F}_n^{(t)},n\geqslant1\}$是一个鞅.

(ii)如果$\{S_n,\mathscr{F}_n,n\geqslant1\}$是一个下鞅，$t$是一个停止规则，则$\{S_n^{(t)},\mathscr{F}_n^{(t)},n\geqslant1\}$是一个下鞅.

其中$S_n^{(t)}(\omega)\triangleq S_{\min\{t(\omega),n\}}(\omega)$；而$\mathscr{F}_n^{(t)}\triangleq\mathscr{B}(S_i^{(t)},i\leqslant n)$，即由 r.v.s. $S_1^{(t)},S_2^{(t)},\cdots,S_n^{(t)}$所生成的$\sigma$-域.

证 我们仅证(i)((ii)可几乎一样地加以证明).首先须证对每个$n\geqslant1$有$E|S_n^{(t)}|<\infty$.对$i\geqslant1$令$X_i=S_i-S_{i-1}$(置$S_0=0$)，则

$$|S_n^{(t)}|=\left|\sum_{i=1}^n X_iI(t\geqslant i)\right|\leqslant\sum_{i=1}^n|X_i|.$$

因为对每个$i\geqslant1$有$E|X_i|<\infty$，故对每个$n\geqslant1$有$E|S_n^{(t)}|<\infty$.为了证实$\{S_n^{(t)},n\geqslant1\}$是一个鞅，须证:对每个$n\geqslant2$及每个$B\in\mathscr{F}_{n-1}^{(t)}$有

$$\int_B S_n^{(t)}\mathrm{d}P=\int_B S_{n-1}^{(t)}\mathrm{d}P.$$

选这样一个 B 与 n，则

$$\int_B S_n^{(t)}\mathrm{d}P=\Big(\int_{B\cap(t\geqslant n)}+\int_{B\cap(t<n)}\Big)S_n^{(t)}\mathrm{d}P$$

$$=\int_{B\cap(t\geqslant n)}S_n\mathrm{d}P+\int_{B\cap(t<n)}S_{n-1}^{(t)}\mathrm{d}P,\quad(3.1.4)$$

这是因为在$(t\geqslant n)$上 $S_n=S_n^{(t)}$，而在$(t<n)$上有 $S_n^{(t)}=S_{n-1}^{(t)}$. 在$[t\geqslant n]$上有

$$(S_1^{(t)},S_2^{(t)},\cdots,S_{n-1}^{(t)})=(S_1,S_2,\cdots,S_{n-1}).$$

因此有一个$(n-1)$维 Borel 集 C 可使 $B\cap[t\geqslant n]=[(S_1,\cdots,S_{n-1})\in C]\cap[t\geqslant n]$. 由于$[t\geqslant n]\in\mathscr{F}_{n-1}$，故而 $B\cap[t\geqslant n]\in\mathscr{F}_{n-1}$. 于是由鞅假设可得

$$\int_{B\cap(t\geqslant n)}S_n\mathrm{d}P=\int_{B\cap(t\geqslant n)}S_{n-1}\mathrm{d}P.$$

代入(3.1.4)式就得

$$\int_B S_n^{(t)}\mathrm{d}P=\int_{B\cap(t\geqslant n)}S_{n-1}\mathrm{d}P+\int_{B\cap(t<n)}S_{n-1}^{(t)}\mathrm{d}P$$

$$=\int_{B\cap(t\geqslant n)}S_{n-1}^{(t)}\mathrm{d}P+\int_{B\cap(t<n)}S_{n-1}^{(t)}\mathrm{d}P=\int_B S_{n-1}^{(t)}\mathrm{d}P,$$

(i)告得证. 证毕.

命题3.1.10 设$\{X_n,\mathscr{F}_n,n\geqslant 1\}$是任一随机序列，$\{c_n,n\geqslant 1\}$是随便挑出的一列正数. 则

$$\{X_nI(|X_n|\leqslant c_n)-E[X_nI(|X_n|\leqslant c_n)|\mathscr{F}_{n-1}],n\geqslant 1\}$$

(即 X_n 在 c_n 处截断后再相对于其(关于 $\mathscr{F}_{n-1}$ 的)条件期望中心化)是一个鞅差列，其一切阶的绝对矩有限.

证 由定理2.2.1(iii)与2.2.7立明.

最后我们给出一个命题，它表明鞅相倚关系介乎独立与不相关之间.

命题3.1.11 设$\{X_n,n\geqslant 1\}$为一列均值为零的 r.v.. 则有

$\{X_n,n\geqslant 1\}$为独立列$\Rightarrow\{X_n,n\geqslant 1\}$为鞅差列$\Rightarrow\{X_n,n\geqslant 1\}$为零

相关列.

证 当$\{X_n,n\geqslant1\}$为独立列时,对任意有界 Borel 函数 f、g 有 $E[f(X_{n+1})\cdot g(X_1,\cdots,X_n)]=Ef(X_{n+1})\cdot Eg(X_1,\cdots,X_n)$,特别取 $f(X_{n+1})=X_{n+1}$,得 $E[X_{n+1}\cdot g(X_1,\cdots,X_n)]=E(X_{n+1})\cdot Eg(X_1,\cdots,X_n)=0$. 但又有 $0=E[X_{n+1}g(X_1,\cdots,X_n)]=E\{E[X_{n+1}g(X_1,\cdots,X_n)|X_1,\cdots,X_n]\}=E\{g(X_1,\cdots,X_n)E[X_{n+1}|X_1,\cdots,X_n]\}$,对任何有界 Borel 函数 g 成立. 可见 $E[X_{n+1}|X_1,\cdots,X_n]=0$ a.s.. 因对任何 $n\geqslant1$如此,说明$\{X_n,n\geqslant1\}$为鞅差列.

其次当$\{X_n,n\geqslant1\}$为鞅差列时,对任何有界的 Borel 函数 g,有 $E[X_{n+1}g(X_1,\cdots,X_n)]=E[g(X_1,\cdots,X_n)E(X_{n+1}|X_1,\cdots,X_n)]=0$,特别取 $m=n+1,g(X_1,\cdots,X_n)=X_k,1\leqslant k\leqslant n$,就有 $EX_mX_k=0$ $(m\neq k)$. 这说明列$\{X_n,n\geqslant1\}$中任何两个 r.v. 皆不相关. 证毕.

3.1.3 例

下面的一些例子表明了鞅的普遍存在性,预示着鞅论有广泛的应用.

1. 设$\{X_n,n\geqslant1\}$是独立的 L_1 r.v.,又 $S_n=\sum_{i=1}^{n}X_i$. 如果对 $n\geqslant1$ 有 $EX_n\geqslant0$ $[EX_n=0]$,则$\{S_n,n\geqslant1\}$是下鞅[鞅].

2. 设$\{X_n,n\geqslant1\}$是独立的 L_1 r.v.,有 $EX_n=0(n\geqslant0)$. 对任一固定的正整数 $k\geqslant1$,若令

$$U_{k,n}=\sum_{1\leqslant i_1<\cdots<i_k\leqslant n}X_{i_1}X_{i_2}\cdots X_{i_k},\ n\geqslant k,$$

则$\{U_{k,n},n\geqslant k\}$是一个 L_1-鞅. ($\{U_{1n},n\geqslant1\}=\{\sum_{i=1}^{n}X_i,n\geqslant1\}$即1中的鞅.)

更一般地,若$\{X_n,n\geqslant1\}$是 L_1 随机变量,满足 $E\{X_{n+1}|\mathscr{F}_n\}=0,n\geqslant1$. 其中$\{X_n,\mathscr{F}_n,n\geqslant1\}$是一个随机序列,则$\{U_{k,n},\mathscr{F}_n,n\geqslant k\}$是一个 L_1 鞅.

3. 设$\{X_n,n\geqslant1\}$是可交换的随机变量列(即对任意 n,$(X_1,\cdots,$

X_n)的联合分布是对称的，即与诸 X_i 的置换无关，参看习题二，12)，而 $\varphi(\cdot)$ 是 R^m 上的一个对称 Borel 函数，满足 $E|\varphi(X_1,\cdots,X_m)|<\infty$. 对任一固定的整数 $m\geqslant 1$，定义

$$U_{m,n}=\frac{\sum\limits_{1\leqslant i_1<\cdots<i_m\leqslant n}\varphi(X_{i_1},\cdots,X_{i_m})}{\binom{n}{m}},\ n\geqslant m,$$

则称 $\{U_{m,n},n\geqslant m\}$ 为 U-统计量序列.

如果令 $\mathscr{F}_n=\sigma(U_{m,j},j\geqslant n)=\sigma(U_{m,n},U_{m,n+1},\cdots)$，则 $\mathscr{F}_n\downarrow$（当 $n\uparrow$ 时），且对任意的 $1\leqslant i_1<i_2<\cdots<i_m\leqslant n+1$ 及 $B\in\mathscr{F}_{n+1}$（由 φ 的对称性与诸 X_i 的可交换性）可得

$$\int_B\varphi(X_{i_1},\cdots,X_{i_m})\mathrm{d}P=\int_B\varphi(X_1,\cdots,X_m)\mathrm{d}P.$$

而这就意味着（注意 $B\in\mathscr{F}_{n+1}$ 为任取以及条件期望定义）对任意 $1\leqslant i_1<\cdots<i_m\leqslant n+1$ 有

$$E\{\varphi(X_{i_1},\cdots,X_{i_m})|\mathscr{F}_{n+1}\}=E\{\varphi(X_1,\cdots,X_m)|\mathscr{F}_{n+1}\}\quad \text{a.s.}$$

因此

$$\begin{aligned}
E\{U_{m,n}|\mathscr{F}_{n+1}\}&=\binom{n}{m}^{-1}\cdot\sum_{1\leqslant i_1<\cdots<i_m\leqslant n}E[\varphi(X_{i_1},\cdots,X_{i_m})|\mathscr{F}_{n+1}]\\
&=\binom{n}{m}^{-1}\cdot\sum_{\cdots}E\{\varphi(X_1,\cdots,X_m)|\mathscr{F}_{n+1}\}\\
&=\frac{\binom{n}{m}E\{\cdot\}}{\binom{n}{m}}=E\{\cdot\}\\
&=\binom{n+1}{m}^{-1}\sum_{1\leqslant i_1<\cdots<i_m\leqslant n+1}E\{\varphi(X_1,\cdots,X_m)|\mathscr{F}_{n+1}\}\\
&=\binom{n+1}{m}^{-1}\sum_{\cdots}E\{\varphi(X_{i_1},\cdots,X_{i_m})|\mathscr{F}_{n+1}\}\\
&=E\{U_{m,n+1}|\mathscr{F}_{n+1}\}=U_{m,n+1}\quad \text{a.s.},
\end{aligned}$$

从而（注意倒鞅的定义，尤其定义3.1.4后的注语及此处 σ-域列

$\{\mathscr{F}_n, n \geqslant m\}$ 为递降) $\{U_{m,n}, \mathscr{F}_n, n \geqslant m\}$ 为一倒鞅.

特别，取 $m=1, \varphi(x)=x$ 时，$U_{1,n}=\dfrac{\sum_1^n X_i}{n}=\overline{X}_n$；而 $m=2$，$\varphi(X_1,X_2)=\dfrac{(X_1-X_2)^2}{2}$ 时，$U_{2,n}=\dfrac{\sum_{i=1}^n (X_i-\overline{X}_n)^2}{(n-1)}$. 它们分别为样本均值与样本方差序列，而它们分别关于序列 $\{\mathscr{F}_n=\sigma(U_{1,j}, j \geqslant n), n \geqslant 1\}$ 与 $\{\mathscr{F}_n=\sigma(U_{2,j}, j \geqslant n), n \geqslant 2\}$ 为倒鞅.

4. 设 $\{\mathscr{F}_n, n \geqslant 1\}$ 是 $\mathscr{F}$ 的递增的子 σ-域列，S 是 $(\Omega, \mathscr{F}, P)$ 上的一可积 r. v. 令

$$S_n \triangleq E(S \mid \mathscr{F}_n), \quad n \geqslant 1.$$

因为对 $n \geqslant 2$ 有 $E[S_n \mid \mathscr{F}_{n-1}]=E\{E[S \mid \mathscr{F}_n] \mid \mathscr{F}_{n-1}\}=E[S \mid \mathscr{F}_{n-1}]=S_{n-1}$ a. s. ，故 $\{S_n, \mathscr{F}_n, n \geqslant 1\}$ 是鞅.

设 $\cdots, \mathscr{F}_n, \mathscr{F}_{n+1}, \cdots, \mathscr{F}_{-1}$ 是 $\mathscr{F}$ 的子 σ-域的增序列. 对每个 $n \leqslant -1$，令

$$S_n = E[S \mid \mathscr{F}_n].$$

则易见 $S_n, \mathscr{F}_n, n \leqslant -1\}$ 是鞅.（对 $n \geqslant 1$，令 $U_n=S_{-n}, \mathscr{G}_n=\mathscr{F}_{-n}$，则 $\{U_n, \mathscr{G}_n, n \geqslant 1\}$ 是倒鞅.）

5. 设 $\{Y_i, \mathscr{F}_i, i \geqslant 1\}$ 是一随机序列，又对 $i \geqslant 1$ 有 $E|Y_i|<\infty$，则 $\{Y_i-E[Y_i \mid \mathscr{F}_{i-1}], \mathscr{F}_i, i \geqslant 1\}$ 是平凡鞅差列.（值得指出的是，P. Levy 的这一中心化方法有时很有用：因为它将对**一阶矩有限的随机序列**的行为研究化为对一个**鞅差序列**及一个**条件期望序列**的行为研究了.）

6.（Polya 缸系统） 设一只缸中装有 b 个黑球与 r 个红球，令 $T_0=\dfrac{b}{b+r}$. 每次从中随机抽一球，并依其颜色在缸中添入 a 只同色球. 以 b_n、r_n 分别表示抽了 n 次后，缸中的黑、红球数，而 T_n 是 n 次后黑球的比例. 易见

$$E[T_n \mid T_{n-1}, \cdots, T_1] = E[T_n \mid T_{n-1}] \quad \text{a. s.} \ ,$$

而

$$E\left[T_n \mid T_{n-1} = \frac{b_{n-1}}{b_{n-1}+r_{n-1}}\right] = \frac{b_{n-1}+a}{b_{n-1}+r_{n-1}+a}\cdot\frac{b_{n-1}}{b_{n-1}+r_{n-1}}$$

$$+\frac{b_{n-1}}{b_{n-1}+r_{n-1}+a}\cdot\frac{r_{n-1}}{b_{n-1}+r_{n-1}}$$

$$=\frac{b_{n-1}}{b_{n-1}+r_{n-1}} = T_{n-1}.$$

于是$\{T_n, n\geqslant 1\}$是一个鞅.

7.(似然比) 设$\{Y_i, i\geqslant 1\}$是一随机序列. 对每个$n\geqslant 1$,$\{Y_i, \cdots, Y_n\}$的联合密度不是p_n,便是q_n. 确定密度集合究竟是$\{p_n, n\geqslant 1\}$还是$\{q_n, n\geqslant 1\}$,是统计检验中遇到的问题. 令

$$T_n = \frac{q_n(Y_1,\cdots,Y_n)}{p_n(Y_1,\cdots,Y_n)},\quad n\geqslant 1,$$

则T_n是似然比. 如果真实密度为p_n,则把观察得到的Y_i代入T_n后,似乎应使得T_n(在$n\to\infty$时)趋于零;而如果q_n是真正的密度,则用Y_i的实际观测值算出的$T_n(n\to\infty$时)似乎应趋于无穷大. 这样,对于大的n,可借助于观察T_n的大小来决定真正的密度究竟是p_n还是q_n. 为免去不必要的麻烦,假设p_n是严格正的. 对每个$n\geqslant 1$,以$\mathscr{G}_n$表示由$\{Y_1,\cdots,Y_n\}$所生成的σ-域. 则在p_n为真正密度的假定下,可以证明$\{T_n, \mathscr{G}_n, n\geqslant 1\}$是鞅:

$$E[T_n \mid Y_{n-1}=y_{n-1},\cdots,Y_1=y_1]$$

$$=\int_{-\infty}^{\infty}\frac{q_n(y_1,\cdots,y_{n-1},y)}{p_n(y_1,\cdots,y_{n-1},y)}\cdot\frac{p_n(y_1,\cdots,y_{n-1},y)}{p_{n-1}(y_1,\cdots,y_{n-1})}\cdot \mathrm{d}y$$

$$=\frac{q_{n-1}(y_1,\cdots,y_{n-1})}{p_{n-1}(y_1,\cdots,y_{n-1})},$$

于是$E[T_n \mid Y_{n-1}, Y_{n-2},\cdots,Y_1] = T_{n-1}$ a. s. ,即$\{T_n,\mathscr{G}_n, n\geqslant 1\}$为鞅. 这个事实有助于对$T_n$行为的研究.

8.(分支过程) 设对于$n\geqslant 1$,$\xi_i^{(n)}(i=1,2,\cdots)$为i. i. d. r. v. 而$E\xi_i^{(n)}=\mu>0$,又$\eta_0=1$. 令$\eta_n=\sum_{i=1}^{\eta_{n-1}}\xi_i^{(n)}$,则随机变量列$\{\eta_n, n\geqslant 1\}$称为一个分支过程. 此处$\eta_n$可视为一种生物第$n$代末的群体数量;$\xi_i^{(n)}$是第$n$代(共$\eta_{n-1}$个成员)第$i$个成员的后代数. 令

$\mathscr{F}_n=\sigma(\eta_1,\cdots,\eta_n),M_n=\dfrac{\eta_n}{\mu^n}$. 注意$\{\xi_k^{(n+1)},k\geqslant 1\}$与$(\eta_1,\cdots,\eta_n)$独立，于是由条件期望的性质[见(2.2.11)、定理2.2.1(iii)、2.2.5、2.3.1]可得

$$
\begin{aligned}
E(\eta_{n+1}\,|\,\mathscr{F}_n) &= E\Big(\sum_{i=1}^{\eta_n}\xi_i^{(n+1)}\,|\,\mathscr{F}_n\Big) = E\Big(\sum_{k=0}^{\infty}I_{[\eta_n=k]}\sum_{i=1}^{k}\xi_i^{(n+1)}\,|\,\mathscr{F}_n\Big)\\
&= \sum_{k=0}^{\infty}I_{[\eta_n=k]}\cdot\sum_{i=1}^{k}E(\xi_i^{(n+1)}\,|\,\mathscr{F}_n)\\
&= \sum_{k=0}^{\infty}I_{[\eta_n=k]}\cdot\sum_{i=1}^{k}E\xi_i^{(n+1)}\\
&= \sum_{k=0}^{\infty}I_{[\eta_n=k]}\cdot k\mu = \mu\cdot\sum_{k=0}^{\infty}I_{[\eta_n=k]}\cdot k = \mu\eta_n \quad \text{a.s.}
\end{aligned}
$$

两边同以μ^{n+1}除之，可得

$$E[M_{n+1}\,|\,\mathscr{F}_n] = M_n \quad \text{a.s.},$$

即$\{M_n,\mathscr{F}_n,n\geqslant 1\}$为鞅.

9. 设$(\Omega,\mathscr{B},P)$是由$\Omega=[0,1]$上的 Lebesgue 可测集上的 Lebesgue 测度组成的概率空间. 对$n\geqslant 1$，令$0=\omega_{n,-1}<\omega_{n,0}<\omega_{n,1}<\cdots<\omega_{n,2^n}=1$产生$\Omega$的一个分割，记为$Q_n$. 它把$\Omega$分成一些互斥的区间. 而$Q_{n+1}$为$Q_n$的再分割. 取$\mathscr{F}_n$为由区间$\Lambda_{n,0}=[0,\omega_{n,0}]$及$\Lambda_{n,j}=(\omega_{n,j-1},\omega_{n,j}]$，$1\leqslant j\leqslant 2^n$所生成的$\sigma$-域. 对$\Omega$上的任一有限实值函数$g$，定义

$$U_n(\omega)=\begin{cases}\dfrac{g(\omega_{n,j})-g(\omega_{n,j-1})}{\omega_{n,j}-\omega_{n,j-1}}, \text{当 } \omega\in\Lambda_{n,j} \text{ 时},\\ \text{其中 } 0\leqslant j\leqslant 2^n.\end{cases}$$

经过一番记号上麻烦，而其实是简单的计算可以证明：对每个$A\in\mathscr{F}_n$有

$$\int_A U_{n+1}\mathrm{d}P=\int_A U_n\mathrm{d}P\,. \qquad (*)$$

这样$\{U_n,\mathscr{F}_n,n\geqslant 1\}$是一个鞅[注意$N=\{1,2,\cdots\}$，对每个$n\geqslant 1$有$E|U_n|<\infty$以及(*)，是$L_1$鞅$\{U_n,\mathscr{F}_n,N\}$的另一可用定义]. 可以证明$U_n$ a.s. 收敛，这一结果有助于确立g的导数的几乎处处存

在.

3.1.4 下鞅的分解

定理3.1.1(Doob 分解) (i)对任一 L_1适随机列$\{S_n,\mathscr{F}_n,n\geqslant 1\}$存在一个 L_1鞅$\{M_n,\mathscr{F}_n,n\geqslant 1\}$与 L_1适随机序列$\{\eta_n,\mathscr{F}_{n-1},n\geqslant 1\}$可使

$$\eta_1=0\quad \text{a.s.}$$

且

$$S_n=M_n+\eta_n,\ n\geqslant 1\quad \text{a.s.} \tag{$*_1$}$$

(ii)分解式($*_1$)在下述意义下唯一:如果有 L_1鞅$\{M_n^{(i)},\mathscr{F}_n^{(i)},n\geqslant 1\}$与 L_1适随机列$\{\eta_n^{(i)},\mathscr{F}_{n-1}^{(i)},n\geqslant 1\}$满足

$$\eta_1^{(i)}=0\quad \text{a.s.}$$

且

$$S_n=M_n^{(i)}+\eta_n^{(i)},\ n\geqslant 1\quad \text{a.s.} \tag{$*_2$}$$

而上述事项对 $i=1,2$皆成立,则

$$M_n^{(1)}=M_n^{(2)},\eta_n^{(1)}=\eta_n^{(2)},\ n\geqslant 1\quad \text{a.s.} \tag{$*_3$}$$

(iii)$\{S_n,\mathscr{F}_n,n\geqslant 1\}$为 L_1下鞅$\Leftrightarrow$($*_1$)中的$\{\eta_n,n\geqslant 1\}$非降(即对每个 $n\geqslant 1$,有 $\eta_n\leqslant\eta_{n+1}$ a.s.)

证 (i)分解的存在性:令 $\eta_1=0,M_1=S_1-\eta_1;\eta_2=E(S_2|\mathscr{F}_1)-M_1,M_2=S_2-\eta_2;\cdots$;一般对 $n>1$定义

$$\eta_n=E(S_n|\mathscr{F}_{n-1})-M_{n-1},M_n=S_n-\eta_n.$$

不难验证$\{M_n,\mathscr{F}_n,n\geqslant 1\}$是一个 L_1鞅,对 $n\geqslant 1$有 η_n 为 $\mathscr{F}_{n-1}$-可测,且($*_1$)满足.

(ii)分解的唯一性:按唯一性的含义,由($*_2$)、($*_3$)推知当 $n>1$时

$$\begin{aligned}M_n^{(2)}-M_n^{(1)}&\overset{(1)}{=}\eta_n^{(1)}-\eta_n^{(2)}\overset{(2)}{=}E(\eta_n^{(1)}-\eta_n^{(2)}|\mathscr{F}_{n-1})\\&\overset{(3)}{=}E(M_n^{(2)}-M_n^{(1)}|\mathscr{F}_{n-1})\\&\overset{(4)}{=}M_{n-1}^{(2)}-M_{n-1}^{(1)}\quad \text{a.s.}\end{aligned}$$

【(1):($*_2$);(2):$\eta_n^{(i)}$ 为 $\mathscr{F}_{n-1}$可测;(3):(1);(4):$M_n^{(i)}$ 为鞅.】但

$M_1^{(1)}=S_1=M_1^{(2)}$ a. s.,故可归纳地推知 $M_n^{(1)}=M_n^{(2)}$ a. s. $(n\geqslant 1)$,从而 $\eta_n^{(1)}=\eta_n^{(2)}$ a. s. $(n\geqslant 1)$.

(iii)下鞅的分解:由$(*_1)$立得,对每个 $n>1$有

$$\begin{aligned}E(S_n|\mathscr{F}_{n-1}) &= E(M_n+\eta_n|\mathscr{F}_{n-1}) = E(M_n|\mathscr{F}_{n-1})+\eta_n\\ &= M_{n-1}+\eta_{n-1}+(\eta_n-\eta_{n-1})\\ &= S_{n-1}+(\eta_n-\eta_{n-1}) \quad \text{a. s.}\end{aligned}$$

于是对每个 $n>1$,$E(S_n|\mathscr{F}_{n-1})\geqslant S_{n-1}\Leftrightarrow \eta_n\geqslant\eta_{n-1}$ a. s. 证毕.

在(iii)中顾及 $\eta_1=0$,可知:对下鞅$\{S_n,\mathscr{F}_n,n\geqslant 1\}$可分解成一个鞅$\{M_n,\mathscr{F}_n,n\geqslant 1\}$与一个非负、非降适随机列$\{\eta_n,\mathscr{F}_{n-1},n\geqslant 1\}$之和.

注 若下鞅$\{S_n,\mathscr{F}_n,n\geqslant 1\}$为 L_1有界,则 M_n 与 η_n 亦然(习题三,15)

定理3.1.2 (Riesz 分解) 设下鞅$\{S_n,\mathscr{F}_n,n\geqslant 1\}$满足 $\sup\limits_{n\geqslant 1}E|S_n|<\infty$,则有分解式:

$$S_n = M_n - Z_n \quad \text{a. s.}, \ n\geqslant 1,$$

其中$\{M_n,\mathscr{F}_n,n\geqslant 1\}$为 L_1鞅,$\{Z_n,\mathscr{F}_n,n\geqslant 1\}$为非负 L_1上鞅,满足 $\lim\limits_{n\to\infty}EZ_n=0$.

证 由条件期望性质(定理2.2.1(ii),2.2.7)与下鞅定义知:对每个 $n\geqslant 1$与 $l\geqslant 1$有

$E(S_{n+l+1}|\mathscr{F}_n)=E[E(S_{n+l+1}|\mathscr{F}_{n+l})|\mathscr{F}_n]\geqslant E[S_{n+l}|\mathscr{F}_n]$ a. s.,

即$\{E(S_{n+l}|\mathscr{F}_n),l\geqslant 1\}$是非降列. 故对每个 $n\geqslant 1$,可用下式定义

$$M_n \triangleq \lim_{l\to\infty}E(S_{n+l}|\mathscr{F}_n) \quad \text{a. s.}$$

注意 $|\lim a_n|=\lim|a_n|$、推论1.8.2(Fatou 引理)、推论2.2.1及(2.1.11)就有

$$\begin{aligned}E|M_n| &= E|\lim_{l\to\infty}E(S_{n+l}|\mathscr{F}_n)| = E\lim_{l\to\infty}|E(S_{n+l}|\mathscr{F}_n)|\\ &\leqslant E\lim_{l\to\infty}E(|S_{n+l}||\mathscr{F}_n)\leqslant \varliminf_{l\to\infty}E[E(|S_{n+l}||\mathscr{F}_n)]\\ &= \varliminf_{l\to\infty}E|S_{n+l}|\leqslant\sup_{n\geqslant 1}E|S_n|<\infty,\end{aligned}$$

因此对每个 $n\geqslant 1$,$M_n\in L_1$.

由下鞅与 M_n 之定义得

$$S_n \leqslant E(S_{n+l}|\mathscr{F}_n) \leqslant M_n \quad \text{a.s.}$$

注意 S_n、$M_n \in L_1$，对序列 $\{E(S_{n+l}|\mathscr{F}_n), l \geqslant 1\}$ 运用条件控制收敛定理(定理2.2.2(iii))，并注意定理2.2.7就有

$$\begin{aligned} E(M_{n+1}|\mathscr{F}_n) &= E[\lim_{l\to\infty} E(S_{n+l+1}|\mathscr{F}_{n+1})|\mathscr{F}_n] \\ &= \lim_{l\to\infty} E[E(S_{n+l+1}|\mathscr{F}_{n+1})|\mathscr{F}_n] \\ &= \lim_{l\to\infty} E(S_{n+l+1}|\mathscr{F}_n) = M_n \quad \text{a.s.} \end{aligned}$$

对 $n \geqslant 1$ 皆成立．亦即 $\{M_n, \mathscr{F}_n, n \geqslant 1\}$ 是鞅．

令

$$Z_n = M_n - S_n,\ n \geqslant 1.$$

由于 $\{M_n, \mathscr{F}_n, n \geqslant 1\}$、$\{-S_n, \mathscr{F}_n, n \geqslant 1\}$ 都是上鞅，故由命题3.1.6知 $\{Z_n, \mathscr{F}_n, n \geqslant 1\}$ 也是上鞅，故而

$$\begin{aligned} Z_n \geqslant E(Z_{n+l}|\mathscr{F}_n) &= E[M_{n+l}|\mathscr{F}_n] - E[S_{n+l}|\mathscr{F}_n] \\ &= M_n - E(S_{n+l}|\mathscr{F}_n) \geqslant 0 \quad \text{a.s.} \end{aligned}$$

所以 $\{Z_n, \mathscr{F}_n, n \geqslant 1\}$ 还是非负上鞅．

由于 $0 \leqslant EZ_n \leqslant E|M_n| + E|S_n| < \infty$，对序列 $\{E(Z_{n+l}|\mathscr{F}_n), l \geqslant 1\}$ 可用 Lebesgue 控制收敛定理(定理1.8.8)，得

$$\begin{aligned} \lim_{l\to\infty} EZ_{n+l} &= \lim_{l\to\infty} E[E(Z_{n+l}|\mathscr{F}_n)] = E[\lim_{l\to\infty} E(Z_{n+l}|\mathscr{F}_n)] \\ &= E[\lim_{l\to\infty} E(M_{n+l}|\mathscr{F}_n) - \lim_{l\to\infty} E(S_{n+l}|\mathscr{F}_n)] \\ &= E[M_n - \lim_{l\to\infty} E(S_{n+l}|\mathscr{F}_n)] \\ &= E[M_n - M_n] = 0, \end{aligned}$$

即 $\lim_{n\to\infty} EZ_n = 0$，证毕．

§3.2 停时定理及其应用

3.2.1 停时及其性质

在§3.1中我们简单地引入了停时概念(定义3.1.2)，本节将对停时作更深入的讨论．

首先注意停时概念亦源于赌博. 一个携一定赌本带着发财梦来到赌场的诚实赌者，对他自己将赌几盘后停止而退去，一般说不清楚，这要看他的运气. 设 T 是他离去时赌过的盘数(或称其停止(赌博)时间)，则显然 $\{T=n\}$ 是与它前 n 盘所赌结果 $X_1,\cdots,X_n$ 有关的随机事件(由于他不能窥察未来，这事件与其后的可能赌博结果 $X_{n+1},X_{n+2},\cdots$ 无关)，即 $\{T=n\}\in\sigma(X_1,\cdots,X_n)$，$n\geqslant1$. 由此就引出了一般的停时定义.

定义3.2.1 设 $\{X_n,\mathscr{F}_n,n\geqslant1\}$ 是一个随机序列(意即($\mathscr{F}\supset$) $\mathscr{F}_n\uparrow$ 且 X_n 为 $\mathscr{F}_n$-可测，见 § 3.1.1). 由 Ω 到 $\{1,2,\cdots,\infty\}$ 的函数 T，若满足：对每个 $n\geqslant1$ 有 $\{T=n\}\in\mathscr{F}_n$，即称之为一个关于 $\{\mathscr{F}_n,n\geqslant1\}$ 的停时，亦称为一个 $\{\mathscr{F}_n\}$-时间. 当 $P[T=\infty]=0$ 时，称 T 为有限停时，或停止规则、停止变量. 如果 $\mathscr{F}_n=\sigma(X_1,\cdots,X_n)$，亦称 T 是 $\{X_n\}$-时间.

令 $\mathscr{F}_\infty\triangleq\sigma\left(\bigcup\limits_{n=1}^{\infty}\mathscr{F}_n\right)$，$\mathscr{F}_T\triangleq\{A\in\mathscr{F}_\infty: A\cap\{T=n\}\in\mathscr{F}_n$，对每个 $n\geqslant1\}$，

$$X_T\triangleq X_{T(\omega)}(\omega),\ \omega\in\Omega\ (\text{其中 } X_\infty(\omega)=\varlimsup_{n\to\infty}X_n(\omega))$$

称 $\mathscr{F}_T$ 为 $\boldsymbol{T}$ **的 σ-域**；称 X_T 为 $\boldsymbol{X}$ **的 $\boldsymbol{T}$ 选择**[①].

注 1° 显然 $T\equiv n$ 是一个停时. 2° 若令 $\mathscr{F}_0=\{\varnothing,\Omega\}$，则 $\{T\geqslant n\}=\Omega-\{T\leqslant n-1\}\in\mathscr{F}_{n-1}$，对 $1\leqslant n\leqslant\infty$ 成立.

命题3.2.1 设 T_1、T_1 皆是 $\{\mathscr{F}_n\}$-时间，则 $T_1\vee T_2$ 与 $T_1\wedge T_2$ 亦然. (特别，T 为 $\{\mathscr{F}_n\}$-时间时，$T\wedge n$ 亦然.)

证 由于对任意 $n\geqslant1$ 有 $\{T_1\leqslant n\}\in\mathscr{F}_n\ni\{T_2\leqslant n\}$，所以 $\{T_1\vee T_2\leqslant n\}=\{T_1\leqslant n\}\cap\{T_2\leqslant n\}\in\mathscr{F}_n$，

$$\{T_1\wedge T_2\leqslant n\}=\{T_1\leqslant n\}\cup\{T_2\leqslant n\}\in\mathscr{F}_n.$$

命题3.2.2 (i) $\mathscr{F}_T$ 是 $\mathscr{F}_\infty$ 的子 σ-域；(ii) T 关于 $\mathscr{F}_T$ 可测.

证 (注意停时 T 的定义，$\mathscr{F}_\infty$、$\mathscr{F}_n\uparrow$ 皆 σ-域)由 $\mathscr{F}_T$ 的定义

---

① 对 $\forall\ \omega\in\Omega$，$X_{T(\omega)}(\omega)$ 是依 $T(\omega)$ 自 $X_1(\omega),X_2(\omega),\cdots$ 中所做的选择，故名.

首先显然有 $\Omega\in\mathscr{F}_T$. 其次设 $A\in\mathscr{F}_T$，则因 $A\in\mathscr{F}_\infty$ 且对每个 $n\geqslant1$ 有 $A\cap\{T\leqslant n\}\in\mathscr{F}_n$，故亦有 $A^c\in\mathscr{F}_\infty$ 及 $A^c\cap\{T\leqslant n\}=\{T\leqslant n\}-[A\cap\{T\leqslant n\}]=\{T\leqslant n\}\cap[A\cap\{T\leqslant n\}]^c\in\mathscr{F}_n$ 对每个 $n\geqslant1$ 成立，即 $A^c\in\mathscr{F}_T$. 再设 $\{A_k,k=1,2,\cdots\}\subset\mathscr{F}_T$，则对每个 k 有 $A_k\in\mathscr{F}_\infty$ 及 $A_k\cap\{T\leqslant n\}\in\mathscr{F}_n$ 对每个 $n\geqslant1$ 成立. 从而 $\bigcup\limits_{k=1}^{\infty}A_k\in\mathscr{F}_\infty$ 且对每个 $n\geqslant1$ 有 $\bigcup\limits_{k=1}^{\infty}[A_k\cap\{T\leqslant n\}]=[\bigcup\limits_{k=1}^{\infty}A_k]\cap\{T\leqslant n\}\in\mathscr{F}_n$，即 $\bigcup\limits_{1}^{\infty}A_k\in\mathscr{F}_T$. (i)得证.

注意(见定义1.6.2注1)欲证 T 是 $\mathscr{F}_T$-可测，只须证对 $\forall\, m$ 有 $\{T\leqslant m\}\in\mathscr{F}_T$. 为此注意：$\{T\leqslant m\}\in\mathscr{F}_m\subset\mathscr{F}_\infty$；又对每个 $n\geqslant1$ 有 $\{T\leqslant m\}\cap\{T\leqslant n\}=\{T\leqslant m\wedge n\}\in\mathscr{F}_{m\wedge n}\subset\mathscr{F}_n$. 于是 $\{T\leqslant m\}\in\mathscr{F}_T$，(ii)获证. 证毕.

命题3.2.3 若 T_1、T_2 皆 $\{\mathscr{F}_n\}$ 时间，又 $T_1\leqslant T_2$，则 $\mathscr{F}_{T_1}\subset\mathscr{F}_{T_2}$.

证 $\forall\, A\in\mathscr{F}_{T_1}$，则 $A\in\mathscr{F}_\infty$ 且对每个 $n\geqslant1$ 有 $A\cap\{T_1\leqslant n\}\in\mathscr{F}_n$. 又因 $T_1\leqslant T_2$，故 $\{T_2\leqslant n\}\subset\{T_1\leqslant n\}$，从而 $A\cap\{T_2\leqslant n\}=[A\cap\{T_1\leqslant n\}]\cap\{T_2\leqslant n\}\in\mathscr{F}_n$，对 $n\geqslant1$. 即 $A\in\mathscr{F}_{T_2}$. 证毕.

命题3.2.4 X 的 T 选择 X_T 关于 $\mathscr{F}_T$ 可测.

证 对每个 $n\geqslant1$ 与 $x\in R$，有

$$\{X_T\leqslant x\}\cap\{T=n\}=\{X_n\leqslant x\}\cap\{T=n\}\in\mathscr{F}_n.$$

又 $\{X_T\leqslant x\}=\{X_T\leqslant x\}\cap\bigcup\limits_{n=1}^{\infty}\{T=n\}=\bigcup\limits_{n=1}^{\infty}\{X_T\leqslant x\}\cap\{T=n\}\in\mathscr{F}_\infty$，故由 $\mathscr{F}_T$ 的定义及定义1.6.2后注语知 X_T 是 $\mathscr{F}_T$ 可测的.

注 这个命题表明：把适随机序列 $\{X_n,\mathscr{F}_n,n\geqslant1\}$ 中的“X_n 为 $\mathscr{F}_n$-可测”一句里的 n 换成一个 $\{\mathscr{F}_n\}$ 时间 T 后，适性依旧得以保持.

易见，若 T 是 $\{\mathscr{F}_n\}$-时间，则对每个整数 $m\geqslant1$，$T+m$ 亦然. 又因 $T\leqslant T+m$，据命题3.2.3便有 $\mathscr{F}_T\subset\mathscr{F}_{T+1}\subset\cdots\subset\mathscr{F}_\infty$，因此 $\mathscr{F}_\infty=\sigma(\bigcup_1^\infty\mathscr{F}_n)\subset\sigma(\bigcup_1^\infty\mathscr{F}_{T+n})\subset\mathscr{F}_\infty$，即 $\sigma(\bigcup_1^\infty\mathscr{F}_{T+n})=\mathscr{F}_\infty$. 这样一来，序列 $\{\mathscr{G}_n\triangleq\mathscr{F}_{T+n},n\geqslant1\}$ 又可定义新的停时.

命题3.2.5 若 T_1 是 $\{\mathscr{F}_n, n\geqslant 1\}$-时间，$T_2$ 是 $\{\mathscr{G}_n, n\geqslant 1\}$-时间（其中 $\mathscr{G}_n=\mathscr{F}_{T_1+n}, n\geqslant 1$）则 $T=T_1+T_2$ 是一个 $\{\mathscr{F}_n, n\geqslant 1\}$-时间，且 $\mathscr{F}_T=\mathscr{G}_{T_2}$.

证 因为对 $1\leqslant m<\infty$ 有

$$\{T=m\}=\bigcup_{j=1}^{m}\{T_1=j, T_2=m-j\}$$
$$=\bigcup_{j=1}^{m}[\{T_1=j\}\cap\{T_2=m-j\}]\in\mathscr{F}_m,$$

故 T 是 $\{\mathscr{F}_n\}$-时间.

次证 $\mathscr{F}_T=\mathscr{G}_{T_2}$. $\forall\ A\in\mathscr{G}_{T_2}$，则对 $m=1,2,\cdots$ 及 $j=1,2,\cdots,m-1$ 有

$$A\{T_2=m-j\}\in\mathscr{G}_{m-j}=\mathscr{F}_{T_1+m-j},$$
$$A\{T_1=j, T_2=m-j\}$$
$$=A\{T_2=m-j\}\{T_1+m-j=m\}\in\mathscr{F}_m,$$
$$A\{T=m\}=\bigcup_{j=1}^{m-1}A\{T_1=j, T_2=m-j\}\in\mathscr{F}_m,$$

此即表明 $A\in\mathscr{F}_T$；反之，$\forall\ A\in\mathscr{F}_T$，则对 $r=1,2,\cdots$ 与 $m=0,1,\cdots$ 有

$$A\{T=r+m\}\in\mathscr{F}_{r+m},$$
$$A\{T_2=m\}\cdot\{T_1+m=r+m\}$$
$$=A\{T=r+m\}\{T_1=r\}\in\mathscr{F}_{r+m},$$
$$A\{T_2=m\}=A\{T_2=m\}[\bigcup_{r=1}^{\infty}\{T_1=r\}]$$
$$=\bigcup_{r=1}^{\infty}[A\{T_2=m\}\{T_1+m=r+m\}]$$
$$\in\bigcup_{r=1}^{\infty}\mathscr{F}_{r+m}=\mathscr{F}_{T_1+m}=\mathscr{G}_m.$$

此即表明 $A\in\mathscr{G}_{T_2}$，证毕.

最后，我们举两个停时的例子.

例1 设 $\{S_n, n\geqslant 1\}$ 是一列 r. v.，$\mathscr{F}_n=\sigma(S_1,\cdots,S_n)$，$B\in\sigma(\{(-\infty,x], x\in R\})$，令

$$T=\begin{cases}\inf\{n\geqslant 1: S_n\in B\};\\ 0, \text{当}\{\cdots\}=\varnothing.\end{cases}$$

称 T 为列 $\{S_n, n\geqslant 1\}$ 首次进入集合 B 的时刻. 由于 $\{T=n\}=\{S_i\in B^c, i=1,\cdots,n-1;$而 $S_n\in B\}\in\mathscr{F}_n, n\geqslant 1$,故 T 为一个停时($\{\mathscr{F}_n\}$-时间).

例 2 设 $\{\xi_n, n\geqslant 1\}$ 是一列 r. v. ,$\mathscr{F}_n=\sigma(\xi_1,\cdots,\xi_n)$. 定义一连串的随机时刻,即令

$$\begin{cases}T_1=1,\\ T_{k+1}=\inf\{n>T_k:\xi_n>\xi_{T_k}\}, k\geqslant 1.\end{cases}$$

显然,T_1 是停时,而其余皆然:因若 T_k 是停时,则对每个 $n\geqslant 1$ 有(约定 $\bigcup\limits_{i=1}^{0}\{\cdot\}=\varnothing$)

$$\begin{aligned}\{T_{k+1}=n\}&=\bigcup_{i=1}^{n-1}\{T_k=i, T_{k+1}=n\}\\ &=\bigcup_{i=1}^{n-1}[\{T_k=i\}\cap\{\xi_{i+1}\leqslant\xi_i,\cdots,\xi_{n-1}\leqslant\xi_i;\text{但 }\xi_n>\xi_i\}]\in\mathscr{F}_n.\end{aligned}$$

从而 T_{k+1} 也是停时. 如此,就归纳地证明了 $\{T_k, k\geqslant 1\}$ 是一列 $\{\mathscr{F}_n\}$-时间. $T_1(\omega), T_2(\omega),\cdots$ 是数列 $\xi_1(\omega),\xi_2(\omega),\cdots$ 在数值大小上一再突破其先前值的破纪录时刻(序列).

3.2.2 停时定理及其应用

上面(命题3.2.4)我们看到,随机序列 $\{S_n,\mathscr{F}_n, n\geqslant 1\}$ 的 T 选择 S_T 是 $\mathscr{F}_T$-可测的,此处我们希望进一步讨论 S_T(在整个 Ω 或其某一部分上的)平均值之大小. 比如当 $\{S_n,\mathscr{F}_n, n\geqslant 1\}$ 为下鞅时,我们知道对 $n>m$ 有 $E[S_n|\mathscr{F}_m]\geqslant S_m$ a. s. ,即 S_n 在 Ω 上关于 $\mathscr{F}_m$ 的平滑结果几乎处处比 S_m 大(进而 $ES_n\geqslant ES_m$). 现在我们就 a. s. 有限的 $\{\mathscr{F}_n\}$-时间 T,考虑以 S_T 替代上述 S_n 的可能性,即考虑 S_T 在整个 Ω 或其某一局部关于 $\mathscr{F}_m$ 的平滑结果是否也在 a. s. 意义上比 S_m 为大. 另外,对于两个 a. s. 有限的 $\{\mathscr{F}_n\}$-时间 $T_1\leqslant T_2$,希望知道 $\{S_{T_1},\mathscr{F}_{T_1}; S_{T_2},\mathscr{F}_{T_2}\}$ 是否也是下鞅(果真是就有 $ES_{T_2}\geqslant ES_{T_1}$). 停时定理就是研究由停时在(具有某种鞅性的)随机序列中随机抉择所得变量的种种均值问题的(在全空间或局部空间上的期望、条件期望等). 下面我们给出三个这样的定理,希望读者从中

既能了解一些重要事实，又能学到一些有用的证明方法.

定理3.2.1 设$\{S_n,\mathscr{F}_n,n\geqslant 1\}$为下鞅.

(i)如果 T 是一个有限的$\{\mathscr{F}_n\}$-时间，满足

$$|ES_T|\leqslant\infty,\varliminf_{n\to\infty}\int_{[T>n]}S_n^+=0, \tag{3.2.1}$$

则对 $n\geqslant 1$ 有

$$\left.\begin{array}{l}E\{S_T\cdot I_{[T\geqslant n]}|\mathscr{F}_n\}\geqslant S_nI_{[T\geqslant n]}\text{ a.s.},\\ ES_T\geqslant ES_1.\end{array}\right\} \tag{3.2.2}$$

(ii)若$\{T_n,n\geqslant 1\}$是一列有限的$\{\mathscr{F}_n\}$-时间，满足 $T_1\leqslant T_2\leqslant\cdots$ 及对 $m\geqslant 1$ 有

$$|ES_{T_m}|\leqslant\infty,\varliminf_{n\to\infty}\int_{[T_m>n]}S_n^+=0, \tag{3.2.3}$$

则$\{S_{T_n},\mathscr{F}_{T_n},n\geqslant 1\}$也是下鞅.

证 由定义2.1.3知，欲证(3.2.2)只须证对于$n\geqslant 1$及$\forall\ A\in\mathscr{F}_n$有

$$\int_{A[T\geqslant n]}S_T\geqslant\int_{A[T\geqslant n]}S_n. \tag{3.2.4}$$

为此注意

$$\begin{aligned}\int_{A[T\geqslant n]}S_n&=\int_{A[T=n]}S_n+\int_{A[T>n]}S_n\\&\overset{(1)}{\leqslant}\int_{A[T=n]}S_n+\int_{A[T>n]}E[S_{n+1}|\mathscr{F}_n]\\&\overset{(2)}{=}\int_{A[T=n]}S_T+\int_{A[T\geqslant n+1]}S_{n+1}\end{aligned}$$

【(1):$\{S_n,n\geqslant 1\}$为下鞅;(2):定义2.1.3】而上式右端末项是左端项中 n 改成 $n+1$后的结果，于是把上述推理重复 $m-(n+1)$次，就得

$$\int_{A[T\geqslant n]}S_n\leqslant\int_{A\cdot[n\leqslant T<m]}S_T+\int_{A[T\geqslant m]}S_m=\int_{A\cdot[n\leqslant T\leqslant m]}S_T+\int_{A[T>m]}S_m. \tag{3.2.5}$$

注意到 T 为有限停时，$|ES_T|\leqslant\infty$，$\int_{A[T>m]}S_m\leqslant\int_{A[T>m]}S_m^+$ 及

$\varlimsup_{n\to\infty}\int_{[T>n]} S_n^+ = 0$，对(3.2.5)右方取 $m \to \infty$ 时的极限即得(3.2.4).【ES_T 存在保证了极限 $\lim_{m\to\infty}\int_{A[n\leqslant T\leqslant m]} S_T = \int_{A[n\leqslant T]} S_T$ 为$[-\infty, +\infty]$中某个确定值.】亦即(记着定义 2.1.3)(3.2.2)前式获证. 于其中再置 $n=1(\Omega=[T\geqslant 1])$，两边取期望(用(2.1.11))就得 $ES_T \geqslant ES_1$.

再证(ii). 由于对每个 $n\geqslant 1$，S_{T_n} 为 $\mathscr{F}_{T_n}$ 可测，故由随机序列 $\{S_n,\mathscr{F}_n,n\geqslant 1\}$，借助于一列递增的停时 $T_1\leqslant T_2\leqslant\cdots$ 就又得到一个新的随机序列 $\{S_{T_n},\mathscr{F}_{T_n},n\geqslant 1\}$. 要证它为下鞅，即对每个 $n\geqslant 1$ 有

$$E\{S_{T_{n+1}}|\mathscr{F}_{T_n}\}\geqslant S_{T_n}\quad \text{a.s.}\tag{3.2.6}$$

依定义2.1.3只须证：对$\forall\ B\in\mathscr{F}_{T_n}$，有

$$\int_B S_{T_{n+1}}\geqslant\int_B S_{T_n}.\tag{3.2.7}$$

对 $B\in\mathscr{F}_{T_n}$，令 $B_m\triangleq B\cdot[T_n=m]$，则 $B=\bigcup_{m=1}^{\infty}B_m$. 又由 $\mathscr{F}_{T_n}$ 的定义知，对每个 $m\geqslant 1$ 皆有 $B_m\in\mathscr{F}_m$. 在 B_m 上因为 $T_n=m$，又 $T_{n+1}\geqslant T_n$，所以 $T_{n+1}\geqslant m$ a.s. 成立，即 $B_m\subset[T_{n+1}\geqslant m]$. 于是由(i)[于(3.2.2)中易$[T\geqslant n]$为$[T_{n+1}\geqslant m]$，易 $E\{S_T\mid\mathscr{F}_n\}\geqslant S_n$ 为 $E[S_{T_{n+1}}|\mathscr{F}_m]\geqslant S_m$]得

$$\int_{B_m}S_{T_n}=\int_{B_m}S_m\leqslant\int_{B_m}E\{S_{T_{n+1}}|\mathscr{F}_m\}=\int_{B_m}S_{T_{n+1}}.$$

两边关于 m 求和即得

$$\sum_{m=1}^{\infty}\int_{B_m}S_{T_n}=\int_B S_{T_n}\leqslant\int_B S_{T_{n+1}}=\sum_{m=1}^{\infty}\int_{B_m}S_{T_{n+1}}.$$

至此(3.2.7)亦即(ii)获证. 证毕.

推论3.2.1 (3.2.2)可推广为：对任一$\{\mathscr{F}_n\}$-时间 τ 有

$$E[S_T I_{[T\geqslant\tau]}|\mathscr{F}_\tau]\geqslant S_\tau I_{[T\geqslant\tau]}\quad\text{a.s.}\tag{3.2.2$'$}$$

(就中取 $\tau\equiv n$ 时得(3.2.2)；当$[T\geqslant\tau]=\Omega$ 时，即得 $E[S_T|\mathscr{F}_\tau]\geqslant S_\tau$ a.s.. 换言之，如果二个$\{\mathscr{F}_n\}$-时间 T,τ 满足 $T\geqslant\tau$，则$\{S_\tau,\mathscr{F}_\tau;$

$S_T,\mathscr{F}_T\}$为(二元)下鞅.)

证 只须证$\forall\ A\in\mathscr{F}_\tau$有$\int_A S_T\cdot I_{[T\geqslant\tau]}\geqslant\int_A S_\tau\cdot I_{[T\geqslant\tau]}$.注意到

$$I_A\cdot I_B=I_{AB},\quad I_{\sum_1^\infty A_i}=\sum_1^\infty I_{A_i}$$

及

$$EI_{\sum_1^\infty A_i}=\int_{\sum_1^\infty A_i}P(\mathrm{d}\omega)=\sum_1^\infty\int_{A_i}P(\mathrm{d}\omega)=\sum_1^\infty EI_{A_i}.$$

易见

$$I_{A\cdot[T\geqslant\tau]}=\sum_1^\infty I_{A[\tau=i][T\geqslant i]},\tag{$*_1$}$$

$$S_\tau\cdot I_{A[T\geqslant\tau]}=\sum_1^\infty S_\tau\cdot I_{A[\tau=i][T\geqslant i]}=\sum_1^\infty S_i\cdot I_{A\cdot[\tau=i]\cdot[T\geqslant i]},\tag{$*_2$}$$

$$\begin{aligned}ES_\tau\cdot I_{A[T\geqslant\tau]}&\overset{(1)}{=}\sum_1^\infty ES_i\cdot I_{A[\tau=i][T\geqslant i]}\overset{(2)}{\leqslant}\sum_{i=1}^\infty ES_TI_{A[\tau=i][T\geqslant i]}\\&\overset{(3)}{=}ES_T\cdot I_{A[T\geqslant\tau]}.\end{aligned}$$

【(1)、(3):对于给定的ω,($*_2$)右方的无穷和中仅可能有一项非零,并用到($*_1$);(2):由(3.2.2)知对每个$i\geqslant 1$成立$E[S_TI_{[T\geqslant i]}|\mathscr{F}_i]\geqslant S_i\cdot I_{[T\geqslant i]}$ a.s..即$\forall\ B\in\mathscr{F}_i$有$\int_B S_T\cdot I_{[T\geqslant i]}=\int_\Omega S_T\cdot I_{B[T\geqslant i]}=ES_TI_{B[T\geqslant i]}\geqslant ES_i\cdot I_{B[T\geqslant i]}$,在此$B=A\cdot[\tau=i]\in\mathscr{F}_i$(见$\mathscr{F}_\tau$之定义)】因$A\in\mathscr{F}_\tau$为任取,依定义2.1.3知上式即(3.2.2′).证毕.

推论3.2.2 设$\{S_n,\mathscr{F}_n,n\in N\}$为下鞅,$N$有有限的末元,$T$为一有限的$\{\mathscr{F}_n\}$-时间,满足$E|S_T|\leqslant\infty$,则对$n\in N$有(3.2.2)成立.

证 设m是N的末元,于是(3.2.5)右端末项就消失了.证毕.

推论3.2.3 设$\{S_n,\mathscr{F}_n,n\geqslant 1\}$为鞅,$T$为有限的$\{\mathscr{F}_n\}$-时间,

满足

$$|ES_T| \leqslant \infty, \varliminf_{n\to\infty} \int_{[T>n]} |S_n| = 0, \tag{3.2.8}$$

则对 $n\geqslant 1$ 有

$$E\{S_T \cdot I_{[T\geqslant n]} | \mathscr{F}_n\} = S_n I_{[T\geqslant n]} \quad \text{a.s.} \tag{3.2.9}$$

及 $ES_T = ES_1$.

此外，若 $\{T_n, n\geqslant 1\}$ 是一列有限的 $\{\mathscr{F}_n\}$-时间，$T_1 \leqslant T_2 \leqslant \cdots$，又每个 T_i 皆满足(3.2.8)那样的关系式，则

$$\{S_{T_n}, \mathscr{F}_{T_n}, n\geqslant 1\} \text{是鞅}^{①}$$

特别对任一 $\{\mathscr{F}_n\}$-时间 T，$\{S_{T\wedge n}, \mathscr{F}_{T\wedge n}, n\geqslant 1\}$ 是鞅.

证　注意 $(-S_n)^+ = S_n^-$，

$$\varliminf_{n\to\infty} \int_{[T>n]} |S_n| = 0 \quad \Rightarrow \quad \begin{cases} \varliminf \int_{[T>n]} S_n^+ = 0, \\ \varliminf \int_{[T>n]} S_n^- = 0. \end{cases}$$

故当 $\{S_n, \mathscr{F}_n, n\geqslant 1\}$ 为鞅时，分别对下鞅 $\{S_n, \mathscr{F}_n, n\geqslant 1\}$ 与 $\{-S_n, \mathscr{F}_n, n\geqslant 1\}$ 用定理3.2.1(i)的结论，即得

$$E\{S_T I_{[T\geqslant n]} | \mathscr{F}_n\} \geqslant S_n I_{[T\geqslant n]} \quad \text{a.s.}, \ ES_T \geqslant ES_1;$$

$$E\{-S_T I_{[T\geqslant n]} | \mathscr{F}_n\} \geqslant -S_n I_{[T\geqslant n]} \quad \text{a.s.}, \ E(-S_T) \geqslant E(-S_1).$$

合而为一，即(3.2.9).

另外，分别对下鞅 $\{S_n, \mathscr{F}_n, n\geqslant 1\}$ 与 $\{-S_n, \mathscr{F}_n, n\geqslant 1\}$ 进行证明定理3.2.1(ii)时的推导，可分别得(见(3.2.7))：对 $\forall\, B\in\mathscr{F}_{T_n}$，有

$$\int_B S_{T_{n+1}} \geqslant \int_B S_{T_n}$$

及

$$\int_B - S_{T_{n+1}} \geqslant \int_B - S_{T_n}.$$

---

① 对此有一赌博解释. 设 $S=(S_n, n\geqslant 1)$ 表示一列公平赌博的结果. 若赌者只在由停时 $T_1\leqslant T_2\leqslant\cdots$ 选定的盘次下注(因此他不能窥知未来)，则他进行的仍是一场公平赌博. 换言之，在下注盘次上做这种设计，并不能改变赌博的公平性，给他带来任何系统的、实质性的好处或坏处.

亦即对$\forall\ B\in\mathscr{F}_{T_n}$，有

$$\int_B E[S_{T_{n+1}}|\mathscr{F}_{T_n}] = \int_B S_{T_{n+1}} = \int_B S_{T_n}.$$

换言之，

$$E[S_{T_{n+1}}|\mathscr{F}_{T_n}] = S_{T_n}\quad \text{a. s.}$$

成立. 即$\{S_{T_n},\mathscr{F}_{T_n},n\geqslant 1\}$为鞅.

特别，置$T_n\triangleq T\wedge n$，有$T_1\leqslant T_2\leqslant\cdots$，故$\{S_{T\wedge n},\mathscr{F}_{T\wedge n},n\geqslant 1\}$亦为鞅. 证毕.

对于下鞅$\{S_n,\mathscr{F}_n,n\geqslant 1\}$与有限停时$T$，在别样形式的条件下也会有(3.2.2)成立. 在介绍这样的结果前，先须引入一个有用的引理.

引理3.2.1 若$\{S_n,\mathscr{F}_n,n\geqslant 1\}$为下鞅，满足$\sup\limits_{n\geqslant 1}ES_n^+=M<\infty$，则对任一有限停时$T$，有

$$\int_{[T<\infty]} S_T^+\mathrm{d}P\leqslant M,\ \int_{[T<\infty]}|S_T|\mathrm{d}P\leqslant 2M-ES_1\leqslant 3\sup_{n\geqslant 1}E|S_n|. \tag{3.2.10}$$

证 置$T'=T\wedge n,n\geqslant 1$. 由于$\{S_n,n\geqslant 1\}$为下鞅，由推论3.1.1(ii)知$\{S_n^+,\mathscr{F}_n,n\geqslant 1\}$也是下鞅. 于是有

$$\begin{aligned}ES_{T'}^+ &= \sum_{j=1}^n\int_{[T=j]}S_j^+ + \int_{[T>n]}S_n^+ \overset{(1)}{\leqslant}\sum_{j=1}^n\int_{[T=j]}S_n^+ + \int_{[T>n]}S_n^+\\ &= ES_n^+\leqslant M.\end{aligned}$$

【(1)：由于$[T=j]\in\mathscr{F}_j$，故依下鞅及条件期望定义便有

$$\int_{[T=j]}S_j^+\leqslant\int_{[T=j]}E[S_n^+|\mathscr{F}_j]=\int_{[T=j]}S_n^+.$$】即

$$ES_{T\wedge n}^+\leqslant M. \tag{3.2.11}$$

又由定理3.2.1(ii)知$\{S_{T\wedge n}^+,\mathscr{F}_{T\wedge n},n\geqslant 1\}$亦是下鞅，故(命题3.1.3)有$ES_{T\wedge n}^+\uparrow$(当$n\uparrow$时). 从而由Fatou引理(推论1.8.2)可得(3.2.10)的第一式：

$$M\geqslant\varliminf_{n\to\infty}ES_{T\wedge n}^+\geqslant E\varliminf_{n\to\infty}S_{T\wedge n}^+=ES_T^+=\int_{[T<\infty]}S_T^+\mathrm{d}P.$$

其次，因 $\{S_n,\mathscr{F}_n,n\geqslant 1\}$ 为下鞅，T 为停时，$[T>n]=\Omega-\bigcup_{j=1}^{n}[T=j]\in\mathscr{F}_n$，故而 $\int_{[T>n]}S_{n+1}\geqslant\int_{[T>n]}S_n$. 据此就有 7

$$
\begin{aligned}
ES_1 &= \int_{[T=1]}S_1+\int_{[T>1]}S_1\leqslant\int_{[T=1]}S_1+\int_{[T>1]}S_2\\
&=\int_{[T=1]}S_1+\int_{[T=2]}S_2+\int_{[T>2]}S_2\\
&\leqslant\int_{[T=1]}S_1+\int_{[T=2]}S_2+\int_{[T=3]}S_3+\int_{[T>3]}S_3\leqslant\cdots\\
&\leqslant\int_{[1\leqslant T\leqslant n]}S_T+\int_{[T>n]}S_n=ES_{T\wedge n}.
\end{aligned}\tag{3.2.12}
$$

由此（注意 $|\xi|=\xi^++\xi^-=2\xi^+-(\xi^+-\xi^-)=2\xi^+-\xi$）可得

$$
E|S_{T\wedge n}|=2ES^+_{T\wedge n}-ES_{T\wedge n}\overset{(1)}{\leqslant}2M-ES_1
$$

【(1)：用(3.2.11)及(3.2.12)】再用 Fatou 引理，就有

$$
\begin{aligned}
E[\varliminf_{n\to\infty}|S_{T\wedge n}|]=E[|S_T|]&\leqslant\varliminf_{n\to\infty}E|S_{T\wedge n}|\leqslant 2M-ES_1\\
&\leqslant 2M+E|S_1|\leqslant 3\sup_{n\geqslant 1}E|S_n|.
\end{aligned}
$$

(3.2.10)的第二式获证. 证毕.

定理3.2.2 设 $\{S_n=\sum_1^n X_i,\mathscr{F}_n,n\geqslant 1\}$ 是下鞅，对 $n\geqslant 1$ 有 $EX_n^+<\infty$；而 T 是一个有限的 $\{\mathscr{F}_n\}$-时间. 认定 $\mathscr{F}_0=\{\varnothing,\Omega\}$. 如果

(i) $E\sum_{n=1}^{T}E\{X_n^+|\mathscr{F}_{n-1}\}<\infty$，或 (3.2.13)

(ii) $\{S_n^+,n\geqslant 1\}$ 一致可积

则对 $n\geqslant 1$ 有

$$
\left.\begin{aligned}
&E[S_TI_{[T\geqslant n]}|\mathscr{F}_n]\geqslant S_nI_{[T\geqslant n]}\quad\text{a.s. 及}\\
&ES_T\geqslant ES_1.
\end{aligned}\right\}\tag{3.2.2}
$$

证 (i)此时用定理1.8.7，式(2.1.11)、(2.2.11)等可得

$$
E\sum_{n=1}^{T}X_n^+=E\sum_{n=1}^{\infty}X_n^+I_{[T\geqslant n]}=\sum_{n=1}^{\infty}E(X_n^+\cdot I_{[T\geqslant n]})
$$

$$= \sum_1^\infty E[I_{[T\geqslant n]}E(X_n^+ \mid \mathscr{F}_{n-1})]$$

$$= E[\sum_1^\infty I_{[T\geqslant n]} \cdot E(X_n^+ \mid \mathscr{F}_{n-1})]$$

$$= E\sum_1^T E(X_n^+ \mid \mathscr{F}_{n-1}) < \infty.$$

因此(注意$(\xi+\eta)^+ \leqslant \xi^+ + \eta^+$)

$$ES_T^+ = E(\sum_1^T X_n)^+ \leqslant E\sum_1^T X_n^+ < \infty,$$

从而$|ES_T| \leqslant \infty$. 还有

$$\int_{[T>n]} S_n^+ \leqslant \int_{[T>n]} \sum_1^n X_i^+ \leqslant \int_{[T>n]} \sum_1^T X_i^+ = o(1)$$

【因T为有限停时,故$P[T>n]=o(1)$】. 因此(3.2.1)满足,从而导致(3.2.2)成立.

(ii) 此时(见(1.8.7))有$\sup\limits_{n\geqslant 1} ES_n^+ < \infty$. 由而依引理3.2.1得$ES_T^+ < \infty$,故$|ES_T| \leqslant \infty$. 再由$P[T>n]=o(1)$,知$\varliminf\limits_{n\to\infty} \int_{[T>n]} S_n^+ = 0$,这样(3.2.1)也得以满足. 证毕.

推论3.2.4 设$\{S_n = \sum_1^n X_i, \mathscr{F}_n, n\geqslant 1\}$是$L_1$鞅,若$T$是一个有限的$\{\mathscr{F}_n\}$-时间,满足

$$E\sum_{n=1}^T E[|X_n| \mid \mathscr{F}_n] < \infty \tag{3.2.14}$$

(特别当T是一个有界的r.v.时),或若$\{S_n, \mathscr{F}_n, n\geqslant 1\}$为一致可积时,就有:对每个$n\geqslant 1$

$$E\{S_T I_{[T\geqslant n]} \mid \mathscr{F}_n\} = S_n I_{[T\geqslant n]} \quad \text{a.s.} \tag{3.2.15}$$

成立及$ES_T = ES_1$.

证 当$\{S_n, n\geqslant 1\}$为鞅时,$\{S_n, n\geqslant 1\}$与$\{-S_n, n\geqslant 1\}$皆为下鞅. 对它们分别用定理3.2.2即可. 证毕.

注 于(3.2.15)中置$n=1$,得

在$[T\geqslant 1]=\Omega$上$E[S_T \mid \mathscr{F}_1] = S_1$ a.s. 成立(再用(2.1.11)得

$ES_T=ES_1$). 这表明$\{S_1,\mathscr{F}_1;S_T,\mathscr{F}_T\}$是一个(二元!)鞅.

推论3.2.5 若$\{S_n=\sum_1^n X_j,\mathscr{F}_n,n\geqslant1\}$是$L_1$鞅,而$T$是一个有限的$\{\mathscr{F}_n\}$-时间,满足(3.2.14),则对任意$r\geqslant1$有

$$E[|S_T|^r I_{[T\geqslant n]}|\mathscr{F}_n]\geqslant|S_n|^r\cdot I_{[T\geqslant n]}\quad \text{a.s.}\qquad(3.2.16)$$

及$E|S_T|^r\geqslant E|S_1|^r$.

证 由推论3.1.1(i)知$\{|S_n|,\mathscr{F}_n,n\geqslant1\}$为下鞅,故由定理3.2.2得

$$E\{|S_T|I_{[T\geqslant n]}|\mathscr{F}_n\}\geqslant|S_n|\cdot I_{[T\geqslant n]}\quad \text{a.s.},$$

进而依条件Jensen不等式(2.2.9)可得

$$\begin{aligned}(|S_n|I_{[T\geqslant n]})^r&\leqslant E^r\{|S_T|I_{[T\geqslant n]}|\mathscr{F}_n\}\\&\leqslant E\{|S_T|^r I_{[T\geqslant n]}|\mathscr{F}_n\}\quad \text{a.s.},\end{aligned}$$

此即(3.2.16). 就中置$n=1$($\Omega=[T\geqslant1]$),并用(2.1.11)就可得$E|S_T|^r\geqslant E|S_1|^r$. 证毕.

注意:当$\omega\in[T=\infty]$时符号$S_{T(\omega)}(\omega)=S_\infty(\omega)$,而列$S_1(\omega)$, $S_2(\omega)$,…中无与之相对应者,因而符号S_T于$\omega\in[T=\infty]$上无意义. 为使S_T于Ω上a.s.有意义,在前面的停时定理中都把T a.s.有限作为必要的假定. 不过,若极限$\lim\limits_{n\to\infty}S_n(\omega)$于$\Omega$上a.s.存在时,可迳记以$S_\infty$,并令$S_T$于$[T=\infty]$上以$S_\infty$为值. 这样纵使$P[T=\infty]>0$,符号$S_T$于$\Omega$上也a.s.有意义. 在这种情况下(如$\{S_n,\mathscr{F}_n,n\geqslant1\}$为一致可积的下鞅时,就是这种情况,见定理3.3.1),以上停时定理中对停时T的a.s.有限之要求即可解除.

由(3.2.2)运用(2.1.11)可得

$$ES_T I_{[T\geqslant n]}\geqslant ES_n I_{[T\geqslant n]},\quad n\geqslant1.$$

换句话说,对a.s.有限的停时T,当下鞅S满足条件(3.2.1)时,在Ω的子集$[T\geqslant n]$上S_T的平均值比S_n的大.

下面的定理,则是对任意的下鞅S与任两个满足$\sigma\leqslant\tau$ a.s.的停时,研究σ在$[\sigma>n]^c=[\sigma\leqslant n]$上的平均值与$\tau$在$[\tau\leqslant n]$上的平均值之间关系的.

定理3.2.3(一般停时定理) 设$\{S_n,\mathscr{F}_n,n\geqslant0\}$为下鞅. 若

$\{\mathscr{F}_n\}$的任二停时 σ,τ 满足 $\sigma\leqslant\tau$ a.s.，则对任意 n 恒有

$$ES_\sigma I_{[\sigma\leqslant n]}\leqslant ES_\tau I_{[\tau\leqslant n]}+ES_n I_{[\sigma\leqslant n<\tau]}. \tag{3.2.17}$$

在鞅场合，等号成立.

证 设 $a_0=b_0,a_i,b_i\in\mathscr{F}_{i-1},i=1,2,\cdots$，且 $a_i\leqslant b_i$ a.s. 令 $X_i=S_i-S_{i-1}(X_{-1}=0)$. 因 S 为上鞅，故当 $i\geqslant 1$时

$$E(b_i-a_i)X_i\overset{(1)}{=}E\{(b_i-a_i)E[X_i|\mathscr{F}_{i-1}]\}\overset{(2)}{\geqslant}0 .$$

【(1)：用(2.1.11)与(2.2.11)；(2)：$\{X_i\}$为下鞅差列.】对上式两边关于 i 求和，立得

$$E\sum_{i=0}^{n}b_iX_i\geqslant E\sum_{i=0}^{n}a_iX_i. \tag{3.2.18}$$

因 σ、τ 为停时，故 $I_{[i\leqslant\sigma]}\in\mathscr{F}_{i-1},I_{[i\leqslant\tau]}\in\mathscr{F}_{i-1}$. 又因 $\sigma\leqslant\tau$ a.s.，故 $I_{[i\leqslant\sigma]}\leqslant I_{[i\leqslant\tau]}$ a.s. 故此可取 $a_i=I_{[i\leqslant\sigma]},b_i=I_{[i\leqslant\tau]}$. 这样由(3.2.18)即得：对任意 $n\geqslant 0$，有

$$E\sum_{i=0}^{n}I_{[i\leqslant\tau]}(S_i-S_{i-1})\geqslant E\sum_{i=0}^{n}I_{[i\leqslant\sigma]}\cdot(S_i-S_{i-1}) . \tag{3.2.19}$$

因为

$$\begin{aligned}
(3.2.19)\text{左方}&=\sum_{i=0}^{n}\int_{[i\leqslant\tau]}(S_i-S_{i-1})P(\mathrm{d}\omega)\\
&=\sum_{i=0}^{n}\sum_{k=i}^{\infty}\int_{[\tau=k]}(S_i-S_{i-1})P(\mathrm{d}\omega)\\
&\overset{(1)}{=}\sum_{k=0}^{n}\sum_{i=0}^{k}\int_{[\tau=k]}(S_i-S_{i-1})+\sum_{k=n+1}^{\infty}\sum_{i=0}^{n}\int_{[\tau=k]}(S_i-S_{i-1})\\
&\overset{(2)}{=}\int_{[\tau\leqslant n]}S_\tau+\int_{[\tau>n]}S_n\\
&=ES_\tau I_{[\tau\leqslant n]}+ES_nI_{[\tau>n]}.
\end{aligned}$$

【(1)：记左端$\triangleq\sum_{i=0}^{n}\sum_{k=i}^{\infty}c_{ik}=\sum_{k=0}^{n}\sum_{i=0}^{k}c_{ik}+\sum_{k=n+1}^{\infty}\sum_{i=0}^{n}c_{ik}$，即对缺左下角的 n 行无限列数阵变先横后纵加为先纵后横加；(2)：展开左方的和，去括号即明.】同样可算得

$$(3.2.19)\text{右方} = ES_\sigma I_{[\sigma\leqslant n]} + ES_n \cdot I_{[\sigma>n]}.$$

代入到(3.2.19)中(留意$[\sigma>n]\subset[\tau>n]$)即得(3.2.17). 证毕.

推论3.2.6(有界停时定理) 设$\{S_n,\mathscr{F}_n,n\geqslant 0\}$为下鞅,$\sigma$、$\tau$为有界停时,满足$\sigma\leqslant\tau(\leqslant N)$a.s.($N$是停时$\tau$的有限上界),则有

$$E(S_\tau|\mathscr{F}_\sigma)\geqslant S_\sigma \text{ a.s.} \tag{3.2.20}$$

证 于(3.2.17)中取$n=N$,则得

$$ES_\sigma\leqslant ES_\tau. \tag{3.2.21}$$

下面利用一个常用的技巧,由(3.2.21)推出(3.2.20).

对任意的$A\in\mathscr{F}_\sigma$,令$\sigma_A\triangleq\sigma\cdot I_A+\infty\cdot I_{A^c}$,$\tau_A\triangleq\tau\cdot I_A+\infty\cdot I_{A^c}$. 则$\sigma_A$、$\tau_A$仍为停时,且$\sigma_A\wedge N$,$\tau_A\wedge N$也是停时,而且还有$\sigma_A\wedge N\leqslant\tau_A\wedge N(\leqslant N)$. 故由(3.2.21)可得:对$\forall\ A\in\mathscr{F}_\sigma$有

$$0\leqslant E(S_{\tau_A\wedge N}-S_{\sigma_A\wedge N})\overset{(1)}{=}EI_A(S_\tau-S_\sigma).$$

【(1):$ES_{\tau_A\wedge N}=\int_A S_{\tau_A\wedge N}+\int_{A^c}S_{\tau_A\wedge N}=\int_A S_\tau+\int_{A^c}S_N$.】即对任意$A\in\mathscr{F}_\sigma$,有

$$0\leqslant\int_A(S_\tau-S_\sigma)\overset{(1)}{=}\int_A E[(S_\tau-S_\sigma)|\mathscr{F}_\sigma]\overset{(2)}{=}\int_A\{E[S_\tau|\mathscr{F}_\sigma]-S_\sigma\}.$$

【(1):定义2.1.3;(2):定理2.2.1(iii),定义2.1.3注4.】即

$$S_\sigma\leqslant E[S_\tau|\mathscr{F}_\sigma] \text{ a.s.}$$

推论3.2.7 (i)若S为下鞅,σ、τ为有界停时,$\sigma\leqslant\tau\leqslant N$,a.s. 则$ES_0\leqslant ES_\sigma\leqslant ES_\tau\leqslant ES_N$;

(ii)若S为上鞅,不等号反向;

(iii)若S为上鞅,停时$\tau\leqslant N$ a.s.,则

$$E|S_\tau|\leqslant ES_0+2ES_N^-\leqslant 3\cdot\sup_{n\leqslant N}E|S_n|.$$

证 (i)于(3.2.21)中分别置$\sigma\leqslant\tau$为$0\leqslant\sigma$、$\sigma\leqslant\tau$、$\tau\leqslant N$,即可得所需的三不等号.

(ii)对下鞅$-S$用(i)即可.

(iii)因$|S_\tau|=S_\tau+2S_\tau^-$,$ES_\tau\leqslant ES_0$(因(ii)),以及下鞅$-S$的正部$(-S)^+=\max(-S,0)=S^-$(即$\{S_n^-,\mathscr{F}_n,n\geqslant 0\}$)为下鞅[推论3.1.1之(ii)],故有(由(i))$E(S_\tau)^-\overset{(1)}{=}E(S^-)_\tau\leqslant ES_N^-\leqslant E|S_N|\leqslant$

$\sup_{n\leqslant N}E|S_n|$. 合之得证：$E|S_\tau| = ES_\tau + 2ES_\tau^- \leqslant ES_0 + 2ES_N^- \leqslant 3\cdot\sup_{n\leqslant N}E|S_n|$.

【(1)：比如 $\tau(\omega_0)=j$ 时有 $(S_\tau)^-(\omega_0)=(-S_{\tau(\omega_0)}(\omega_0))\vee 0=(-S_j(\omega_0))\vee 0=(S^-)_\tau(\omega_0)$，所以 $(S_\tau)^-=(S^-)_\tau$.】证毕.

推论3.2.8 设 S 为鞅，σ、τ 为有界停时，$\sigma\leqslant\tau\leqslant N$ a.s.，则 $E[S_\tau|\mathscr{F}_\sigma]=S_\sigma$ a.s.，且 $ES_0=ES_\sigma=ES_\tau=ES_N$.

证 对下鞅 $\{\pm S_n,\mathscr{F}_n,n\geqslant 0\}$ 各用(3.2.20)及推论3.2.6(i)即明. 证毕.

3.2.3 例

例3.2.1(输光问题) 我们以赌徒输光问题为例，说明定理3.2.1的用处. 考虑从原点出发的一质点沿数轴作对称随机徘徊：该质点每次都以相等的概率向左或右移动一个单位距离，而各次移动是相互独立的. 即设 X_i 是第 i 次移过的距离($X_i=\pm 1$)，而 $X_i(i=1,2,\cdots)$ 相互独立. 设数轴上的点 $x=-a$ 与 $x=b(a、b>0)$ 是吸收壁(质点移至此二点时就粘着不动了). 由于 $\{X_i,i\geqslant 1\}$ 是 i.i.d. r.v.，满足 $P[X_1=1]=P[X_1=-1]=\frac{1}{2}$，$EX_1=0$，从而 $\left\{\sum_1^n X_i \triangleq S_n,n\geqslant 1\right\}$ 是鞅. 而 $T=\inf\{n\geqslant 1:S_n=b$ 或 $-a\}$ 是一个停止变量，其为 a.s. 有限(请读者自证). 显然 $|S_n|\leqslant a\vee b$，故而 $\{S_n,\mathscr{F}_n,n\geqslant 1\}$ 一致可积. 这样由推论3.2.3便得 $ES_T=ES_1$，即 $b\cdot P\{S_T=b\}+(-a)\cdot P\{S_T=-a\}=ES_1=EX_1=0$. 由于质点早晚要被两吸收壁吸收，即 $P\{S_T=b\}+P\{S_T=-a\}=1$，由此可得

$$P\{S_T=-a\}=\frac{b}{a+b}.$$

这就是拥有 a 元赌本的赌徒与拥有 b 元资本的庄家进行一项公平赌博(每盘输赢机会均等，且每盘只下一元的赌注)，最后输个精光的概率.

例3.2.2[1] 不利场合的最佳下注策略.

假设一赌徒持 $f=f_0<1$ 的赌本而来，从事一项并不公平的赌博：每盘他输、赢的概率分别为 q 与 $p=1-q\leqslant\frac{1}{2}$. 各盘赌博相互独立. 赌徒希望赌本升为1时即退出赌场. 问他该如何下注?

以 f_n 表示赌徒赌 n 盘后的资本($n\geqslant 0$). 称下述下注方式为果敢策略，即若 $f_n\leqslant\frac{1}{2}$，则第 $n+1$ 盘将这些本钱尽数押上；否则只以 $1-f_n$ 为注. 下面我们(用到推论3.2.1)证明：这时赌徒的最佳下注策略即此果敢策略.

设 $\{X_n,n\geqslant 1\}$ 是 i.i.d.r.v.，满足

$$P\{X_n=1\}=1-P\{X_n=-1\}\leqslant\frac{1}{2}.$$

令 $\bar{a}\triangleq a\wedge(1-a)$，其中 $0\leqslant a\leqslant 1$. 对任一常数 $0<f=f_0<1$，定义

$$f_n=f_{n-1}+\bar{f}_{n-1}X_n=\begin{cases}f_{n-1}(1+X_n),若0\leqslant f_{n-1}\leqslant\frac{1}{2};\\ f_{n-1}(1-X_n)+X_n,若\frac{1}{2}\leqslant f_{n-1}\leqslant 1.\end{cases}\tag{3.2.22}$$

对 $n\geqslant 0$，令

$$p_n(f)=\begin{cases}0,f\leqslant 0;\\ 1,f\geqslant 1;\\ P\{\max\limits_{0\leqslant j\leqslant n}f_j\geqslant 1\},0<f<1.\end{cases}\tag{3.2.23}$$

则 $p_n(f)$ 是用来时的老本 f，依果敢策略下注，n 盘后如愿归去的概率. 显然当 $f'>f$ 时，有 $p_n(f')\geqslant p_n(f)$，即 $p_n(\cdot)$ 为单调非减函数.

为证上述论断，需要三个引理：

引理3.2.2 记号同上. 设 $q=1-p\geqslant\frac{1}{2}$. 则对任意常数 $0\leqslant s\leqslant f$，有

$$p_{n+1}(f)\geqslant p\cdot p_n(f+s)+q\cdot p_n(f-s),\ n=0,1,2,\cdots\tag{3.2.24}$$

---

[1] 这个例子的结论简单、有趣而又重要. 但证明太长，初学时可跳过无妨.

证 由(3.2.22)可知,对于固定的n,无论X_n为$+1$或-1,总是f_{n-1}大者相应的f_n大,因此对每个n就有$p_n(f)$是原始赌本f的增函数.令$A_n(f)\triangleq\{\max\limits_{0\leqslant j\leqslant n}f_j\geqslant 1\}$,则由全概率公式得

$$p_{n+1}\left(\frac{f}{2}\right)\triangleq P\left[A_{n+1}\left(\frac{f}{2}\right)\right]=p\cdot P\left\{A_{n+1}\left(\frac{f}{2}\right)|X_1=1\right\}$$
$$+q\cdot P\left\{A_{n+1}\left(\frac{f}{2}\right)|X_1=-1\right\}$$
$$=p\cdot P\{A_n(f)\}+q\cdot P\{A_n(0)\}=p\cdot p_n(f).\qquad (*_1)^{①}$$

$$p_{n+1}\left(\frac{1+f}{2}\right)=p\cdot P\left\{A_{n+1}\left(\frac{1+f}{2}\right)|X_1=1\right\}$$
$$+q\cdot P\left\{A_{n+1}\left(\frac{1+f}{2}\right)|X_1=-1\right\}$$
$$=p\cdot P\{A_n(1)\}+q\cdot P\{A_n(f)\}=p+q\cdot p_n(f).\qquad (*_2)$$

因此,对$0\leqslant f\leqslant 1$及$n\geqslant 0$有

$$p_{n+1}(f)=\begin{cases}p\cdot p_n(2f),\text{当 } f<\frac{1}{2}\text{时}\quad[\text{见}(*_1)];\\ p+q\cdot p_n(2f-1),\text{当}\frac{1}{2}\leqslant f<1\text{时}\quad[\text{见}(*_2)].\end{cases}$$
$$=p\cdot p_n(2f)+q\cdot p_n(2f-1).\qquad (3.2.25)$$

显然上式对$f\leqslant 0$与$f\geqslant 1$亦真,因而它对一切$n\geqslant 0$与一切$f\in(-\infty,\infty)$成立.

为证(3.2.24),先对$n\geqslant 0$及$0\leqslant s\leqslant f$定义

$$\Delta_n(f,s)\triangleq p_{n+1}(f)-p\cdot p_n(f+s)-q\cdot p_n(f-s)\qquad (3.2.26)$$

并证明其非负.

先证$\Delta_0(f,s)\geqslant 0$.分两种情况证之.

1° $f+s<1$时(更有$f-s<1$).因$A_0(f+s)=\{f_0(f+s)=f+s\geqslant 1\}$与$A_0(f-s)=\{f_0(f-s)=f-s\geqslant 1\}$皆未发生,故$p_0(f+s)=P[A_0(f+s)]=0$,$p_0(f-s)=0$,从而(3.2.26)右端$\geqslant 0$.

---

① 为在证明的说明中引用方便,把将涉及的并非十分重要的式子标以$(*_i)$.下同.

2° $f+s\geqslant 1$时（更有$2f>f+s$及$2f-1>f-s$），因为（把(3.2.25)代入(3.2.26)得）

$$\Delta_0(f,s)=p\cdot[p_0(2f)-p_0(f+s)]$$
$$+q\cdot[p_0(2f-1)-p_0(f-s)].$$

故由$p_0(\cdot)$单调非减知$\Delta_0(f,s)\geqslant 0$. 合1°、2°得证

$$\Delta_n(f,s)\geqslant 0 \tag{3.2.27}$$

于$n=0$时成立（注意式中$0\leqslant s\leqslant f$）.

因为对任意$n\geqslant 0$，由(3.2.25)与(3.2.26)可得

$$\Delta_n(f,s)=p\cdot[p_n(2f)-p_n(f+s)]$$
$$+q\cdot[p_n(2f-1)-p_n(f-s)] \tag{$*_3$}$$

易其中n为$n+1$，并对诸p_{n+1}再度用(3.2.25)可得[①]

$$\begin{aligned}\Delta_{n+1}(f,s)=&p^2[p_n(4f)-p_n(2f+2s)]_1\\&+q^2\cdot[p_n(4f-3)-p_n(2f-2s-1)]_2\\&+pq\cdot[p_n(4f-1)-p_n(2f+2s-1)\\&+p_n(4f-2)-p_n(2f-2s)]_3.\end{aligned} \tag{3.2.28}$$

由此式（注意($*_3$)）又得

$$\begin{aligned}\Delta_{n+1}(f,s)=&p\cdot\Delta_n(2f,2s)\\&+q\cdot\{p\cdot[p_n(4f-2)-p_n(2f+2s-1)]_4\\&+q\cdot[p_n(4f-3)-p_n(2f-2s-1)]_5\}_1\\=&p\cdot\Delta_n(2f,2s)+q\cdot\Delta_n(2f-1,2s).\end{aligned} \tag{3.2.29}$$

接着证明(3.2.27)对于$n\geqslant 1$成立. 用归纳法. 已知其对$n=0$真. 假定它对任一固定的n成立（式中$f\geqslant s$）.

兹就$0\leqslant f\pm s$相对于$\frac{1}{2}$的不同位置情形分别展开讨论：

1° $\frac{1}{2}\leqslant f-s$；

① 为便于读者阅读时比较前后关系式，此处及以下对内容繁复的括号多附以下标，以便后面再度提到时径以带下标的虚括号简单替代之.

$$2^\circ\quad \frac{1}{2}\geqslant f-s\geqslant 0\begin{cases}2_1^\circ & f+s\leqslant\dfrac{1}{2};\\ 2_2^\circ & f+s>\dfrac{1}{2}\begin{cases}2_{2-1}^\circ & s>\dfrac{1}{4};\\ 2_{2-2}^\circ & s\leqslant\dfrac{1}{4}.\end{cases}\end{cases}$$

在情形1°，因 $f\geqslant s, f-s\geqslant\frac{1}{2}$ 得 $2f\geqslant 2s$ 及 $2f-1\geqslant 2s$，故自(3.2.29)由归纳假设立得 $\Delta_{n+1}(f,s)\geqslant 0$.

在情形2_1°，因有(注意认定(3.2.29)左方 $\Delta_{n+1}(f,s)$ 中的 $f\geqslant s$) $0\leqslant 2f-2s\leqslant 2f+2s\leqslant 1$，所以 $2f+2s-1\leqslant 0, 2f-2s-1\leqslant 0$，故 $p_n(2f+2s-1)=0, p_n(2f-2s-1)=0$. 于是(3.2.29)中的$\{\cdots\}_1\geqslant 0$. 从而由归纳假设知 $\Delta_{n+1}(f,s)\geqslant 0$.

在情形2_2°，首先(注意2°)有 $2f-2s-1\leqslant 0$. 因此在(3.2.28)中 $[\cdots]_2\geqslant 0$；又因 $f-s<\frac{1}{2}<f+s, 0\leqslant s\leqslant f$，可得 $f>\frac{1}{4}$，即 $4f>1$，$p_n(4f)=1$，$[\cdots]_1\geqslant 0$，从而

$$\Delta_{n+1}(f,s)\geqslant p\cdot q\cdot[\cdots]_3, \tag{3.2.30}$$

而于子情形2_{2-1}°，因 $s\geqslant\frac{1}{4}$，由上式(因 $q\geqslant p$)可得

$$\begin{aligned}\Delta_{n+1}(f,s)&\geqslant pq\cdot[\cdots]_3=p\cdot q\cdot[p_n(4f-1)-p_n(2f+2s-1)]_6\\&\quad+pq\cdot[p_n(4f-2)-p_n(2f-2s)]_7\\&\overset{(1)}{\geqslant}p^2[\cdots]_6+pq\cdot[\cdots]_7=p\{p[\cdots]_6+q[\cdots]_7\}\\&\overset{(2)}{=}p\cdot\Delta_n\left(2f-\frac{1}{2},2s-\frac{1}{2}\right)\overset{(3)}{\geqslant}0.\end{aligned}$$

【(1)：因 $p_n(\cdot)$ 单调非降，故$[\cdots]_6\geqslant 0$；又 $q\geqslant p$. (2)：用($*_3$). (3)：因 $2f-\frac{1}{2}\geqslant 2s-\frac{1}{2}$，可用归纳假设.】在子情形$2_{2-2}^0$，$s<\frac{1}{4}$. 从(3.2.30)又得

$$\begin{aligned}\Delta_{n+1}(f,s)&\geqslant p\cdot q\cdot[p_n(4f-1)-p_n(2f-2s)]_8\\&\quad+pq\cdot[p_n(4f-2)-p_n(2f+2s-1)]_9\\&\overset{(1)}{\geqslant}p^2\cdot[\cdots]_8+pq\cdot[\cdots]_9\\&=p\{p\cdot[\cdots]_8+q\cdot[\cdots]_9\}\end{aligned}$$

$$\overset{(2)}{=} p\cdot\Delta_n\left(2f-\frac{1}{2},\frac{1}{2}-2s\right)\overset{(3)}{\geqslant}0.$$

【(1)：由 $f+s\geqslant\dfrac{1}{2}$ 可知$[\cdots]_8\geqslant0$，又 $q\geqslant p$.(2)：用($*_3$).(3)：因为 $2f-\dfrac{1}{2}\geqslant\dfrac{1}{2}-2s$，及归纳假设.】

这样就由假定$0\leqslant s_1\leqslant f_1$时 $\Delta_n(f_1,s_1)\geqslant0$，归纳地推出了在$0\leqslant s\leqslant f$时(无论哪种情形，都有)$\Delta_{n+1}(f,s)\geqslant0$，即(3.2.24)获证.

引理3.2.3 设$\{X_n,\mathscr{F}_n,1\leqslant n\leqslant N<\infty\}$是一个 L_1随机序列.令 C_N 是一切满足 $P[T\leqslant N]=1$的停时 T 的全体.定义

$$\left.\begin{aligned}&\gamma_N\triangleq\gamma_N^N\triangleq X_N,\\&\gamma_n\triangleq\gamma_N^N\triangleq\max[X_n,E\{\gamma_{n+1}|\mathscr{F}_n\}],1\leqslant n<N.\end{aligned}\right\}\qquad(3.2.31)$$

若令 $\sigma=\inf\{n\geqslant1:X_n=\gamma_n\}$，就有

$$\sup_{T\in C_N}EX_T=E\gamma_1=EX_\sigma.\qquad(3.2.32)$$

说明 此处给定 r.v. $X_1,\cdots,X_N$ 后，是依足标由大到小的顺序来确定 $\gamma_N,\gamma_{N-1},\cdots,\gamma_1$的.又依 σ 的定义，有

$$\begin{gathered}X_1<E[\gamma_2|\mathscr{F}_1]=\gamma_1,\\ \vdots\\ X_{\sigma-1}<E[\gamma_\sigma|\mathscr{F}_{\sigma-1}]=\gamma_{\sigma-1},\\ \gamma_\sigma=X_\sigma>E[\gamma_{\sigma+1}|\mathscr{F}_\sigma].\end{gathered}$$

证 因为 $\gamma_n=\max[X_n,E\{\gamma_{n+1}|\mathscr{F}_n\}]$显系 $\mathscr{F}_n$-可测，于是对 $\forall A\in\mathscr{F}_n$ 有

$$\begin{aligned}\int_A\gamma_n&=\int\limits_{A[X_n>E\{\gamma_{n+1}|\mathscr{F}_n\}]}X_n+\int\limits_{A[\cdots]^c}E[\gamma_{n+1}|\mathscr{F}_n]\\&\geqslant\int\limits_{A[\cdots]}E\{\gamma_{n+1}|\mathscr{F}_n\}+\int\limits_{A\cdot[\cdots]^c}E\{\gamma_{n+1}|\mathscr{F}_n\}=\int_A E\{\gamma_{n+1}|\mathscr{F}_n\},\end{aligned}$$

从而

$$\gamma_n\geqslant E\{\gamma_{n+1}|\mathscr{F}_n\}\ \text{a.s.}$$

由此知$\{\gamma_n,\mathscr{F}_n,1\leqslant n\leqslant N\}$为上鞅.

对于任一 $T\in C_N$，因为 $P[T\leqslant N]=1$，从而

$$EX_T = \sum_{j=1}^{N} \int_{[T=j]} X_j \overset{(1)}{\leqslant} \sum_{j=1}^{N} \int_{[T=j]} \gamma_j = E\gamma_T \overset{(2)}{\leqslant} E\gamma_1 . \qquad (*_1)$$

【(1)因(3.2.31);(2)由推论3.2.1得出.】而

$$\begin{aligned} E\gamma_1 &= \int_{[\sigma=1]} \gamma_1 + \int_{[\sigma>1]} \gamma_1 \\ &= \int_{[\sigma=1]} \gamma_1 + \int_{[\sigma>1]} \max[X_1, E\{\gamma_2 | \mathscr{F}_1\}] \\ &= \int_{[\sigma=1]} \gamma_1 + \int_{[\sigma>1]} E[\gamma_2 | \mathscr{F}_1] = \int_{[\sigma=1]} \gamma_1 + \int_{[\sigma>1]} \gamma_2 \\ &= \int_{[\sigma=1]} \gamma_1 + \int_{[\sigma=2]} \gamma_2 + \int_{[\sigma>2]} \gamma_2 = \cdots\cdots \\ &= \sum_{j=1}^{N} \int_{[\sigma=j]} \gamma_j = \sum_{j=1}^{N} \int_{[\sigma=j]} \gamma_\sigma = E\gamma_\sigma = EX_\sigma. \end{aligned} \qquad (*_2)$$

合$(*_1)$、$(*_2)$得(因有限停时 $\sigma \in C_N$):

$$\sup_{T \in C_N} EX_T = E\gamma_1 = EX_\sigma .$$

引理3.2.4 对于任意的 r.v. $Y_1, Y_1, \cdots, Y_N$,置

$$X_n \triangleq I_{[Y_n \geqslant 1]},\ \mathscr{F}_n \triangleq \sigma(Y_1, \cdots, Y_n),\ 1 \leqslant n \leqslant N.$$

则

$$P\{\max_{1 \leqslant n \leqslant N} Y_n \geqslant 1\} = E\gamma_1, \qquad (3.2.33)$$

其中 γ_1定义如下:

$$\gamma_N \triangleq X_N, \gamma_{N-1} \triangleq \max[X_{N-1}, E\{\gamma_N | \mathscr{F}_{N-1}\}], \cdots,$$
$$\gamma_1 \triangleq \max[X_1, E\{\gamma_2 | \mathscr{F}_1\}].$$

证 置

$$T = \begin{cases} \inf\{1 \leqslant n \leqslant N : X_n = 1\}; \\ N, \{\cdots\} = \varnothing \text{ 时}. \end{cases}$$

则 $T \in C_N$,且

$$\begin{aligned} & P\{\max_{1 \leqslant j \leqslant N} Y_j \geqslant 1\} = P\{\max_{1 \leqslant j \leqslant N} X_j = 1\} \\ &= P\{[T < N] \cup [T = N, X_N = 1]\} \\ &= P[T < N] + P[T = N, X_N = 1] \end{aligned}$$

$$= \sum_{j=1}^{N-1} P[T=j] + P[T=N, X_N=1]$$

$$= \sum_{j=1}^{N-1} \int_{[T=j]} X_T + \int_{[T=N]} X_T$$

$$= \sum_{j=1}^{N} \int_{[T=j]} X_T$$

$$= EX_T \overset{(1)}{=} E\gamma_1.$$

【(1)用到引理3.2.3的结果.因引理3.2.3与3.2.4中γ_i的定义相同:$[0,1]\ni\gamma_i=\max\{X_i, E[\gamma_{i+1}|\mathscr{F}_i]\}\geqslant X_i$;又$X_1,X_2,\cdots,X_N$中自左至右头一个为1的$X$,正是在$X_1\leqslant\gamma_1,\cdots,X_N\leqslant\gamma_N$中自左至右头一个使$\leqslant$成为$=$的$X$.换言之,此处的$T$正是引理3.2.3中的$\sigma$.】证毕.

定理3.2.4(Dvoretzky)　设$\{X_n,n\geqslant1\}$是i.i.d.r.v.,满足$P\{X_1=1\}=p=1-P\{X_1=-1\}$,又$q=1-p\geqslant\frac{1}{2}$.对$n\geqslant1$,置

$$\mathscr{F}_0 \triangleq \{\varnothing, \Omega\}, \mathscr{F}_n \triangleq \sigma(X_1, \cdots X_n).$$

对任意常数$0<f=f_0<1$,用

$$f_n = f_{n-1} + \bar{f}_{n-1} \cdot X_n, \text{其中} \bar{f}_{n-1} = f_{n-1} \wedge (1 - f_{n-1}) \tag{3.2.34}$$

表示使用果敢策略时赌者于第n盘结束时的财富.若$g_n,n\geqslant1$是任意$\mathscr{F}_n$-可测函数,满足$0\leqslant g_n\leqslant1$,而$h_n(n\geqslant1)$是用相应的下注方法,于第n盘结束时赌者的财富,即

$$\left.\begin{aligned} h_0 &= f, \\ h_n &= h_{n-1}(1 + g_{n-1}X_n), n \geqslant 1, \end{aligned}\right\} \tag{3.2.35}$$

则对一切$N=0,1,2,\cdots$与一切$f\in(0,1)$有

$$p_N(f) \triangleq P\{\max_{0\leqslant j\leqslant N} f_j \geqslant 1\} \geqslant P\{\max_{0\leqslant j\leqslant N} h_j \geqslant 1\} \triangleq p_N(h) \tag{3.2.36}$$

证　置

$$\left.\begin{aligned} &d_N \triangleq I_{[h_N\geqslant 1]}, \\ &d_n \triangleq \max\{I_{[h_n\geqslant 1]}, E[d_{n+1}|\mathscr{F}_n]\}, \\ &\qquad\qquad n = N-1, N-2, \cdots, 1, 0. \end{aligned}\right\} \tag{3.2.37}$$

由引理3.2.4知

$$P\{\max_{0\leqslant j\leqslant N} h_j \geqslant 1\} = Ed_0. \tag{3.2.38}$$

又因$h_N\geqslant 1$时有 $d_N=1=p_0(h_N)$,

$h_N<1$时有 $d_N=0=p_0(h_N)$,

所以

$$d_N = p_0(h_N) \quad \text{a.s.},$$

即

$$d_n \leqslant p_{N-n}(h_n) \quad \text{a.s.}, \tag{3.2.39}$$

于 $n=N$ 时成立.

作归纳假设:设对某个 $n\in[0,N)$有

$$d_{n+1} \leqslant p_{N-(n+1)}(h_{n+1}) \quad \text{a.s.}$$

我们将用倒退归纳法证明(3.2.39)成立.

由于诸 d_i 是依逆序方式通过(3.2.37)来确定的,故显然 $d_i\in[0,1]$. 且因 $h_n\geqslant 1$时有 $p_{N-n}(h_n)=1$,而与此同时 $d_n=\max[I_{[h_n\geqslant 1]}, E\{d_{n+1}|\mathscr{F}_n\}]=1$(因此时 $I_{[h_n\geqslant 1]}=1, E\{d_{n+1}|\mathscr{F}_n\}\in[0,1]$),故而,$h_n\geqslant 1$时有

$$d_n \leqslant p_{N-n}(h_n).$$

下面证明:$h_n<1$时上式亦成立(于是(3.2.39)得证).

在 $h_n<1$时,由于 $I_{[h_n\geqslant 1]}=0$,故由(3.2.37)知必有 $d_n=E\{d_{n+1}|\mathscr{F}_n\}$,从而由归纳假设知

$$\begin{aligned} d_n &= E\{d_{n+1}|\mathscr{F}_n\} \leqslant E\{p_{N-(n+1)}(h_{n+1})|\mathscr{F}_n\} \\ &\overset{(1)}{=} E\{p_{N-(n+1)}(h_n + h_n\cdot g_n\cdot X_{n+1})|\mathscr{F}_n\} \\ &\overset{(2)}{=} p\cdot p_{N-(n+1)}(h_n + h_n\cdot g_n\cdot 1) \\ &\quad + q\cdot p_{N-(n+1)}(h_n + h_n\cdot g_n\cdot(-1)) \\ &\overset{(3)}{\leqslant} p_{N-n}(h_n) \quad \text{a.s.} \end{aligned}$$

【(1)用(3.2.35)；(2)因 h_n、g_n 皆为 $\mathscr{F}_n$-可测的，故在 $\mathscr{F}_n \triangleq \sigma(X_1,\cdots,X_n)$给定时，即在 $X_1,\cdots,X_n$ 实现的情况下，h_n、g_n 皆为已知，从而 $p_{N-(n+1)}(h_n+h_n\cdot g_n\cdot X_{n+1})$便只是 r. v. X_{n+1}的函数了，且因 X_{n+1}与 $X_1,\cdots,X_n$ 独立，故这个条件期望显然为$\overset{(2)}{=}$之右方；(3)因 g_n=第 $n+1$盘的赌注÷第 n 盘末的资本，故$0\leqslant g_n\leqslant 1$，$0\leqslant h_n\cdot g_n\leqslant h_n$，所以可以用(3.2.24).】至此，倒退归纳证明即告完成. 因此对$0\leqslant n\leqslant N$ 有

$$d_n \leqslant p_{N-n}(h_n) \quad \text{a. s.}$$

特别有

$$d_0 \leqslant p_N(h_0) \triangleq p_N(f) = P\{\max_{0\leqslant j\leqslant N} f_j \geqslant 1\} \quad \text{a. s.}$$

(注意式中 d_0为 r. v.，而 $p_N(f)$为常数)，从而亦有

$$Ed_0 \leqslant p_N(h_0).$$

再注意到(3.2.38)，就得证

$$P\{\max_{0\leqslant j\leqslant N} h_j \geqslant 1\} \leqslant P\{\max_{0\leqslant j\leqslant N} f_j \geqslant 1\}.$$

证毕.

3.2.4 Wald 方程的推广

我们知道：

(1)设 $\xi_1,\xi_2,\cdots,\xi_n$ 为同分布的 r. v.，$E\xi_1$存在，则有

$$E\sum_{i=1}^{n}\xi_i = n\cdot E\xi_1 . \qquad (3.2.40)$$

(2)设 $\xi_1,\cdots,\xi_n$ 是 i. i. d. r. v.，$E\xi_1=0$，$E\xi_1^2=\sigma^2<\infty$，则

$$\operatorname{var}\sum_{1}^{n}\xi_i = n\operatorname{var}\xi_1$$

或

$$E(\sum_{1}^{n}\xi_i)^2 = n\cdot E\xi_1^2 . \qquad (3.2.41)$$

(3)若$\{\xi_n,\mathscr{F}_n,n\geqslant 1\}$为鞅差列，则(命题3.1.4)

$$E(\sum_{i=1}^{n}\xi_i)^2 = E\sum_{i=1}^{n}\xi_i^2. \qquad (3.2.42)$$

基于停时定理的下述讨论表明：在一定条件下，以上三式中的加项数目 n 皆可推广为一个停时 T，而变成：

$$E\sum_{1}^{T}\xi_i=(ET)\cdot E\xi_1 \qquad \text{(Wald 方程)},$$

$$E(\sum_{1}^{T}\xi_i)^2=(ET)\cdot E\xi_1^2 \quad \text{(二阶 Wald 方程)},$$

$$E(\sum_{1}^{T}\xi_i)^2=E\sum_{1}^{T}\xi_i^2$$

(当 $T\equiv n$ 时，又还原为(3.2.40、41、42)了).

先介绍两个引理

引理3.2.5 设 $\{\xi_n,n\geqslant 1\}$ 是任一随机变量列，T 是 Ω 上取整数值的函数.则对每个 $n\geqslant 1$有

$$\sum_{k=1}^{T\wedge n}\xi_k=\sum_{k=1}^{n}\xi_k\cdot I_{[T\geqslant k]}. \qquad (3.2.43)$$

证 $\forall\ \omega\in\Omega$，则有与之相应的 $T(\omega)$ 及数列 $\xi_1(\omega),\cdots,\xi_n(\omega),\cdots$. 而

$$\sum_{k=1}^{T(\omega)\wedge n}\xi_k(\omega)=\begin{cases}\xi_1(\omega)+\cdots+\xi_n(\omega), & \text{当 } T(\omega)\geqslant n \text{ 时};\\ \xi_1(\omega)+\cdots+\xi_{T(\omega)}(\omega), & \text{当 } T(\omega)<n \text{ 时}.\end{cases}$$

$$=\sum_{k=1}^{n}\xi_k(\omega)\cdot I_{[T(\omega)\geqslant k]}.$$

引理3.2.6 设 $\{\mathscr{F}_n,n\geqslant 1\}$ 为 $\mathscr{F}$ 的递增的子 σ-域列，T 是 $\{\mathscr{F}_n\}$-时间，$T<\infty$ a.s.. 则对任意**非负**可测函数列 $\{\xi_n,n\geqslant 1\}$ 有

$$E(\sum_{k=1}^{T}\xi_k)=E[\sum_{k=1}^{T}E(\xi_k|\mathscr{F}_{k-1})]. \qquad (3.2.44)$$

说明 对任意的 n 及任意可测函数 ξ_i 有

$$E(\sum_{1}^{n}\xi_k)=\sum_{1}^{n}E\xi_k=\sum_{1}^{n}E[E(\xi_k|\mathscr{F}_{k-1})]=E\sum_{1}^{n}E(\xi_k|\mathscr{F}_{k-1}).$$

该引理表明：对非负的 ξ_i，可将这公式中的 n 推广为有限停时 T.

证 由(3.2.43)得，对每个 $n\geqslant 1$，

$$E(\sum_{k=1}^{T\wedge n}\xi_k)=\sum_{1}^{n}E(\xi_kI_{[T\geqslant k]})$$

成立. 注意到诸 ξ_k(因而诸 $E(\xi_k|\mathscr{F}_{k-1})$)非负，由单调收敛定理(推

论1.8.2)得

$$
\begin{aligned}
E(\sum_{k=1}^{T}\xi_k) &= E(\lim_{n\to\infty}\sum_{k=1}^{T\wedge n}\xi_k) \overset{(1)}{=} \lim_{n\to\infty}E(\sum_{k=1}^{T\wedge n}\xi_k) \\
&\overset{(2)}{=} \lim_{n\to\infty}\sum_{k=1}^{n}E(\xi_k I_{[T\geqslant k]}) \\
&\overset{(3)}{=} \lim_{n\to\infty}\sum_{k=1}^{n}E[E(\xi_k I_{[T\geqslant k]}\mid\mathscr{F}_{k-1})] \\
&\overset{(4)}{=} \lim_{n\to\infty}E\{\sum_{k=1}^{n}I_{[T\geqslant k]}E(\xi_k\mid\mathscr{F}_{k-1})] \\
&\overset{(5)}{=} E\{\sum_{k=1}^{\infty}I_{[T\geqslant k]}E(\xi_k\mid\mathscr{F}_{k-1})\} \\
&= E\{\sum_{k=1}^{\infty}E(\xi_k\mid\mathscr{F}_{k-1})\cdot\sum_{i=k}^{\infty}I_{[T=i]}\} \\
&\overset{(6)}{=} E\{\sum_{n=1}^{\infty}I_{[T=n]}\cdot\sum_{k=1}^{n}E(\xi_k\mid\mathscr{F}_{k-1})\} \\
&\overset{(7)}{=} E\sum_{k=1}^{T}E(\xi_k\mid\mathscr{F}_{k-1}).
\end{aligned}
$$

【(1)、(5)：推论 1.8.2；(2)：(3.2.43)；(3)：(2.1.11)；(4)：(2.2.11)；(6)：记左方$\{\cdots\} \triangleq \sum_{k=1}^{\infty}a_k\cdot\sum_{i=k}^{\infty}b_i=\sum_{n=1}^{\infty}b_n\cdot\sum_{k=1}^{n}a_k$；(7)：定义.】证毕.

定理3.2.5 设$\{\xi_n,\mathscr{F}_n,n\geqslant 1\}$为随机序列，$T$与$\tau$皆为$\{\mathscr{F}_n\}$-时间，而$T<\infty$ a.s. 则当$\{S_n,\mathscr{F}_n,n\geqslant 1\}$

(i)为下鞅差列，且满足

$$E\sum_{n=1}^{T}\xi_n^+<\infty \tag{3.2.45}$$

或者

(ii)为鞅差列，且满足

$$E\sum_{n=1}^{T}|\xi_n|<\infty \tag{3.2.46}$$

时，分别有

$$E(\sum_{n=1}^{T}\xi_n\mid\mathscr{F}_\tau)\geqslant\sum_{n=1}^{\tau}\xi_n \text{ 在}\{T\geqslant\tau\}\text{ 上 a.s. 成立}. \tag{3.2.47}$$

$$E(\sum_{n=1}^{T}\xi_n|\mathscr{F}_\tau) = \sum_{n=1}^{\tau}\xi_n \text{ 在}\{T \geqslant \tau\}\text{ 上 a.s. 成立}. \tag{3.2.48}$$

证 (i) 记 $S_n = \sum_{k=1}^{n}\xi_k, n \geqslant 1$. 注意(3.2.44),由(3.2.45)可得(3.2.13). 因此,由推论 3.2.1 及定理 3.2.2 可得(3.2.2)与(3.2.2')(即(3.2.47)).

(ii)对$\{\pm\xi_n, n\geqslant 1\}$这两个下鞅分别用(i)的结果即明. 证毕.

推论3.2.9 设$\{\xi_n, \mathscr{F}_n, n\geqslant 1\}$是$L_1$鞅差列,$T$ 是$\{\mathscr{F}_n\}$-时间,$T<\infty$ a.s.,若(3.2.46)成立,则有

$$E(\sum_{n=1}^{T}\xi_n) = E\xi_1. \tag{3.2.49}$$

证 注意(3.2.48)即

$$E\{[\sum_{n=1}^{T}\xi_n]\cdot I_{[T\geqslant\tau]}|\mathscr{F}_\tau\} \geqslant [\sum_{n=1}^{\tau}\xi_n]\cdot I_{[T\geqslant\tau]} \text{ a.s.}$$

于其中置 $\tau\equiv 1(\leqslant T)$时,因 $I_{[T\geqslant\tau]}=I_{[T\geqslant 1]}=1$,便得

$$E(\sum_{n=1}^{T}\xi_n|\mathscr{F}_1) = \xi_1 \quad \text{a.s.}$$

两边取期望即得(3.2.49). 证毕.

注 推论3.2.9表明,鞅场合的命题3.1.3的结论可由"$ES_n = E\sum_{i=1}^{n}\xi_i$ 为 n 的常函数"推广为

$$\text{"}ES_T = E\sum_{i=1}^{T}\xi_i \text{ 为停时 } T \text{ 的常函数."}$$

(3.2.49)亦可称为**鞅的 Wald 方程**.

定理3.2.6(Wald 方程) 设$\{\xi_n, n\geqslant 1\}$是 i.i.d.r.v.,对 $n\geqslant 1$ 令 $\mathscr{F}_n \triangleq \sigma(\xi_1,\cdots,\xi_n)$,设 T 是$\{\mathscr{F}_n\}$的可积停时. 若 $E\xi_1$存在,则

$$E\sum_{n=1}^{T}\xi_n = (ET)\cdot E\xi_1. \tag{3.2.50}$$

证 1°先设 $E|\xi_1|<\infty$. 由(3.2.44)与独立性(定理2.3.1)可得

$$E\sum_{n=1}^{T}|\xi_n - E\xi_n| = E\{\sum_{n=1}^{T}E(|\xi_n - E\xi_n||\mathscr{F}_{n-1})\}$$

$$= E\{\sum_{n=1}^{T} E|\xi_n - E\xi_n|\}$$

$$= E\{\sum_{n=1}^{T} E|\xi_1 - E\xi_1|\}$$

$$\leqslant 2E|\xi_1| \cdot ET < \infty. \qquad (*)$$

于是鞅差列$\{\xi_n - E\xi_n, \mathscr{F}_n, n\geqslant 1\}$符合推论3.2.9中的要求，从而鞅的 Wald 方程成立，即

$$E\sum_{i=1}^{T}(\xi_i - E\xi_i) = E(\xi_1 - E\xi_1) = 0,$$

即

$$E\sum_{i=1}^{T}\xi_i = (ET)\cdot E\xi_1.$$

2°设 $E\xi_1=\infty$（即 $E\xi_1^+=\infty, E\xi_1^-<\infty$）. 此时由 $ET<\infty$ 知 $P[T<\infty]=1$，从而有 $n\geqslant 1$使 $P[T=n]>0$. 于是

$$(3.2.50)\text{之右} = (ET)\cdot E\xi_1 = (ET)\cdot E\xi_1^+ - (ET)\cdot E\xi_1^-$$

$$\geqslant n\cdot P[T=n]\cdot E\xi_1^+ - (ET)\cdot E\xi_1^- = \infty.$$

对$\{\xi_n^-, n\geqslant 1\}$用1°的结果，就有

$$E(\sum_{n=1}^{T}\xi_n^-) = (ET)\cdot E\xi_n^- < \infty,$$

从而

$$(3.2.50)\text{之左} = E(\sum_{n=1}^{T}\xi_n) = E\sum_{n=1}^{T}(\xi_n^+ - \xi_n^-)$$

$$= E(\sum_{n=1}^{T}\xi_n^+ - \sum_{n=1}^{T}\xi_n^-) = E(\sum_{n=1}^{T}\xi_n^+) - E(\sum_{n=1}^{T}\xi_n^-)$$

$$\geqslant E\xi_1^+ - (ET)\cdot E\xi_1^- = \infty,$$

即此时(3.2.50)仍成立.

$E\xi_1=-\infty$时证法类似，从略，证毕.

接着我们致力于(3.2.42)的推广，首先我们有

引理3.2.7 若$\{\xi_n, \mathscr{F}_n, n\geqslant 1\}$是$L_2$鞅差列，则对任一$\{\mathscr{F}_n\}$停时 T，有

$$E(\sum_{i=1}^{T\wedge n}\xi_i)^2 = E\sum_{i=1}^{T\wedge n}\xi_i^2,\ n\geqslant 1. \qquad (3.2.51)$$

而如果 $T<\infty$ a.s.，则还有

$$E(\sum_{i=1}^{T}\xi_i)^2 \leqslant E\sum_{i=1}^{T}\xi_i^2. \tag{3.2.52}$$

证 记 $S_n=\sum_{i=1}^{n}\xi_i, n\geqslant 1$，并认定 $S_0=0$.

首先 $\{S_n^2-\sum_{i=1}^{n}\xi_i^2 \triangleq \sum_{i=1}^{n}\eta_i \triangleq \sum_{i=1}^{n}2\xi_iS_{i-1}, \mathscr{F}_n, n\geqslant 1\}$ 是 L_1 鞅.
这是因为：对 $\forall A\in\mathscr{F}_{n-1}$，有

$$\begin{aligned}\int_A(S_n^2-\sum_{i=1}^{n}\xi_i^2) &= \int_A[(S_{n-1}+\xi_n)^2-\sum_{i=1}^{n}\xi_i^2]\\ &= \int_A[S_{n-1}^2-\sum_{i=1}^{n-1}\xi_i^2]+2\int_A\xi_n(\xi_1+\cdots+\xi_{n-1})\\ &= \int_A[S_{n-1}^2-\sum_{i=1}^{n-1}\xi_i^2]+2\sum_{i=1}^{n-1}\int_A\xi_i\xi_n;\end{aligned}$$

由于

$$\begin{aligned}\int_A\xi_i\xi_n &\overset{(1)}{=}\int_A E[\xi_i\xi_n|\mathscr{F}_{n-1}]\overset{(2)}{=}\int_A\xi_iE[\xi_n|\mathscr{F}_{n-1}]\\ &\overset{(3)}{=}0,\ i=1,2,\cdots,n-1.\end{aligned}$$

【(1)：定义2.1.3；(2)：(2.2.11)；(3)：诸 ξ_n 成鞅差列.】故而

$$\begin{aligned}\int_A E[(S_n^2-\sum_{i=1}^{n}\xi_i^2)|\mathscr{F}_{n-1}] &= \int_A(\xi_n^2-\sum_{i=1}^{n}\xi_i^2)\\ &= \int_A(S_{n-1}^2-\sum_{i=1}^{n-1}\xi_i^2), \forall A\in\mathscr{F}_{n-1}.\end{aligned}$$

所以

$$E[(S_n^2-\sum_{i=1}^{n}\xi_i^2)|\mathscr{F}_{n-1}]=(S_{n-1}^2-\sum_{i=1}^{n-1}\xi_i^2) \quad \text{a.s.}$$

对鞅差列 $\{\eta_n\triangleq 2\xi_nS_{n-1}, \mathscr{F}_n, n\geqslant 1\}$，因由 $E\xi_i^2<\infty$ 及 Schwarz 不等式可得

$$\begin{aligned}E\sum_{i=1}^{T\wedge n}|\eta_i| &= 2E\sum_{i=1}^{T\wedge n}|\xi_i\cdot S_{i-1}|\leqslant 2E\sum_{i=1}^{n}|\xi_i\cdot S_{i-1}|\\ &= 2\sum_{i=1}^{n}E|\xi_i\cdot S_{i-1}|\end{aligned}$$

$$\leqslant 2\sum_{i=1}^{n}\sqrt{E\xi_i^2}\cdot\sqrt{ES_{i-1}^2}<\infty.$$

故其满足推论3.2.9的条件,因而自(3.2.49)得

$$E(\sum_{i=1}^{T\wedge n}\eta_i)=E(S_{T\wedge n}^2-\sum_{i=1}^{T\wedge n}\xi_i^2)=E\eta_1=E(S_1^2-\xi_1^2)=0,$$

此即(3.2.51)获证;

当 $T<\infty$ a.s. 时,于(3.2.51)中令 $n\to\infty$,用 Fatou 引理与单调收敛定理(推论1.8.2)即得

$$ES_T^2=E\varliminf_{n\to\infty}(\sum_{i=1}^{T\wedge n}\xi_i)^2\leqslant\varliminf_{n\to\infty}ES_{T\wedge n}^2=\varliminf_{n\to\infty}E\sum_{i=1}^{T\wedge n}\xi_i^2$$

$$=E\lim_{n\to\infty}\sum_{i=1}^{T\wedge n}\xi_i^2=E\sum_{i=1}^{T}\xi_i^2$$

(3.2.52)获证.证毕.

定理 3.2.7 设$\{\xi_n,\mathscr{F}_n,n\geqslant 1\}$是 L_2 鞅差列,T 是$\{\mathscr{F}_n\}$-时间,且 $T<\infty$ a.s. 记 $S_n\triangleq\sum_{i=1}^{n}\xi_i$. 当下列条件

(1) $\varliminf_{n\to\infty}E|S_n|\cdot I_{[T\geqslant n]}=0$;

(2) $E\sum_{n=1}^{T}|\xi_n|<\infty$;

(3) $\varliminf_{n\to\infty}ES_n^2I_{[T\geqslant n]}<\infty$;

(4) $E\sum_{n=1}^{T}\xi_n^2<\infty$

中有一款成立,则有

$$E(\sum_{i=1}^{T}\xi_i)^2=E(\sum_{i=1}^{T}\xi_i^2).\tag{3.2.53}$$

证 我们循以下层次来证:

$$\begin{matrix}(2) & & \\ & \searrow & \\ & & (1)\Rightarrow(3.2.53)\\ & \nearrow & \\ (4)\Rightarrow(3) & & \end{matrix}$$

(1)⇒(3.2.53):因题设条件已造成(3.2.52),故只须证相反的不等式

$$E(\sum_{n=1}^{T}\xi_n)^2 \geqslant E\sum_{n=1}^{T}\xi_n^2 \tag{3.2.54}$$

亦成立即可.

首先,对任意 $n\geqslant 1$ 我们有

$$\begin{aligned}
I_{[T<n]}\cdot E(S_T^2|\mathscr{F}_n) &\overset{(1)}{=} E[(S_T^2\cdot I_{[T<n]})|\mathscr{F}_n] \\
&\overset{(2)}{=} \sum_{i=1}^{n-1}E(S_i^2\cdot I_{[T=i]}|\mathscr{F}_n) \\
&\overset{(3)}{=} \sum_{i=1}^{n-1}S_i^2 I_{[T=i]} \\
&\overset{(4)}{=} S_T^2 I_{[T<n]} = S_{T\wedge n}^2\cdot I_{[T<n]} \quad \text{a.s.} \qquad (*_1)
\end{aligned}$$

【(1):(2.2.11);(2)、(4):(4)恒真;(3):定理2.2.5】

其次,对下鞅 $\{|S_n|,\mathscr{F}_n,n\geqslant 1\}$,由 Fatou 引理知

$$\begin{aligned}
E|S_T| &= E|\sum_{i=1}^{T}\xi_i| = E\lim_{n\to\infty}|\sum_{i=1}^{T\wedge n}\xi_i| \\
&\leqslant \varliminf_{n\to\infty}E|\sum_{i=1}^{T\wedge n}\xi_i| \\
&\leqslant \varliminf_{n\to\infty}E\sum_{i=1}^{T\wedge n}|\xi_i| \\
&\leqslant \varliminf_{n\to\infty}E\sum_{i=1}^{n}|\xi_i| \\
&= \lim_{n\to\infty}\sum_{i=1}^{n}E|\xi_i| \\
&\leqslant \lim_{n\to\infty}\sum_{i=1}^{n}E\xi_i^2 \leqslant \infty.
\end{aligned}$$

这结果连同(1)表明:对该下鞅,定理3.2.1的条件(3.2.1)满足,因而相应的(3.2.2)成立,即

$$\begin{aligned}
E\{|S_T|\cdot I_{[T\geqslant n]}|\mathscr{F}_n\} &= E\{|S_T||\mathscr{F}_n\}\cdot I_{[T\geqslant n]} \\
&\geqslant |S_n|\cdot I_{[T\geqslant n]} \quad \text{a.s.}
\end{aligned}$$

上式两边同时平方,并用 Jensen 不等式(2.2.9),就有

$$\begin{aligned}
E\{S_T^2|\mathscr{F}_n\}\cdot I_{[T\geqslant n]} &\geqslant E^2\{|S_T||\mathscr{F}_n\}\cdot I_{[T\geqslant n]} \\
&\geqslant S_n^2\cdot I_{[T\geqslant n]} = S_{T\wedge n}^2\cdot I_{[T\geqslant n]} \quad \text{a.s.} \qquad (*_2)
\end{aligned}$$

合($*_1$)与($*_2$),就有

$$E\{S_T^2|\mathscr{F}_n\}\geqslant S_{T\wedge n}^2\quad \text{a.s.},对\ n\geqslant 1.$$

上式两边再取期望,并用(3.2.51)又得

$$ES_T^2\geqslant ES_{T\wedge n}^2=E(\sum_{i=1}^{T\wedge n}\xi_i^2),n\geqslant 1.$$

对上式两边(实则只是右边)取 $n\to\infty$时的下极限,用Fatou引理即得

$$ES_T^2\geqslant \varliminf_{n\to\infty}E(\sum_{i=1}^{T\wedge n}\xi_i^2)\geqslant E(\varliminf_{n\to\infty}\sum_{i=1}^{T\wedge n}\xi_i^2)=E\sum_{i=1}^{T}\xi_i^2$$

此即(3.2.54)获证,从而由(1)可得证(3.2.53).

(2)⇒(1):因为

$$\begin{aligned}E\sum_{i=1}^{T}|\xi_i| &= E(\{\sum_{i=1}^{T}|\xi_i|\}\cdot I_{[T>n]}+\{\sum_{i=1}^{T}|\xi_i|\}\cdot I_{[T\leqslant n]})\\ &= E(\{\sum_{i=1}^{T}|\xi_i|\}\cdot I_{[T>n]})_1+E(\{\sum_{i=1}^{T}|\xi_i|\}\cdot I_{[T\leqslant n]})_2,\end{aligned}$$

既然 $E(\cdots)_2\xrightarrow[n\to\infty]{}$左端,则 $E(\cdots)_1\xrightarrow[n\to\infty]{}0$. 而 $E(\cdots)_1\geqslant E(\{|\sum_{i=1}^{n}\xi_i|\}\cdot I_{[T>n]})_3$,故亦有

$$E(\cdots)_3\xrightarrow[n\to\infty]{}0,此即(1).$$

(3)⇒(1):对任意给定的$\alpha>0$,有

$$\begin{aligned}E|S_n|\cdot I_{[T>n]} &= E|S_n|\cdot I_{[T>n,|S_n|>\alpha]}+E|S_n|\cdot I_{[T>n,|S_n|\leqslant\alpha]}\\ &\leqslant E\frac{S_n^2}{\alpha}\cdot I_{[T>n,\frac{|S_n|}{\alpha}>1]}+E\alpha\cdot I_{[T>n,|S_n|\leqslant\alpha]}\\ &\leqslant \alpha^{-1}ES_n^2I_{[T>n]}+\alpha\cdot P[T>n]\xrightarrow[n\to\infty]{}0\end{aligned}$$

(末尾用及(3)与$T<\infty$ a.s.),亦即(1)成立.

(4)⇒(3):约定$S_0=0$,易见

$$\begin{aligned}ES_n^2I_{[T>n]} &\overset{(1)}{=}\sum_{i=1}^{n}(ES_i^2I_{[T>i]}-ES_{i-1}^2I_{[T>i-1]})\\ &\leqslant \sum_{i=1}^{n}(ES_i^2I_{[T\geqslant i]}-ES_{i-1}^2I_{[T\geqslant i]})\end{aligned}$$

$$= \sum_{i=1}^{n} E(S_i^2 - S_{i-1}^2) \cdot I_{[T\geqslant i]}$$

$$= \sum_{i=1}^{n} E\xi_i^2 \cdot I_{[T\geqslant i]} + 2\sum_{i=1}^{n} E\xi_i \cdot S_{i-1} \cdot I_{[T\geqslant i]},\ n \geqslant 1.$$

【(1)：$a_n=(a_1-0)+(a_2-a_1)+\cdots+(a_n-a_{n-1})$】但 $I_{[T\geqslant i]}$与 S_{i-1}均为 $\mathscr{F}_{i-1}$-可测，用(2.2.11)得知，对每个 $i\geqslant 1$有

$$E(\xi_i S_{i-1} \cdot I_{[T\geqslant i]}) = E[E\{(\xi_i S_{i-1} \cdot I_{[T\geqslant i]})\,|\,\mathscr{F}_{i-1}\}]$$

$$= E[S_{i-1} \cdot I_{[T\geqslant i]} \cdot E\{\xi_i\,|\,\mathscr{F}_{i-1}\}] = 0$$

(末尾因$\{\xi_n,\mathscr{F}_n,n\geqslant 1\}$为鞅差列). 于是

$$ES_n^2 \cdot I_{[T>n]} \leqslant \sum_{i=1}^{n} E\xi_i^2 \cdot I_{[T\geqslant i]}$$

$$= E\sum_{i=1}^{T\wedge n} \xi_i^2,\ n \geqslant 1.$$

注意对一切 $n \geqslant 1$ 有 $|\sum_{i=1}^{T\wedge n}\xi_i^2| \leqslant |\sum_{i=1}^{T}\xi_i^2|$，从而依 Fatou 引理(之变体，详[10]§27(3))，两边同取上极限，得

$$\overline{\lim_{n\to\infty}} ES_n^2 \cdot I_{[T>n]} \leqslant \overline{\lim_{n\to\infty}} E\sum_{i=1}^{T\wedge n}\xi_i^2$$

$$\leqslant E\,\overline{\lim_{n\to\infty}}\sum_{i=1}^{T\wedge n}\xi_i^2$$

$$= E\sum_{i=1}^{T}\xi_i^2.$$

又下极限≤上极限，从而(4)⇒(3). 证毕.

定理3.2.8 设$\{\xi_n,n\geqslant 1\}$是 i.i.d. r.v.，$E\xi_1=0$，$E\xi_1^2<\infty$，对每个 $n\geqslant 1$，令 $\sigma(\xi_1,\cdots,\xi_n)\triangleq\mathscr{F}_n$. 设 T 是$\{\mathscr{F}_n\}$-时间，且 $ET<\infty$，则有

$$E(\sum_{n=1}^{T}\xi_n)^2 = (ET) \cdot E\xi_1^2. \tag{3.2.55}$$

证 易见此处$\{\xi_n,\mathscr{F}_n,n\geqslant 1\}$为 L_2鞅差列，且定理3.2.6证明中的(∗)式仍成立. 此处因 $E\xi_1=0$，故彼处(∗)式现在就变成定理3.2.7的条件(2)了. 于是有(3.2.53). 注意到(3.2.44)及独立性

就得

$$E\Big(\sum_{n=1}^{T}\xi_n\Big)^2 = E\Big(\sum_{n=1}^{T}\xi_n^2\Big) = E\sum_{n=1}^{T}E(\xi_n^2|\mathscr{F}_{n-1})$$

$$= E\sum_{n=1}^{T}E\xi_n^2 = (ET)\cdot E\xi_1^2.$$

证毕.

§3.3　鞅收敛定理

鞅的极限定理讨论独立和结果的推广问题，是鞅论中非常重要的内容. 这方面的研究始自 Doob(1953)的下鞅收敛定理，而近十余年间又激起人们新的研究兴趣.

3.3.1　上穿不等式

定义3.3.1　设 $r_1<r_2$ 及 $a_1,\cdots,a_n$ 皆有限实数. 在数轴上标出闭区间$[r_1,r_2]$后，再依次把实数 $a_1,\cdots,a_n$ 在轴上的几何位置标出时，笔尖由区间$(-\infty,r_1]$向区间$[r_2,\infty)$的右向跨越回数，叫实数列 $a_1,\cdots,a_n$ 上穿区间$[r_1,r_2]$的次数. 用式子表示，即令

$$\alpha_1 = \begin{cases}\min\{i: 1\leqslant i\leqslant n, a_i\leqslant r_1\};\\ n+1, \text{当}\{\cdot\}=\varnothing.\end{cases}$$

$$\alpha_2 = \begin{cases}\min\{i: \alpha_1< i\leqslant n, a_i\geqslant r_2\};\\ n+1, \text{当}\{\cdot\}=\varnothing.\end{cases}$$

$$\alpha_3 = \begin{cases}\min\{i: \alpha_2< i\leqslant n, a_i\leqslant r_1\};\\ n+1, \text{当}\{\cdot\}=\varnothing.\end{cases}$$

$$\vdots$$

一般地

$$\alpha_{2j-1} = \begin{cases}\min\{i: \alpha_{2j-2}< i\leqslant n, a_i\leqslant r_1\};\\ n+1, \text{当}\{\cdot\}=\varnothing.\end{cases}$$

$$\alpha_{2j} = \begin{cases}\min\{i: \alpha_{2j-1}< i\leqslant n, a_i\geqslant r_2\};\\ n+1, \text{当}\{\cdot\}=\varnothing.\end{cases}$$

令

$$2u \triangleq \max\{j: \alpha_j \text{ 有定义且 } j \text{ 为偶数}\}.$$

称 u 为数列 $\{a_1,\cdots,a_n\}$ 上穿区间 $[r_1,r_2]$ 的次数.（若 α_2 尚无定义，则 $u=0$.）

引理3.3.1(Panzone)　若 $\{S_j,\mathscr{F}_j \triangleq \sigma(S_1,\cdots,S_j),1\leqslant j\leqslant n\}$ 为非负下鞅，r 是一个取正值的 $\mathscr{F}_1$-可测随机变量，U 是 $\{S_1,\cdots,S_n\}$ 上穿 $[0,r]$ 的次数. 则

$$ErU + ES_1 \leqslant \int_{[S_{n-1}>0]} S_n + \int_{[S_{n-1}=0,S_n\geqslant r]} S_n \leqslant ES_n. \quad (3.3.1)$$

证　先就 $n=2$ 的情况，作直接证明：

$$\begin{aligned}
ErU + ES_1 &= Er\cdot U\cdot(I_{[S_1=0,S_2\geqslant r]_1} + I_{[\cdots]_1^c}) + ES_1\\
&= Er\cdot U\cdot I_{[\cdots]_1} + Er\cdot U\cdot I_{[\cdots]_1^c} + ES_1\\
&= Er\cdot 1\cdot I_{[\cdots]_1} + Er\cdot O\cdot I_{[\cdots]_1^c} + ES_1\\
&= \int_{[\cdots]_1} r + \int_{[S_1=0]} S_1 + \int_{[S_1>0]_2} S_1 = \int_{[\cdots]_1} r + \int_{[\cdots]_2} S_1\\
&\overset{(1)}{\leqslant} \int_{[\cdots]_1} S_2 + \int_{[\cdots]_2} S_2 = \int_{[\cdots]_1+[\cdots]_2} S_2 \overset{(2)}{\leqslant} ES_2.
\end{aligned}$$

【(1)：在 $[\cdots]_1$ 上 $S_2\geqslant r$；又因 $[\cdots]_2\in\mathscr{F}_1$，且 (S_1,S_2) 为下鞅；(2)：$S_2\geqslant 0$.】即(3.3.1)于 $n=2$ 时成立.

其次，假定(3.3.1)对 $n-1$ 已经成立（其中 $\{S_1,\cdots,S_{n-1}\}$ 为非负下鞅），我们来证对非负下鞅 $\{S_1,\cdots,S_n\}$，其亦成立. 令

$$T_1 = S_1, T_2 = S_2,\cdots,T_{n-2} = S_{n-2},$$

$$T_{n-1} = \begin{cases} S_n, \text{若 } 0 < S_{n-1} < r;\\ S_{n-1}, \text{若 } S_{n-1} = 0 \text{ 或者 } S_{n-1} \geqslant r.\end{cases}$$

对于 $A\in\sigma(T_j,1\leqslant j\leqslant n-2)=\sigma(S_j,1\leqslant j\leqslant n-2)$，有

$$\begin{aligned}
\int_A T_{n-2} &= \int_A S_{n-2} \overset{(1)}{\leqslant} \int_A S_{n-1}\\
&= \int_{A[S_{n-1}\geqslant r]} S_{n-1} + \int_{A[S_{n-1}=0]} S_{n-1} + \int_{A[0<S_{n-1}<r]} S_{n-1}
\end{aligned}$$

$$= \int_{A[S_{n-1}\geqslant r]} S_{n-1} + \int_{A[0<S_{n-1}<r]} S_{n-1}$$

$$\overset{(2)}{\leqslant} \int_{A[S_{n-1}\geqslant r]} S_{n-1} + \int_{A[0<S_{n-1}<r]} S_n \overset{(3)}{=} \int_A T_{n-1}.$$

【(1):$A\in\mathscr{F}_{n-2}$,$(S_1,\cdots,S_{n-1})$为下鞅;(2):r 为 $\mathscr{F}_1(\subset\mathscr{F}_{n-1})$-可测,故 $A\cdot[0<S_{n-1}<r]\in\mathscr{F}_{n-1}$,$(S_1,\cdots,S_n)$为下鞅;(3):$T_{n-1}$的定义.】即

$$E[T_{n-1}|T_1,\cdots,T_{n-2}]\geqslant T_{n-2}\quad\text{a. s.}\qquad(*_1)$$

又因 $T_j=S_j(1\leqslant j\leqslant n-2)$,故$(T_1,\cdots,T_{n-2})=(S_1,\cdots,S_{n-2})$为下鞅:对$2\leqslant m<n-1$有

$$E[T_m|T_1,\cdots,T_{m-1}]\geqslant T_{m-1}\quad\text{a. s.}\qquad(*_2)$$

合$(*_1)$、$(*_2)$,知$\{T_1,\mathscr{F}_1;T_2,\mathscr{F}_2;\cdots;T_{n-2},\mathscr{F}_{n-2};T_{n-1},\mathscr{F}_{n-1}\}$是一个非负下鞅.

设 V 是$(T_1,\cdots,T_{n-1})$上穿$[0,r]$的次数,U 是$(S_1,\cdots,S_{n-1},S_n)$上穿$[0,r]$的次数.由诸 T 的定义知 $T_{n-1}=S_n$ 时(此时$0<S_{n-1}<r$,由 S_{n-1}至 S_n 不为上穿!)$U=V$;仅当 $S_{n-1}=0$且 $S_n\geqslant r$ 时,由 S_{n-1}至 S_n 才成一次上穿,而这时$(T_1,\cdots,T_{n-1})=(S_1,\cdots,S_{n-1})$,故 V 比 U 小1,即我们有

$$U = V + I_{[S_{n-1}=0,S_n\geqslant r]}.$$

于是

$$\begin{aligned}
ErU + ES_1 &= Er\cdot(V + I_{[S_{n-1}=0,S_n\geqslant r]}) + ES_1\\
&= ErV + ErI_{[S_{n-1}=0,S_n\geqslant r]} + ES_1\\
&= ErV + ET_1 + ErI_{[S_{n-1}=0,S_n\geqslant r]}\\
&\overset{(4)}{\leqslant} ET_{n-1} + ErI_{[S_{n-1}=0,S_n\geqslant r]}\\
&= \int_{[0<S_{n-1}<r]} S_n + \int_{[S_{n-1}=0]} S_{n-1} + \int_{[S_{n-1}\geqslant r]} S_{n-1}\\
&\quad + ErI_{[S_{n-1}=0,S_n\geqslant r]}\\
&= \int_{[0<S_{n-1}<r]} S_n + \int_{[S_{n-1}\geqslant r]} S_{n-1} + \int_{[S_{n-1}=0,S_n\geqslant r]} r
\end{aligned}$$

$$\overset{(5)}{\leqslant} \int_{[0<S_{n-1}<r]} S_n + \int_{[S_{n-1}\geqslant r]} S_n + \int_{[S_{n-1}=0, S_n\geqslant r]} S_n$$

$$\overset{(6)}{\leqslant} \int_{\Omega} S_n = ES_n.$$

【(4)：对$(T_1,\cdots,T_{n-1})$用归纳假设；(5)：$[S_{n-1}\geqslant r]\in\mathscr{F}_{n-1}$，而$(S_1,\cdots,S_n)$为下鞅；(6)：$S_n$ 非负】证毕.

推论3.3.1 设$\{S_j,\mathscr{F}_j=\sigma(X_1,\cdots,X_j),1\leqslant j\leqslant n\}$是下鞅. 又设 $r_1<r_2$是有限实数. 若 U 是$(S_1,\cdots,S_n)$上穿$[r_1,r_2]$的次数，则

$$EU\leqslant \frac{E(S_n-r_1)^+}{r_2-r_1} \leqslant \frac{ES_n^+ + |r_1|}{r_2-r_1}. \tag{3.3.2}$$

证 因为$\{(S_j-r_1)^+,\mathscr{F}_j,1\leqslant j\leqslant n\}$是非负下鞅[见命题3.1.6及推论3.1.1(ii)]，U 是$((S_1-r_1)^+,\cdots,(S_n-r_1)^+)$上穿$[0,r_2-r_1]$的次数，故由引理3.3.1得

$$(r_2-r_1)\cdot EU\leqslant E(S_n-r_1)^+ - E(S_1-r_1)^+\leqslant E(S_n-r_1)^+. \tag{3.3.3}$$

再注意

$$(S_n-r_1)^+\leqslant S_n^+ + (-r_1)^+\leqslant S_n^+ + |r_1|.$$

由此(3.3.2)可获证. 证毕

(3.3.3)即所谓**下鞅上穿不等式**.

3.3.2 下鞅收敛定理

鞅收敛问题讨论鞅(或上、下鞅)的 a.s. 收敛与 r 阶均方收敛等性质，要一再用到随机序列的诸种收敛及一致可积的有关结论. 为方便查阅与引用，将主要结果及一些重要结论的证明尽收入书末附录内. 这里抉其要者列举归纳如下：

Ⅰ. 设$\{\xi_n,n\geqslant 1\}$为$(\Omega,\mathscr{F},P)$上的一列 r.v.，则

$\sup\limits_{n\geqslant 1} E|\xi_n|^{1+\alpha}<\infty(\alpha>0)\overset{①}{\Leftrightarrow}\{\xi_n,n\geqslant 1\}$ 为 u.i. $\overset{②}{\Leftrightarrow}$

$\lim\limits_{\lambda\to\infty}\sup\limits_{n\geqslant 1}\int_{[|\xi_n|>\lambda]}|\xi_n|P(\mathrm{d}\omega)=0\overset{③}{\Leftrightarrow}\{\xi_n,n\geqslant 1\}$ 为 L_1 有界，且一致 P

绝对连续$\left(\text{即}\sup\limits_{n\geqslant1}E|\xi_n|<\infty\text{ 且 }\forall\,\varepsilon>0,\exists\,\delta>0,\text{凡 }A\in\mathscr{F}\text{ 又 }\right.$

$\left.P(A)<\delta\text{ 者便满足}\sup\limits_{n\geqslant1}\int_A|\xi_n|<\varepsilon\right)$. (3.3.4)

Ⅱ. 设 r. v. $\xi,\xi_n(n\geqslant1)$皆出自$(\Omega,\mathscr{F},P)$，又 $E|\xi_n|^r<\infty(0<r<\infty)$，$\xi_n\xrightarrow{P}\xi$. 则

$$\begin{array}{ccc} & \{|\xi_n|^r,n\geqslant1\}\text{为 u.i.} & \\ \textcircled{4}\ \swarrow\!\!\!\nearrow & & \searrow\ \textcircled{6} \\ E|\xi_n|^r\to E|\xi|^r & \underset{\textcircled{5}}{\Leftrightarrow} & E|\xi_n-\xi|^r\to0. \end{array}\qquad(3.3.5)$$

【①:附录系4;②:附录定义2;③:附录定理6;④:附录定理8;⑤:附录系3;⑥:附录定理7、3】

下面我们将讨论特殊随机序列——下鞅的 a. s. 收敛条件. 研究极限随机变量的有限、可积及封闭原下鞅等性质. 我们将看到极限变量的这些性质与下鞅列的一致可积性之间有深刻的内在联系.

定理3.3.1 设$\{S_n,\mathscr{F}_n,n\geqslant1\}$为下鞅，$\mathscr{F}_\infty=\sigma\left(\bigcup\limits_{n=1}^{\infty}\mathscr{F}_n\right)$

(i) $\sup\limits_{n\geqslant1}ES_n^+<\infty\Rightarrow S_\infty\triangleq\lim\limits_{n\to\infty}S_n$ a. s. 存在，

于$\{S_1>-\infty\}$上 a. s. 有限，

且 $E|S_\infty|<\infty$（即绝对可积），

(ii) $\{S_n^+,n\geqslant1\}$一致可积$\Rightarrow$

$S_\infty\triangleq\lim\limits_{n\to\infty}S_n$ a. s. 存在，

且$\{S_n,\mathscr{F}_n,1\leqslant n\leqslant\infty\}$为下鞅

（即 S_∞封闭原下鞅）

(iii) $\{S_n,\mathscr{F}_n,1\leqslant n<\infty\}$为 S 所封闭（S 为$\mathscr{F}$-可测，$ES^+<\infty$）$\Rightarrow\{S_n^+,n\geqslant1\}$一致可积，下鞅$\{S_n,\mathscr{F}_n,1\leqslant n\leqslant\infty\}$亦为 S 所封闭.

(iv) $\{S_n,n\geqslant1\}$一致可积 $\begin{array}{c}\nearrow\!\!\!\swarrow\\ \searrow\!\!\!\nwarrow\end{array}\begin{cases}\{S_n,\mathscr{F}_n,1\leqslant n\leqslant\infty\}\text{为 }L_1\text{下鞅，}\\ \quad\text{且 }ES_n\to ES_\infty.\\ S_n\xrightarrow{L_1}S_\infty\triangleq\lim\limits_{n\to\infty}S_n.\end{cases}$

证 (i)注意一个不会无限次摆动的无穷数列定有极限(可能是无穷大值).这里我们将看到下鞅列$\{S_n,n\geqslant 1\}$为L_1有界(即$\sup\limits_{n\geqslant 1}E|S_n|<\infty$,而对下鞅列其等价于$\sup\limits_{n\geqslant 1}ES_n^+<\infty$,见注1)时,就不会以摆动方式发散,因而$S_\infty\triangleq\lim\limits_{n\to\infty}S_n$ a.s.存在.

令

$$O_{a,b}\triangleq[\underline{\lim}S_n<a<b<\overline{\lim}S_n]$$

$$O=\bigcup_{(\text{关于一切可能的有理数}a<b\text{取并})}O_{a,b}.$$

O是可列集.若能证明$P(O_{a,b})=0$,则$P(O)=0$,就达到目的.

设U_n是$(S_1,\cdots,S_n)$上穿$[a,b]$的次数.倘若$P(O_{a,b})>0$,则由推论3.3.1知

$$\frac{ES_n^+ + |a|}{b-a}\geqslant EU_n\geqslant\int_{O_{a,b}}U_n\xrightarrow[n\to\infty]{}\infty.$$

【在$O_{a,b}$上$U_n\uparrow\infty$,当$n\uparrow\infty$】.这与$\sup\limits_{n\geqslant 1}ES_n^+<\infty$矛盾.故$P(O_{a,b})=0$.如此,$P(O)=0$,而$S_\infty\triangleq\lim S_n$ a.s.存在.

其次,对任一$K>0$,置$S_n'\triangleq S_n\cdot I_{[S_1>-K]}$,则

$$\begin{aligned}E[S_n'|\mathscr{F}_{n-1}]&=E[S_nI_{[S_1>-K]}|\mathscr{F}_{n-1}]\\&=I_{[S_1>-K]}\cdot E[S_n|\mathscr{F}_{n-1}]\\&\geqslant S_{n-1}I_{[S_1>-K]}=S_{n-1}',\end{aligned}$$

即$\{S_n',\mathscr{F}_n,n\geqslant 1\}$为下鞅,满足

$$ES_1'=\int_{[S_1>-K]}S_1\geqslant\int_{[S_1>-K]}(-K)\geqslant\int_\Omega(-K)=-K.$$

又显然$S'^+_n=\max(S_nI_{[S_1>-K]},0)=\max(S_n,0)=S_n^+$,故可令$M\triangleq\sup\limits_{n\geqslant 1}ES_n^{+'}=\sup\limits_{n\geqslant 1}ES_n^+<\infty$.对$\{S_n',n\geqslant 1\}$关于停时$T(\omega)\equiv n_0$运用引理3.2.1((3.2.10)),即得

$$\int_\Omega S_{n_0}'^+\leqslant M,\int_\Omega|S_{n_0}'|P(\mathrm{d}\omega)\leqslant 2M-ES_1'\leqslant 2\sup_{n\geqslant 1}ES_n^+ + K.$$

这表明:对每个n_0皆有

$$E|S_{n_0}'|\leqslant 2\sup_{n\geqslant 1}ES_n^+ + K,$$

故

$$\sup_{n_0\geqslant 1}E|S'_{n_0}|\leqslant 2\sup_{n\geqslant 1}ES_n^+ + K,$$

亦即

$$\int_{[S_1>-K]}|S_\infty| = \int_\Omega |S_\infty I_{[S_1>-K]}| = E(\varliminf_{n\to\infty}|S'_n|)$$

$$\overset{(1)}{\leqslant} \varliminf_{n\to\infty}E|S'_n|$$

$$\leqslant 2\sup_{n\geqslant 1}ES_n^+ + K < \infty. \qquad (*_1)$$

【(1):Fatou 引理】由此知 S_∞ 于$[S_1>-K]$上为 a.s. 有限. 又因 $K>0$为任意,故知 S_∞ 于$[S_1>-\infty)]$上 a.s. 有限. 另外,对$(*_1)$取极限($K\to\infty$时),可得

$$\lim_{K\to\infty}\int_{[S_1>-K]}|S_\infty| = \int_{\Omega=[S_1>-\infty]}|S_\infty| = E|S_\infty| < \infty.$$

于是(i)获证.

(ii)由于$\{S_n^+, n\geqslant 1\}$一致可积,故有[附录定理6(ii)]

$$\sup_{n\geqslant 1}ES_n^+ < \infty .$$

继而由(i) 可知:$S_n \xrightarrow{\text{a.s.}} S_\infty$ 且$\int_\Omega |S_\infty| < \infty$.

又 $\forall\ A\in\mathscr{F}_m$,有

$$\int_A E[S_\infty|\mathscr{F}_m] \overset{(1)}{=} \int_A S_\infty = ES_\infty I_A$$

$$= E(\overline{\lim}S_nI_A) \overset{(2)}{\geqslant} \overline{\lim}E(S_nI_A)$$

$$\overset{(3)}{\geqslant} E(S_N\cdot I_A) = \int_A S_N \overset{(4)}{\geqslant} \int_A S_m.$$

【(1):定义2.1.3;(2):Fatou 引理;(3):$\{S_n\}$为下鞅,故 $E(S_nI_A)\uparrow$;(4):因$\{S_n\}$为下鞅,对 $N\geqslant m$ 成立.】即对每个 $m\geqslant 1$,有

$$E[S_\infty|\mathscr{F}_m]\geqslant S_m \quad \text{a.s.}$$

换言之,把 $\mathscr{F}_\infty$-可测的 S_∞ 作为末元列入原来的下鞅列中,所得到的列

$$\{S_n, \mathscr{F}_n, 1\leqslant n\leqslant\infty\}$$

仍为下鞅.

(iii)因为$\{S_n,\mathscr{F}_n,n\geqslant1\}$为下鞅,故(推论3.1.1(ii))$\{S_n^+,\mathscr{F}_n,n\geqslant1\}$也是下鞅.又由条件($S$ 封闭[定义3.1.3]下鞅$\{S_n\}$)知:对$\forall\ A\in\mathscr{F}_n$,有

$$\begin{aligned}\int_A S_n^+ &= \int_{A[S_n>0]} S_n^+ + \int_{A[S_n\leqslant 0]} S_n^+ = \int_{A[S_n>0]} S_n \\ &\leqslant \int_{A[S_n>0]} S \leqslant \int_{A[S_n>0]} S^+ \leqslant \int_A S^+ \\ &= \int_A E[S^+\mid\mathscr{F}_n],\end{aligned} \tag{$*_2$}$$

即有

$$S_n^+\leqslant E[S^+\mid\mathscr{F}_n]\quad \text{a.s.}$$

换言之,下鞅$\{S_n^+,\mathscr{F}_n,n\geqslant1\}$为$S^+$所右封闭.因而对于$n\geqslant1$及$K>0$有

$$\int_{(\mathscr{F}_n\ni)[S_n^+>K]} S_n^+ \leqslant \int_{[S_n^+>K]} S^+ . \tag{$*_3$}$$

因为$ES^+<\infty$,所以$\forall\ \varepsilon>0$,$\exists\ K_1=K_1(\varepsilon)$,使当$K\geqslant K_1$时有

$$\int_{[S^+>K]} S^+<\varepsilon. \tag{$*_4$}$$

又因$P\{S_n^+>K\}\leqslant\dfrac{ES_n^+}{K}<\dfrac{ES^+}{K}\xrightarrow[K\to\infty]{}0$,对$n\geqslant1$一致成立,故对前面的$\varepsilon$、$K_1=K_1(\varepsilon)$,$\exists\ K_2=K_2(\varepsilon)$,使当$K\geqslant K_2$时对一切$n\geqslant1$皆有

$$P\{S_n^+>K\}\leqslant\frac{\varepsilon}{K_1}. \tag{$*_5$}$$

于是当$K\geqslant K_0\triangleq\max(K_1,K_2)$时,对一切$n\geqslant1$就有

$$\begin{aligned}\int_{[S_n^+>K]} S_n^+ &\overset{(1)}{\leqslant} \int_{[S_n^+>K]} S^+ = \int_{[S_n^+>K]_1\cdot[S^+>K_1]_2} S^+ + \int_{[\cdots]_1\cdot[\cdots]_2^c} S^+ \\ &\leqslant \int_{[\cdots]_2} S^+ + \int_{[\cdots]_1} K_1 \\ &\overset{(2)}{\leqslant} \varepsilon + K_1\cdot\frac{\varepsilon}{K_1}=2\varepsilon .\end{aligned}$$

【(1):($*_3$);(2):($*_4$)与($*_5$)】亦即

$$\lim_{K\to\infty}\sup_{n\geqslant 1}\int_{[S_n^+>K]} S_n^+ = 0 \tag{Δ}$$

这样,由下鞅$\{S_n\}$为S所封闭,就得以证明$\{S_n^+,\mathscr{F}_n,n\geqslant 1\}$为一致可积的(下鞅).据此,再用(ii)就知:

$S_\infty \triangleq \lim\limits_{n\to\infty} S_n$ a.s.存在,且$\{S_n,\mathscr{F}_n,1\leqslant n\leqslant\infty\}$为有末元的下鞅.

为证这个下鞅为S所右封闭,我们定义

$$S_n^{(k)} \triangleq \max(S_n,-k),1\leqslant n\leqslant\infty;$$
$$S^{(k)} \triangleq \max(S,-k),$$

其中$k>0$.

由推论3.1.1知$\{S_n^{(k)},\mathscr{F}_n,1\leqslant n<\infty\}$亦是下鞅.把由(iii)至($\Delta$)之间的推理过程对$\{S_n^{(k)},\mathscr{F}_n,1\leqslant n<\infty\}$再做一遍(注意由$S$封闭$\{S_n,n\geqslant 1\}$易推知$S^{(k)}$亦封闭$\{S_n^{(k)},n\geqslant 1\}$,为此只须认定$S^+$是$S^k\triangleq\max(S,-k)$在$k=0$时的情形,而于($*_2$)中易$S_n^+$、$S^+$、$[S_n>0]$分别为$S_n^{(k)}$、$S^{(k)}$、$[S_n>-k]$)就知:下鞅$\{S_n^{(k)},\mathscr{F}_n,n\geqslant 1\}$为$S^{(k)}$所右封闭,并且一致可积.又由$S_n\xrightarrow{\text{a.s.}}S_\infty$,易见$S_n^{(k)}\triangleq\max(S_n,-k)\xrightarrow{\text{a.s.}}\max(S_\infty,-k)\triangleq S_\infty^{(k)}$.于是对任一$n\geqslant 1$,$\forall\ A\in\mathscr{F}_n(\subset\mathscr{F}_{n+m},m\geqslant 1)$有

$$\int_A S^{(k)} \overset{(1)}{\geqslant} \int_A S_n^{(k)} \xrightarrow[n\to\infty]{(2)} \int_A S_\infty^{(k)} \overset{(3)}{\geqslant} \int_A S_\infty. \tag{$*_6$}$$

【(1):$S^{(k)}$封闭$S_n^{(k)}$;(2):$\{S_n^{(k)},n\geqslant 1\}$u.i.$\Rightarrow\{|S_n^{(k)}|,n\geqslant 1\}$u.i.,后者连同$S_n^{(k)}\xrightarrow{\text{a.s.}}S_\infty^{(k)}$,依(3.3.5)⑥可得$E|S_n^{(k)}-S_\infty^{(k)}|\xrightarrow[(n\to\infty)]{}0$,更有$ES_n^{(k)}\to ES_\infty^{(k)}$.在上述推理中以$A$代替$\Omega$,可得$\int_A S_n^{(k)}\to\int_A S_\infty^{(k)}$;(3):$S_\infty^{(k)}\geqslant S_\infty$.】因为

$$-S^{(0)}I_A\triangleq -S^+I_A\leqslant -S^{(1)}I_A\leqslant\cdots\leqslant -S^{(k)}I_A\leqslant\cdots\leqslant -SI_A$$

以及(因$0\leqslant ES^+<\infty$)

$$-\infty < E(-S^+ I_A) \leqslant 0,$$

故由单调收敛定理(推论1.8.2)可得

$$\lim_{k\to\infty} E(S^{(k)} I_A) = E(SI_A), \tag{$*_7$}$$

即

$$\int_A S \overset{(1)}{=} \lim_{k\to\infty}\int_A S^{(k)} \overset{(2)}{\geqslant} \lim_{k\to\infty}\left[\lim_{n\to\infty}\int_A S_n^{(k)}\right] \overset{(3)}{=} \lim_{k\to\infty}\int_A S_\infty^{(k)} \overset{(4)}{\geqslant} \int_A S_\infty.$$

【(1):($*_7$);(2):($*_6$)之(1);(3):($*_6$)之(2);(4):($*_6$)之(3).】

于是令

$$\mathscr{E} \triangleq \bigcup_{n=1}^{\infty} \mathscr{F}_n,$$

$$\mathscr{T} \triangleq \left\{A: A \in \mathscr{F} \text{ 且} \int_A S \geqslant \int_A S_\infty\right\}.$$

则易见:$\mathscr{E}$ 是 π-类,$\mathscr{T}$ 是 λ-类,且 $\mathscr{E} \subset \mathscr{T}$. 由此依定理1.3.3知:$\sigma(\mathscr{E}) \triangleq \mathscr{F}_\infty = \sigma(\bigcup_1^\infty \mathscr{F}_n) \subset \mathscr{T}$. 即对任意 $A \in \mathscr{F}_\infty$ 有

$$\int_A S \geqslant \int_A S_\infty.$$

亦即(定义2.1.3)

$$E[S \mid \mathscr{F}_\infty] \geqslant S_\infty \quad \text{a. s.}$$

将这一结论与已知事实:

对 $n \geqslant 1$,皆有 $E[S \mid \mathscr{F}_n] \geqslant S_n$ a. s.

联结起来,便是:下鞅 $\{S_n, \mathscr{F}_n, 1 \leqslant n \leqslant \infty\}$ 为 S 所右封闭. (iii)至此获证.

(iv) $\{S_n, n \geqslant 1\}$ 为 u. i. $\overset{(1)}{\Rightarrow} \{S_n^+, n \geqslant 1\}$ 为 u. i. $\overset{(\mathrm{ii})}{\Rightarrow} S_n \overset{\text{a. s.}}{\to} S_\infty$ 且 $\{S_n, \mathscr{F}_n, 1 \leqslant n \leqslant \infty\}$ 为 L_1-鞅 $\overset{(2)}{\Rightarrow} ES_n \to ES_\infty$.

【(1):附录定理5(ii);(2)由 $S_n \overset{\text{a. s.}}{\to} S_\infty$ 及 $\{S_n, n \geqslant 1\}$ 为 u. i. 据(3.3.5)之⑥得知(注意 $|ES_n - ES_\infty| \leqslant E|S_n - S_\infty|$,故 $E|S_n - S_\infty| \to 0 \Rightarrow ES_n \to ES_\infty$).】

反之,若 $\{S_n, \mathscr{F}_n, 1 \leqslant n \leqslant \infty\}$ 是 L_1 下鞅(意即 $S_\infty \triangleq \lim S_n$ a. s. 且 $ES_\infty < \infty$,S_∞ 右封闭下鞅 $\{S_n, \mathscr{F}_n, 1 \leqslant n < \infty\}$)又 $\lim ES_n = ES_\infty$,则由(iii)知 $\{S_n^+, n \geqslant 1\}$ u. i. . 对下鞅 $\{S_n^+, \mathscr{F}_n, 1 \leqslant n < \infty\}$ 用(i)可得

$S_\infty^+=\lim S_n^+$ a. s. 存在，由此可得 $S_\infty^-\triangleq\lim S_n^-$ a. s. 存在. 而由 $\{S_n^+,n\geqslant 1\}$ u. i. 与 $S_n^+\xrightarrow{\text{a.s.}}S_\infty^+$，依(3. 3. 5)⑥可得 $ES_n^+\to ES_\infty^+$. 据此及 $ES_n\to ES_\infty$ 可得 $ES_n^-\to ES_\infty^-$. 综合这结果与 $S_n^-\xrightarrow{\text{a.s.}}S_\infty^-$，由(3. 3. 5)④得 $\{S_n^-,n\geqslant 1\}$ u. i.. 这样由附录定理5(ii)，可知 $\{S_n=S_n^+-S_n^-,n\geqslant 1\}$ u. i..（至此头一个⇔获证.）

其次，$\{S_n,n\geqslant 1\}$ u. i. $\overset{(1)}{\Rightarrow}\{S_n^+,n\geqslant 1\}$ u. i. $\overset{(\text{ii})}{\Rightarrow}S_n\xrightarrow{\text{a.s.}}S_\infty$ 及 $\{S_n,\mathscr{F}_n,1\leqslant n\leqslant\infty\}$ 为下鞅. 另外 $\{S_n,n\geqslant 1\}$ u. i. $\overset{(2)}{\Rightarrow}\{|S_n|,n\geqslant 1\}$ u. i. 由此及 $S_n\xrightarrow{\text{a.s.}}S_\infty$，据(3. 3. 5)⑥，得 $E|S_n-S_\infty|\to 0(n\to\infty)$【(1)、(2)：附录定理5】. 反之，若 $E|S_n-S_\infty|\to 0\overset{(3)}{\Rightarrow}S_n\xrightarrow{p}S_\infty$.【(3)：附录定理3(iii).】继而由(3. 3. 5)⑥得证 $\{|S_n|,n\geqslant 1\}$ 为 u. i. $\overset{(4)}{\Rightarrow}\{S_n,n\geqslant 1\}$ u. i.【(4)：附录定理5(i).】证毕.

注1 若 $\{X_n\}$ 为上鞅时，因 $\{-X_n\}$ 为下鞅，又 $(-X_n)^+=X_n^-$，因而由(i)知此时当 $\sup\limits_n EX_n^-<\infty$ 时有 $\lim X_n\triangleq X_\infty$ a. s. 存在.

又下鞅列 $\{X_n\}$ 满足 $EX_n\geqslant EX_0$，而由 $|X_n|=2X_n^+-X_n$ 可知 $\sup\limits_n E|X_n|=\sup(2EX_n^+-EX_n)\leqslant 2\sup EX_n^+-EX_0$，即 $\{X_n\}L_1$ 有界 ⇔ $\{X_n^+\}L_1$ 有界.（$\{X_n\}$ 为上鞅列时用 $EX_n\leqslant EX_0$ 及 $|X_n|=X_n+2X_n^-$ 可得：$\{X_n\}$ 为 L_1 有界 ⇔ $\{X_n^-\}$ 为 L_1 有界）. 因此由(i)可得：不论 $\{X_n\}$ 是下鞅或上鞅，只要其 L_1 有界($\sup\limits_n E|X_n|<\infty$)，便有 a. s. 存在有限极限.

注2 对下鞅列 $\{X_n,n\geqslant 1\}$ 而言，L_r 收敛($r\geqslant 1$)与 $\{|X_n|^r,n\geqslant 1\}$ 一致可积同义(见习题三，28)，即在下鞅列及 $r\geqslant 1$ 场合附录定理7(iii)中的条件 $X_n\xrightarrow{p}X$ 可舍去.

注3 (i)中称 S_∞ 于 $\{X_1>-\infty\}$ 上 a. s. 有限. 但对 r. v. X_1 有 $P\{X_1=-\infty\}=0$. 故 S_∞ 于 $\Omega=\{X_1\geqslant-\infty\}$ 上 a. s. 有限.

定理3. 3. 2 设 $\{S_n,\mathscr{F}_n,n\geqslant 1\}$ 为鞅，$\mathscr{F}_\infty=\sigma(\bigcup\limits_{n=1}^\infty\mathscr{F}_n)$.

(i)若 $\sup\limits_{n\geqslant 1}E|S_n|<\infty$，则 $S_n\xrightarrow{\text{a.s.}}S_\infty\in L_1$.

(ii)若$\{S_n, n\geqslant 1\}$一致可积，则$S_n \xrightarrow{\text{a.s.}} S_\infty \in L_1$且$\{S_n, \mathscr{F}_n, 1\leqslant n\leqslant \infty\}$是鞅.

(iii)若$\{S_n, \mathscr{F}_n, n\geqslant 1\}$为某个 r.v. $S(\in L_1)$所封闭，则$\{S_n, n\geqslant 1\}$一致可积(因而$S_n \xrightarrow{\text{a.s.}} S_\infty \in L_1$)，且$S$亦右封闭鞅$\{S_n, \mathscr{F}_n, 1\leqslant n\leqslant \infty\}$.

(iv)$\{S_n, n\geqslant 1\}$一致可积$\Leftrightarrow\{S_n, \mathscr{F}_n, 1\leqslant n\leqslant\infty\}$为鞅，满足$ES_n \to ES_\infty \Leftrightarrow S_n \xrightarrow{L_1} S_\infty$，其中$S_\infty \triangleq \lim S_n$.

证 (i)～(iv)可直接由定理3.3.1的相应结果得出(在(ii)～(iv)场合，把定理3.3.1用于S_n与$-S_n$). 证毕.

推论3.3.2 若$\{S_n, \mathscr{F}_n, n\geqslant 1\}$为正(或负)$L_1$鞅，则$S_n \xrightarrow{\text{a.s.}} S_\infty \in L_1$.

证 视$\{S_n, \mathscr{F}_n, n\geqslant 1\}$为上鞅，则因这时有$\sup ES_n^- = 0<\infty$，故由定理3.3.1注1即得$S_n \xrightarrow{\text{a.s.}} S_\infty \in L_1$.(当$\{S_n, n\geqslant 1\}$为负鞅时，视之为下鞅，于是$\sup ES_n^+ = 0<\infty$，由定理3.3.1(i)立得.)证毕.

下面我们从定理3.3.2出发，运用停时方法来证明一个重要的鞅收敛结论.

定理3.3.3 如果$\{S_n = \sum_1^n X_i, \mathscr{F}_n, n\geqslant 1\}$是下鞅，满足$E\sup_{n\geqslant 1} X_n^+ <\infty$，则$S_n$在集$\{X_1 > -\infty, \sup_{n\geqslant 1} S_n <\infty\}$上收敛.

说明 注意$\{X_1>-\infty\}$与Ω a.s.相等，故该定理表明：当$E\sup X_n^+<\infty$时(因$X_n = X_n^+ - X_n^- \leqslant X_n^+$，更有$E\sup X_n <\infty$)下鞅(包括鞅)的上确界有限(即有有界变量$S$能作为一切$S_n$之共同上界：$S_n\leqslant S<\infty, n\geqslant 1$)为$\{S_n, n\geqslant 1\}$的极限存在且 a.s. 有限的充分条件. 读者用同法易证：对满足$E\sup X_i<\infty$的鞅$\{S_n = \sum_1^n X_i, n\geqslant 1\}$有：$\sup S_n<\infty \Rightarrow S_n$收敛. 这结论常被用于诸$X_i$为一有限常数所上界的情形.

证 任给$c>0$，定义

$$T = T_c = \begin{cases} \inf\{n \geqslant 1; S_n > C\}; \\ \infty, \text{当}\{\cdots\} = \varnothing \text{ 时}. \end{cases}$$

则 T 为一停时，且 $\{T_c=\infty\}=\{\sup\limits_{n\geqslant 1} S_n \leqslant C\} \xrightarrow{c\to\infty} \{\sup\limits_{n\geqslant 1} S_n < \infty\}$. 由于选择停止保持鞅结构(命题3.1.9)，即 $\{S_n^{(T)} \triangleq S_{T\wedge n} = \sum\limits_{j=1}^{n} X_j \cdot I_{[T\geqslant j]}$, $\mathscr{F}_n, n\geqslant 1\}$ 仍为下鞅，又因对每个 $n\geqslant 1$ 有

$$\begin{aligned} ES_{T\wedge n}^{+} &= E(\sum_{j=1}^{n} X_j \cdot I_{[T\geqslant j]})^{+} \\ &= E(\sum_{j=1}^{n} X_j \cdot I_{[T>j]} + \sum_{j=1}^{n} X_j \cdot I_{[T=j]})^{+} \\ &\overset{(1)}{\leqslant} E(\sum_{j=1}^{n} X_j \cdot I_{[T>j]})_1^{+} + E(\sum_{j=1}^{n} X_j \cdot I_{[T=j]})_2^{+} \\ &\overset{(2)}{\leqslant} C + E \sup_{n\geqslant 1} X_n^{+} < \infty \end{aligned}$$

成立.【(1)：易证 $(Y+Z)^{+} \leqslant Y^{+} + Z^{+}$；(2)：依 T 的定义知 $(\cdots)_1 \leqslant C$，又对每个 $\omega \in \Omega$ 有 $(\cdots)_2(\omega)$ 等于 $X_1(\omega), \cdots, X_n(\omega)$ 中的某个或 0，故此 $(\cdots)_2^{+} \leqslant \sup\limits_{n\geqslant 1} X_n^{+}$.】即 $\sup\limits_{n\geqslant 1} ES_{T\wedge n}^{+} < \infty$. 因而由定理3.3.1(i)知：$S_{T\wedge n}$ 在 $\{X_1 > -\infty\}$ 上的极限 a.s. 存在且有限. 又因在 $\{T_c=\infty\}$ 上，对任何 n 恒有 $S_{T\wedge n} = S_n = \sum\limits_{j=1}^{n} X_j$. 故在集合 $\{X_1 > -\infty, T_c = \infty\}$ 上 S_n a.s. 收敛. 令 $C\to\infty$，即知 S_n 在集合 $\{X_1 > -\infty, \sup\limits_{n\geqslant 1} S_n < \infty\}$ 上a.s. 收敛. 证毕.

注 1° 本例是停时方法的一则典型用例. 从中我们看到：如何把鞅的整体收敛结论(定理3.3.1(i))与停时方法结合起来，而给出一则鞅的局部收敛结论(即在 Ω 的局部集合 $\{X_1 > -\infty, \sup\limits_{n\geqslant 1} S_n < \infty\}$ 上的收敛结论——定理3.3.3).

2° 停时方法给出的证明从推演上看十分条理和清晰，因而使这种方法得以显扬. 但须注意这方法从某种意义上讲是寄生性的：即要给出一个新的收敛结果，需要一个已知收敛结果. 没有 Doob 的鞅基本收敛定理(定理3.3.1，3.3.2)，停时方法几乎没什么用

处.

3° 停时在鞅研究中所扮角色，犹如截断在独立随机变量和研究中的角色一样：两者都产生一个相倚结构与原序列一样，但矩行为更好的随机序列.

4° 定理3.3.3在赌博场合有有趣的涵义. 设$\{Y_i, i\geqslant 1\}$表示一赌徒在一公平赌博场合中，其相继各盘的赢得序列(即诸Y_i独立，又$P(Y_i=\pm b_i)=\frac{1}{2}$，其中$b_i$是第$i$盘所下赌注)，其为鞅差列. 假设赌徒每盘输、赢都决不会超过C元，即$|Y_i|\leqslant C$ a.s.，对$i\geqslant 1$. 那么会不会有

$$P[\sum_{i=1}^{n}Y_i\to\infty]>0\ ?$$

就是说赌徒的累积赢得能否以正概率收敛于无穷大? 由定理3.3.3易见答案是否定的：因为倘若$P[\sum_1^n Y_i\to\infty]>0$，则由$\sum_{i=1}^n Y_i\to\infty$可知$\inf\limits_{n\geqslant 1}\sum_{i=1}^{n}Y_i>-\infty$(即$\sup\limits_{n\geqslant 1}\sum_{i=1}^{n}(-Y_i)<\infty$)，则(因$E\sup\limits_{i\geqslant 1}(-Y_i)\leqslant C<\infty$)可把定理3.3.3用于$\{\sum_{i=1}^{n}(-Y_i), n\geqslant 1\}$上，从而推得$\sum_{i=1}^{\infty}(-Y_i)$收敛，即$\sum_{i=1}^{\infty}Y_i$收敛，而这与$P[\sum_1^n Y_i\to\infty]>0$相矛盾，故而$P[\sum_1^n Y_i\to\infty]=0$.

推论3.3.3(广义 Borel—Cantelli 引理)　设$\{\mathscr{F}_n, n\geqslant 1\}$为$\mathscr{F}$的子$\sigma$-域的增序列，$B_i\in\mathscr{F}_i$. 则

$$[B_i\ \text{i.o.}]=[\sum_{i=1}^{\infty}P(B_i|\mathscr{F}_{i-1})=\infty],$$

即由

$$\sum_{i=1}^{\infty}P(B_i|\mathscr{F}_{i-1})\begin{cases}<\\=\end{cases}\infty\ (\text{a.s.})，\text{可知 } B_i\begin{cases}\text{至多出现有限多次；}\\\text{出现无穷多次.}\end{cases}$$

证　令

$$U_n=\sum_{i=1}^{n}\{I(B_i)-E[I(B_i)|\mathscr{F}_{i-1}]\}, n\geqslant 1.$$

则$\{U_n,n\geqslant 1\}$是鞅(更是下鞅). 其鞅差满足

$$|I(B_i)-E[I(B_i)|\mathscr{F}_{i-1}]|\leqslant 1\quad \text{a.s.}$$

(因而$E\sup\limits_{i\geqslant 1}|I(B_i)-E[I(B_i)|\mathscr{F}_{i-1}]|\leqslant\infty$). 显然

$$[B_i\text{ 至多出现有限次}]=[\sum_{i=1}^{\infty}I(B_i)<\infty].$$

由U_n表示式知: $[\sum\limits_{i=1}^{\infty}I(B_i)<\infty]\subset[\sup\limits_{n\geqslant 1}U_n<\infty]$. 因此对下鞅$\{U_n,n\geqslant 1\}$运用定理3.3.3, 即知: 从$B_i$至多出现有限次可推出$U_n$收敛. 因而

$$\sum_{i=1}^{\infty}E[I(B_i)|\mathscr{F}_{i-1}]=\sum_{i=1}^{\infty}P[B_i|\mathscr{F}_{i-1}]<\infty,$$

即

$$[\sum_{i=1}^{\infty}I(B_i)<\infty]\subset[\sum_{i=1}^{\infty}P[B_i|\mathscr{F}_{i-1}]<\infty].\qquad(3.3.6)$$

反之, 当$\sum\limits_{i=1}^{\infty}P[B_i|\mathscr{F}_{i-1}]<\infty$时, 可得知$\sup\limits_{n\geqslant 1}(-U_n)<\infty$. 对下鞅$\{-U_n,n\geqslant 1\}$再用定理3.3.3就得

$$\begin{aligned}-U_n&=\sum_{i=1}^{n}E[I(B_i)|\mathscr{F}_{i-1}]-\sum_{i=1}^{n}I(B_i)\\&=\sum_{i=1}^{n}P[B_i|\mathscr{F}_{i-1}]-\sum_{i=1}^{n}I(B_i)\xrightarrow[n\to\infty]{}\text{有限数}.\end{aligned}$$

因而$\sum\limits_{i=1}^{n}I(B_i)<\infty$. 换言之, 我们证明了

$$[\sum_{i=1}^{\infty}P(B_i|\mathscr{F}_{i-1})<\infty]\subset[\sum_{i=1}^{\infty}I(B_i)<\infty].\qquad(3.3.7)$$

合(3.3.6)与(3.3.7)就是

$$\begin{aligned}[B_i\ \text{i.o.}]^c&=[B_i\text{ 至多出现有限次}]\\&=[\sum_{i=1}^{\infty}I(B_i)<\infty]\\&=[\sum_{i=1}^{\infty}P(B_i|\mathscr{F}_{i-1})<\infty],\end{aligned}$$

亦即

$$[B_i \text{ i.o.}] = [\sum_{i=1}^{\infty} P(B_i | \mathscr{F}_{i-1}) = \infty]$$ 证毕.

注 由推论3.3.3易得通常的Borel－Cantelli引理.事实上令$\mathscr{F}_i \triangleq \sigma(B_1, \cdots, B_i)$为由$B_1 \cdots, B_i$所生成的$\sigma$-域.注意

$$\sum_{i=1}^{\infty} P(B_i) \overset{(1)}{=} E\{\sum_{i=1}^{\infty} E[I(B_i) | \mathscr{F}_{i-1}]\} \overset{(2)}{=} E\{\sum_{i=1}^{\infty} P(B_i | \mathscr{F}_{i-1})\}, \tag{$*_1$}$$

故当$\sum_{i=1}^{\infty} P(B_i) < \infty$时必有$\sum_{1}^{\infty} P(B_i | \mathscr{F}_{i-1}) < \infty$ a.s.,再由推论得$P[B_i \text{ i.o.}] = 0$.

当诸B_i独立时,因为

$$\sum_{i=1}^{\infty} P(B_i | \mathscr{F}_{i-1}) \overset{(2)}{=} \sum_{i=1}^{\infty} E[I(B_i) | \mathscr{F}_{i-1}] \overset{(3)}{=} \sum_{1}^{\infty} EI(B_i) = \sum_{1}^{\infty} P(B_i), \tag{$*_2$}$$

此时$\sum_{1}^{\infty} P(B_i) = \infty$即表明$\sum_{i=1}^{\infty} P(B_i | \mathscr{F}_{i-1})(\omega) \equiv \infty$,由推论知$P[B_i \text{ i.o.}] = 1$.【(1):$EI(B) = P(B)$,置$Y_i \triangleq E[\cdots] \geqslant 0$,$\sum_{1}^{n} Y_i \uparrow$,用推论1.8.2及(2.1.11);(2):定义;(3):定理2.3.1.】

下面我们给出倒鞅[见定义3.1.4及其后注语]的收敛性结论.

定理3.3.4 设$\{S_n, \mathscr{F}_n, -\infty < n \leqslant 0\}$是下鞅,$\mathscr{F}_{-\infty} = \bigcap_{n=-\infty}^{0} \mathscr{F}_n$.

(i)若$ES_0^+ < \infty$,则$S_{-\infty} \triangleq \lim_{n \to -\infty} S_n$ a.s.存在,且$ES_{-\infty}^+ < \infty$.又若$\lim_{n \to -\infty} ES_n = K > -\infty$,则$\sup_{n \leqslant 0} E|S_n| < \infty$,$S_n \xrightarrow{L_1} S_{-\infty}$,且$\{S_n, \mathscr{F}_n, -\infty \leqslant n \leqslant 0\}$为下鞅.

(ii)若$\{S_n, \mathscr{F}_n, -\infty < n \leqslant 0\}$是非负下鞅,满足$ES_0^p < \infty$,($p \geqslant 1$).则有$S_n \xrightarrow{L_p} S_{-\infty}$($n \to -\infty$时).

证 (i)置$S \triangleq \overline{\lim_{n \to -\infty}} S_n$,$S_{-\infty} \triangleq \underline{\lim_{n \to -\infty}} S_n$.假如对挑选的某两个有

理数 $r_1<r_2$，集合 $A=[S_{-\infty}<r_1<r_2<S]$ 有正概率. 设 U_n 是 $(S_{-n},\cdots,S_0)$ 上穿区间 $[r_1,r_2]$ 的次数. 则由推论3.3.1及条件 $ES_0^+<\infty$ 知

$$\infty>\frac{ES_0^+ + |r_1|}{r_2-r_1}\geqslant EU_n\geqslant\int_A U_n\to\infty,\text{ 当 } n\to\infty \text{ 时}.$$

其自相矛盾. 故对任何有理数 $r_1<r_2$，皆有 $P(A)=0$，而这就意味着 $S_{-\infty}=S$ a. s. 成立，即 $S_n\xrightarrow{\text{a.s.}}S_{-\infty}$. 又由 Fatou 引理（推论1.8.2）得

$$ES_{-\infty}^+ = E\varliminf_{n\to-\infty} S_n^+ \leqslant \varliminf_{n\to-\infty} ES_n^+ \overset{(1)}{\leqslant} ES_0^+ < \infty.$$

【(1)：$\{S_n,\mathscr{F}_n,n\leqslant 0\}$ 为下鞅，则 $\{S_n^+,\mathscr{F}_n,n\leqslant 0\}$ 亦是下鞅（推论3.1.1之(ii)），因而 $ES_n^+\uparrow ES_0^+$（命题3.1.3）.】(i)的前一论断获证.

其次，若 $\lim\limits_{n\to-\infty} ES_n=K>-\infty$，则注意到 $\{S_n^+,\mathscr{F}_n,-\infty<n\leqslant 0\}$ 亦是下鞅及 $\{ES_n\}_{n=-\infty}^0\uparrow$（从而对 $-\infty<n\leqslant 0$ 有 $ES_n>K$），$\{ES_n^+\}_{n=-\infty}^0\uparrow$ 便得

$$E|S_n| = E(2S_n^+ - S_n) = 2ES_n^+ - ES_n \leqslant 2ES_0^+ - K < \infty,$$

这就蕴涵着 $\sup\limits_{n\leqslant 0}E|S_n|<\infty$. 再由 Fatou 引理就得

$$E|S_{-\infty}| = E\varliminf_{n\to-\infty}|S_n| \leqslant \varliminf_{n\to-\infty}E|S_n| < \sup_{n\leqslant 0}E|S_n| < \infty.$$

为证 $S_n\xrightarrow{L_1}S_{-\infty}$，依(3.3.5)⑥，只须证明 $\{S_n\}_{n=-\infty}^0$ 的一致可积性. 为此，取 $\varepsilon>0$，并固定 $m\leqslant 0$，使得 $ES_m<K+\varepsilon$（记着 $\{ES_n\}_{-\infty}^0\uparrow$ 及 $\lim\limits_{n\to-\infty}ES_n=K>-\infty$），则对于 $n\leqslant m(\leqslant 0)$ 及 $a>0$ 有

$$\begin{aligned}
\int_{[|S_n|\geqslant a]}|S_n| &= \int_{[S_n\geqslant a]}S_n + \int_{[S_n\leqslant -a]}(-S_n)\\
&= \int_{[S_n\geqslant a]}S_n + \int_{[S_n>-a]}S_n - \Big[\int_{[S_n\leqslant -a]}S_n + \int_{[S_n>-a]}S_n\Big]\\
&= \int_{[S_n\geqslant a]}S_n + \int_{[S_n>-a]}S_n - ES_n\\
&\overset{(1)}{\leqslant} \int_{[S_n\geqslant a]}S_m + \int_{[S_n>-a]}S_m - K
\end{aligned}$$

$$\stackrel{(2)}{\leqslant}\int_{[|S_n|\geqslant a]}|S_m| + ES_m - K \stackrel{(3)}{\leqslant}\int_{[|S_n|\geqslant a]}|S_m| + \varepsilon \stackrel{(4)}{<} 2\varepsilon, \qquad (*_1)$$

对一切 $n\leqslant m$ 与足够大的 a 成立.【(1):因 $n\leqslant m$,用下鞅性及 $ES_n > K$;(2):$\int_{[S_n\geqslant a]}S_m + \int_{[S_n\leqslant -a]}(-S_m) \leqslant \int_{[|S_n|\geqslant a]}|S_m|$;(3):见 m 的选取;(4):引理1.8.1.因 $|S_m|$ 可积,又 $P[|S_n|\geqslant a]\leqslant E|S_n|/a\leqslant \sup\limits_{n\leqslant 0}E|S_n|/a \underset{(a\to\infty)}{\longrightarrow} 0$.】显然,对$[m,0]$中有限多个 n,$(*_1)$亦成立.这样一来,只要 a 足够大,就有 $\int_{[|S_n|\geqslant a]}|S_n| < \varepsilon$ 对一切 $n\leqslant 0$成立.这一事实,加上$\sup\limits_{n\leqslant 0}E|S_n|<\infty$,便是$\{|S_n|\}_{-\infty}^{0}$的一致可积性(附录定理6),因而(见附录定理5)$\{S_n\}_{-\infty}^{0}$也一致可积.于是 $S_n \xrightarrow{L_1} S_{-\infty}$,即 $E|S_n - S_\infty| \xrightarrow[n\to-\infty]{} 0$.对于任意的 $A\in\mathscr{F}$,

$$ES_nI_A \xrightarrow[n\to-\infty]{} ES_{-\infty}I_A \qquad (*_2)$$

就自不待言了.

这样,对$\forall\ A\in\mathscr{F}_{-\infty}$及每个 $m\leqslant 0$,就有

$$\int_A S_{-\infty} \stackrel{(1)}{=} \lim_{n\to-\infty}\int_A S_n \stackrel{(2)}{\leqslant} \int_A S_m.$$

【(1):$(*_2)$;(2):$\{S_n\}_{-\infty}^{0}$为下鞅.】因此对一切 $m\leqslant 0$有

$$E[S_m|\mathscr{F}_{-\infty}] \geqslant S_{-\infty}\ \text{a.s.},$$

即$\{S_n,\mathscr{F}_n,-\infty\leqslant n\leqslant 0\}$为下鞅.至此(i)获证.

(ii)由于$\{S_n,\mathscr{F}_n,n\leqslant 0\}$为非负下鞅,且 $ES_0^p<\infty$(对某个 $p\geqslant 1$),故由命题3.1.8知$\{S_n^p,\mathscr{F}_n,n\leqslant 0\}$也是非负下鞅.对其也用(i)的证法,就可由 $ES_0^p<\infty$证得 $\lim\limits_{n\to-\infty} S_n^p \triangleq S_{-\infty}^p$ a.s.成立及$\{|S_n|^p = S_n^p,\mathscr{F}_n,n\leqslant 0\}$为一致可积.再用(3.3.5)就得 $S_n \xrightarrow[(n\to-\infty)]{L_p} S_{-\infty}$.证毕.

注 因为U-统计量

$$U_{m,n} = \binom{n}{m}^{-1}\sum_{1\leqslant i_1<\cdots<i_m\leqslant n}\varphi(X_{i_1},\cdots,X_{i_m}), n\geqslant m$$

构成一个倒鞅(见§3.1.3例3). 于是定理3.3.4直接给出了$U_{m,n}$的a.s.及L_1收敛性($n\to\infty$). 另外,当$\{X_n\}$为i.i.d.r.v.时Hewitt-Savage 0-1律确保这极限为一常数,显然该常数定与$E\varphi(X_1,\cdots,X_n)$相重合(比如$m=1$时由Marcinkiewicz—Zygmund定理即知),见[1].

3.3.3 条件期望的收敛定理

在§3.1.3的例4中,我们看到:若$\{\mathscr{F}_n,n\geqslant 1\}$是$\sigma$-域的增序列($\mathscr{F}_n\subset\mathscr{F}_{n+1}\subset\cdots\subset\mathscr{F}$),$S$为$(\Omega,\mathscr{F},P)$上的一可积随机变量时,令

$$S_n\triangleq E(S|\mathscr{F}_n),\ n\geqslant 1\ .$$

则$\{S_n,\mathscr{F}_n,n\geqslant 1\}$为一鞅(又称正则鞅).

又若$\cdots\cdots\subset\mathscr{F}_n\subset\mathscr{F}_{n+1}\subset\cdots\subset\mathscr{F}_{-1}\subset\mathscr{F}$,为$\mathscr{F}$的子$\sigma$-域的增序列,$S$同上.令

$$S_n\triangleq E(S|\mathscr{F}_n),\ n\leqslant -1\ .$$

则$\{S_n,\mathscr{F}_n,n\leqslant -1\}$也是一个(无首元)鞅.

这两个鞅的收敛性质如何?对于$n\geqslant 1$,如果把$E(S|\mathscr{F}_n)$解释成:在给定$X_1\cdots,X_n$的行为时S的期望值,则当$n\to\infty$时,在某种意义下

$$E(S|\mathscr{F}_n)\to E(S|\mathscr{F}_\infty)$$

似乎是合乎情理的事情.类似地也应有

$$E(S|\mathscr{F}_n)\xrightarrow[n\to-\infty]{}E(S|\mathscr{F}_{-\infty})$$

依某种收敛意义成立.下述定理表明,事实果真如此.

定理3.3.5(Doob条件期望收敛结果) 设$\mathscr{F}_1\subset\mathscr{F}_2\subset\cdots\subset\mathscr{F}$皆$\sigma$-域.对于任一可积r.v. X_0,有

$$E\{X_0|\mathscr{F}_n\}\xrightarrow[n\to\infty]{\text{a.s.及}L_1}E\{X_0|\mathscr{F}_\infty\}\ .$$

证 由于对任一$X_0=X_0^+-X_0^-$可分别对X_0^+、X_0^-证明上述极限关系成立,故不妨假定$X_0\geqslant 0$.置$S_n\triangleq E\{X_0|\mathscr{F}_n\}$,则$\{S_n,\mathscr{F}_n,n$

$\geqslant 1\}$是一个非负鞅[定理2.2.7]，满足$\sup\limits_{n\geqslant 1} E|S_n| = E|S_1| = ES_1 = EX_0 < \infty$. 因为对任何 n，有 $E\{E[X_0|\mathscr{F}_\infty]|\mathscr{F}_n\} = E[X_0|\mathscr{F}_n] = S_n$，故鞅$\{S_n,\mathscr{F}_n,n\geqslant 1\}$为 $E[X_0|\mathscr{F}_\infty]$所封闭. 从而依定理3.3.2(iii)、(iv)知：$\{S_n,\mathscr{F}_n,n\geqslant 1\}$一致可积、存在 $S_\infty \in L_1$，使得 $S_n \xrightarrow[n\to\infty]{\text{a.s. 及 } L_1} S_\infty$，并且$\{S_n,\mathscr{F}_n,1\leqslant n\leqslant\infty\}$是 L_1鞅. 令

$$\mathscr{A} = \{A: A\in\mathscr{F}, \int_A S_\infty = \int_A X_0\}.$$

易见 $\mathscr{A}$ 是 λ-类. 令

$$\mathscr{E} = \bigcup_{n=1}^{\infty}\mathscr{F}_n.$$

则 $\mathscr{E}$ 为域(更为 π-类). 易见：$\forall\ A\in\mathscr{E}$，有 $n\geqslant 1$使 $A\in\mathscr{F}_n$，从而

$$\int_A S_\infty \overset{(1)}{=} \int_A E[S_\infty|\mathscr{F}_n] \overset{(2)}{=} \int_A S_n \overset{(3)}{=} \int_A E[X_0|\mathscr{F}_n] \overset{(1)}{=} \int_A X_0.$$

【(1)：定义 2.1.3；(2)：$\{S_n, 1\leqslant n\leqslant\infty\}$ 为鞅；(3)：S_n 之定义.】即 $\mathscr{E}\subset\mathscr{A}$. 从而依定理 1.3.3 知：$\forall\ A\in\mathscr{F}_\infty = \sigma(\mathscr{E})$，亦有$\int_A S_\infty = \int_A X_0 \quad (= \int_A E[X_0|\mathscr{F}_\infty])$即

$$S_\infty = E[X_0|\mathscr{F}_\infty] \quad \text{a.s.}$$

因而有

$$S_n = E[X_0|\mathscr{F}_n] \xrightarrow[(n\to\infty)]{\text{a.s. 及 } L_1} E[X_0|\mathscr{F}_\infty].$$

证毕.

定理3.3.6 设$\{\mathscr{F}_n, n\geqslant 1\}$是随机基. $\{X_n, n\geqslant 0\}$是一列 L_1 r.v.，满足 $X_n \xrightarrow{\text{a.s.}} X_0$及 $E\sup\limits_{n\geqslant 1}|X_n| < \infty$. 令 $\mathscr{F}_\infty = \sigma(\bigcup\limits_{n=1}^{\infty}\mathscr{F}_n)$则有

$$E\{X_n|\mathscr{F}_n\} \xrightarrow[n\to\infty]{\text{a.s.}} E\{X_0|\mathscr{F}_\infty\}.$$

证 置 $Y_m = \sup\limits_{n\geqslant m}|X_n - X_0|$.

对于每个整数 m 及一切 $n\geqslant m$，有

$$\begin{aligned}D_n &\triangleq |E\{X_n|\mathscr{F}_n\} - E\{X_0|\mathscr{F}_\infty\}| \\ &= |[E(X_n|\mathscr{F}_n) - E(X_0|\mathscr{F}_n)] + [E(X_0|\mathscr{F}_n) - E(X_0|\mathscr{F}_\infty)]|\end{aligned}$$

$$\leqslant |E[(X_n - X_0)|\mathscr{F}_n]| + |E(X_0|\mathscr{F}_n) - E(X_0|\mathscr{F}_\infty)|$$
$$\leqslant E[|X_n - X_0||\mathscr{F}_n] + |E(X_0|\mathscr{F}_n) - E(X_0|\mathscr{F}_\infty)|$$
$$\leqslant E\{Y_m|\mathscr{F}_n\} + |E(X_0|\mathscr{F}_n) - E(X_0|\mathscr{F}_\infty)|.$$

因此，两边取上极限，由定理3.3.5知

$$\overline{\lim_{n\to\infty}} D_n \leqslant E\{Y_m|\mathscr{F}_\infty\}.$$

由于 $Y_m \xrightarrow{\text{a.s.}} 0$（因 $X_n \xrightarrow{\text{a.s.}} X_0$），$|Y_m| \leqslant 2\sup_{n\geqslant 1}|X_n| \in L_1$（已知 $E\sup_{n\geqslant 1}|X_n| < \infty$），故由定理2.2.2(iii)知

$$E[Y_m|\mathscr{F}_\infty] \xrightarrow[m\to\infty]{\text{a.s.}} E[0|\mathscr{F}_\infty] = 0.$$

因此

$$D_n \xrightarrow{\text{a.s.}} 0.$$

故而

$$E\{X_n|\mathscr{F}_n\} \xrightarrow[n\to\infty]{\text{a.s.}} E\{X_0|\mathscr{F}_\infty\}.$$

定理3.3.7 设 $\{\mathscr{F}_n, -\infty < n \leqslant -1\}$ 是 $\mathscr{F}$ 的子 σ-域的增序列. 记 $\mathscr{F}_{-\infty} = \bigcap_{n=-\infty}^{-1} \mathscr{F}_n$. 则对每个 $S \in L_1$，有

$$E[S|\mathscr{F}_n] \xrightarrow[n\to-\infty]{\text{a.s. 及 } L_1} E[S|\mathscr{F}_{-\infty}].$$

证 显然 $\{S_n \triangleq E[S|\mathscr{F}_n], \mathscr{F}_n, -\infty < n \leqslant -1\}$ 是鞅，其右封闭于 $S_{-1} = E[S|\mathscr{F}_{-1}]$. 又 $ES_n = ES$ 为有限常数. 故对 $\{S_n, \mathscr{F}_n, -\infty < n \leqslant -1\}$ 运用定理3.3.4(i)，就知

$$S_{-\infty} \triangleq \lim_{n\to-\infty} S_n \text{ a.s. 存在},$$

其满足 $ES_{-\infty}^{+} < \infty$. 此外还有

$$\sup_{n\leqslant -1} E|S_n| < \infty,\ S_n \xrightarrow[n\to-\infty]{L_1} S_{-\infty},$$

以及 $\{S_n, \mathscr{F}_n, -\infty \leqslant n \leqslant -1\}$ 为鞅. 因此，$\forall A \in \mathscr{F}_{-\infty}$ 有

$$\int_A S_{-\infty} \overset{(1)}{=} \int_A E[S_n|\mathscr{F}_{-\infty}] \overset{(2)}{=} \int_A E[E(S|\mathscr{F}_n)|\mathscr{F}_{-\infty}] \overset{(3)}{=} \int_A E[S|\mathscr{F}_{-\infty}],$$

【(1)：鞅性；(2)：S_n 定义；(3)：定理2.2.7.】即

$$S_{-\infty} = E[S|\mathscr{F}_{-\infty}] \quad \text{a.s.}$$

返回到前文中，就是

$$S_n \triangleq E[S|\mathscr{F}_n] \xrightarrow[(n\to-\infty)]{\text{a.s. 及 } L_1} E[S|\mathscr{F}_{-\infty}].$$

证毕.

定理3.3.8 设$\{Y_n, -\infty<n\leqslant -1\}$是概率空间$(\Omega,\mathscr{F},P)$上的一列 r.v.，$\{\mathscr{F}_n, -\infty<n\leqslant -1\}$是$\mathscr{F}$的子$\sigma$-域的增序列，$\mathscr{F}_{-\infty} \triangleq \bigcap_{-\infty}^{-1}\mathscr{F}_n$. 若$\lim\limits_{n\to-\infty} Y_n \triangleq Y_{-\infty}$ a.s.，又$E\sup_{-\infty<n\leqslant -1}|Y_n|<\infty$，则

$$\lim_{n\to-\infty} E\{Y_n|\mathscr{F}_n\} = E\{Y_{-\infty}|\mathscr{F}_{-\infty}\} \text{ a.s.}$$

证 令

$$D_n \triangleq [E(Y_n|\mathscr{F}_n) - E(Y_{-\infty}|\mathscr{F}_{-\infty})].$$

则对$n\leqslant m$有

$$\begin{aligned}|D_n| &\leqslant |E(Y_n|\mathscr{F}_n) - E(Y_{-\infty}|\mathscr{F}_n)| \\ &\quad + |E(Y_{-\infty}|\mathscr{F}_n) - E(Y_{-\infty}|\mathscr{F}_{-\infty})| \\ &\leqslant E\{\sup_{j\leqslant m}|Y_j - Y_{-\infty}||\mathscr{F}_n\} \\ &\quad + |E(Y_{-\infty}|\mathscr{F}_n) - E(Y_{-\infty}|\mathscr{F}_{-\infty})|.\end{aligned}$$

由于$Y_n \xrightarrow[n\to-\infty]{\text{a.s.}} Y_{-\infty}$，又$E\sup_{n\leqslant -1}|Y_n|<\infty$，故由 Fatou 引理可得

$$E|Y_{-\infty}| = E\varliminf_{n\to-\infty}|Y_n| \leqslant \varliminf_{n\to-\infty} E|Y_n| \leqslant E\sup_{n\leqslant -1}|Y_n| < \infty.$$

继而援用定理3.3.7，得

$$\lim_{n\to-\infty} E(Y_{-\infty}|\mathscr{F}_n) = E(Y_{-\infty}|\mathscr{F}_{-\infty}).$$

从而(注意$\sup_{j\leqslant m}|Y_j - Y_{-\infty}|\leqslant 2\sup_{n\leqslant -1}|Y_n|$可积，并再用定理3.3.7)

$$\begin{aligned}\varlimsup_{n\to-\infty}|D_n| &\leqslant \lim_{n\to-\infty} E[\sup_{j\leqslant m}|Y_j - Y_{-\infty}||\mathscr{F}_n] \\ &= E\{\sup_{j\leqslant m}|Y_j - Y_{-\infty}||\mathscr{F}_{-\infty}\}, m\leqslant -1.\end{aligned}$$

注意$Y_n \xrightarrow[n\to-\infty]{\text{a.s.}} Y_{-\infty}$，利用条件 Fatou 引理(定理2.2.2(ii))又可得

$$\begin{aligned}0 &\leqslant \varlimsup_{m\to-\infty} E\{\sup_{j\leqslant m}|Y_j - Y_{-\infty}||\mathscr{F}_{-\infty}\} \\ &\leqslant E\{\varlimsup_{m\to-\infty}\sup_{j\leqslant m}|Y_j - Y_{-\infty}||\mathscr{F}_{-\infty}\} \\ &= E\{0|\mathscr{F}_{-\infty}\} = 0 \text{ a.s.}\end{aligned}$$

因此

$$\overline{\lim_{n\to-\infty}}|D_n| = 0,$$

即

$$\lim_{n\to-\infty} E\{Y_n|\mathscr{F}_n\} = E\{Y_{-\infty}|\mathscr{F}_{-\infty}\} \text{ a. s.}$$

证毕.

3.3.4 例

作为定理3.3.5的一个简单的应用，我们考虑

命题3.3.1(0-1律)　$(\Omega,\mathscr{F},P)$上的独立随机变量序列$\{X_n, n\geqslant 1\}$的尾σ-域$\mathscr{T} \triangleq \bigcap_{n=1}^{\infty}\sigma(X_n,X_{n+1},\cdots)=\{\varnothing,\Omega\}$.

证　设A是独立随机变量列$\{X_n,n\geqslant 1\}$的一个尾事件. 则对每个$n\geqslant 1$，I_A与$(X_1,\cdots,X_n)$独立. 所以

$$EI_A = E[I_A|\sigma(X_1,\cdots,X_n)].$$

对序列$\{E[I_A|\sigma(X_1,\cdots,X_n)],n\geqslant 1\}$运用定理3.3.5，立得

$$E[I_A|\sigma(X_1,\cdots,X_n)] \xrightarrow[(n\to\infty)]{\text{a. s.}} E[I_A|\sigma(X_1,X_2,\cdots)].$$

但因I_A是$\sigma(X_1,X_2,\cdots)$-可测的，故有

$$E[I_A|\sigma(X_1,X_2,\cdots)] = I_A.$$

由此得出

$$EI_A = I_A \text{ a. s.}$$

即随机变量I_A与其均值a. s. 相等. 而示性函数I_A在Ω上与常数EI_A a. s. 相等，这只有当$A=\varnothing$或$A=\Omega$时才可能. 换言之

$$\bigcap_{n=1}^{\infty}\sigma(X_n,X_{n+1},\cdots) \triangleq \mathscr{T} = \{\varnothing,\Omega\}.$$

注　当无独立性假设时，仅可得到：对任一$A\in\sigma(X_1,X_2,\cdots)$有

$$\begin{aligned}P[A|X_1,\cdots,X_n] &= E[I_A|\sigma(X_1,\cdots,X_n)]\\ &\xrightarrow[(n\to\infty)]{\text{a. s.}} E[I_A|\sigma(X_1,X_2,\cdots)] = I_A.\end{aligned}$$

此可称为广义0-1律.

最后，我们要再度强调：条件期望的收敛结论具有重要的理论价值. 研究信息论的读者可能知道，信息论中著名的 MacMillan 定理就是基于条件期望收敛结论之上的(见[11]).

§3.4 鞅不等式

鞅不等式在鞅论的应用中有着举足轻重的地位. 像鞅是独立和序列的推广一样，鞅不等式也是独立和相应不等式的推广.

3.4.1 Doob 最大不等式

我们先介绍 Doob 最大不等式及 Kolmogorov 不等式的鞅推广.

引理3.4.1 设$\{S_n=\sum_{j=1}^{n}X_j,\mathscr{F}_n,n\geqslant 1\}$是一个$L_1$随机序列，$\{v_n,\mathscr{F}_{n-1},n\geqslant 1\}$是随机序列(即$v_n$为$\mathscr{F}_{n-1}$-可测)，满足$v_nX_n\in L_1,n\geqslant 1$. 则对任一有界的$\{\mathscr{F}_n\}$-时间$T$，有

$$Ev_TS_T=E\sum_{j=1}^{T}[v_jE(X_j|\mathscr{F}_{j-1})+(v_j-v_{j-1})S_{j-1}],\tag{3.4.1}$$

其中$S_0=0,\mathscr{F}_0=\mathscr{F}_1$. 而且，如果

$$(v_{j+1}-v_j)S_j\leqslant 0,\ \text{a.s.},\ j\geqslant 0,$$

则

$$Ev_TS_T\leqslant E\sum_{j=1}^{T}v_jE(X_j|\mathscr{F}_{j-1}).\tag{3.4.2}$$

注 若$\{Y_i,\mathscr{F}_i,i\geqslant 1\}$是鞅差序列，而对$i\geqslant 1$，$v_i$是$\mathscr{F}_{i-1}$-可测的. 则称$T_n\triangleq\sum_{i=1}^{n}v_iY_i$为**鞅变换**(见§3.5，定义3.5.1)，$\{v_i,i\geqslant 1\}$为变换序列. 若对每个$i\geqslant 1$有$E|v_iY_i|<\infty$，则鞅变换$\{T_n,\mathscr{F}_n,n\geqslant 1\}$显然还是一个鞅. 故该引理给出了由鞅$\{S_n,\mathscr{F}_n,n\geqslant 1\}$与停时$T$所产生的随机变量$S_T$跟由变换序列$\{v_i,i\geqslant 1\}$与$T$所产生的随机变量$v_T$的乘积之期望表达式(或上界).

证 若令($v_0=0$)

$$U_n \triangleq v_n S_n - \sum_1^n [v_j E(X_j | \mathscr{F}_{j-1}) + (v_j - v_{j-1}) S_{j-1}],$$

则

$$U_n = \sum_1^n u_i,$$

其中

$$u_n \triangleq v_n [X_n - E(X_n | \mathscr{F}_{n-1})].$$

由于 v_n 是 $\mathscr{F}_{n-1}$-可测，显然 $E[u_n | \mathscr{F}_{n-1}]=0$，从而 $\{U_n, \mathscr{F}_n, n\geqslant 1\}$ 是鞅.

又因 $E|v_n X_n|<\infty$，且有 N 使 $P[T\leqslant N]=1$，故而

$$\begin{aligned} E\sum_{n=1}^{T} E(|u_n| \,\big|\, \mathscr{F}_{n-1}) &\leqslant E\sum_{n=1}^{N} E[|v_n X_n - E(v_n X_n | \mathscr{F}_{n-1})| \,\big|\, \mathscr{F}_{n-1}] \\ &\leqslant 2E\sum_{n=1}^{N} E(|v_n X_n| \,|\, \mathscr{F}_{n-1}) \\ &= 2\sum_{n=1}^{N} E(|v_n X_n|) < \infty. \end{aligned}$$

故由推论3.2.4知

$$EU_T = EU_1 = 0.$$

即

$$Ev_T S_T = E\sum_{j=1}^{T} [v_j E(X_j | \mathscr{F}_{j-1}) + (v_j - v_{j-1}) S_{j-1}].$$

此即(3.4.1). 在所论条件下，由(3.4.1)立得(3.4.2). 证毕.

推论3.4.1(Dubins-Freedman)　如果 $\{S_n = \sum_1^n X_i, \mathscr{F}_n, n\geqslant 1\}$ 是一个 L_2 鞅，满足 $EX_1=0$，又 $Y_n \triangleq E(X_n^2 | \mathscr{F}_{n-1}), n\geqslant 1$（其中 $\mathscr{F}_0=\{\varnothing, \Omega\}$），则对任意停时 T 及实数 a、$b(b>0)$ 有

$$\int_{[T<\infty]} \left(\frac{a+S_T}{b+Y_1+\cdots+Y_T}\right)^2 \leqslant \frac{a^2+Y_1}{(b+Y_1)^2} + \frac{1}{b+Y_1}. \tag{3.4.3}$$

证　若 $v_n \triangleq 1/(b+Y_1+\cdots+Y_n)^2$，则 $\{v_n, \mathscr{F}_{n-1}, n\geqslant 1\}$ 为一随机序列，满足 $v_{n+1}\leqslant v_n$.

注意$\{S_n,n\geqslant1\}$是鞅，$\Phi(x)=(a+x)^2$凸，故由命题3.1.8知$\{(a+S_n)^2,\mathscr{F}_n,n\geqslant1\}$为一非负下鞅. 把引理3.4.1用于此下鞅(视$(a+S_0)^2=0$，取$T'=T\wedge n$)，由(3.4.2)可得

$$\int\limits_{[T\wedge n\leqslant n]=[T'\leqslant n]}\frac{(a+S_{T'})^2}{(b+Y_1+\cdots+Y_{T'})^2}$$

$$\leqslant\sum_{j=1}^{n}E\{v_jE[((a+S_j)^2-(a+S_{j-1})^2)\mid\mathscr{F}_{j-1}]\}$$

$$\overset{(1)}{=}E[v_1(a^2+Y_1)]+\sum_{j=2}^{n}E(v_jY_j)$$

$$\overset{(2)}{\leqslant}E\left[\frac{a^2+Y_1}{(b+Y_1)^2}\right]+E\left(\frac{1}{b+Y_1}\right)$$

$$-E\left(\frac{1}{b+Y_1+\cdots+Y_n}\right)$$

$$\xrightarrow[(n\to\infty)]{}E\frac{a^2+Y_1}{(b+Y_1)^2}+E\left(\frac{1}{b+Y_1}\right)$$

$$\overset{(3)}{=}\frac{a^2+Y_1}{(b+Y_1)^2}+\frac{1}{b+Y_1}.$$

【(1)、(3)：定义2.1.3注4；(2)：$v_jY_j=\dfrac{Y_j}{(b+Y_1+\cdots+Y_j)^2}\leqslant\dfrac{Y_j}{(b+Y_1+\cdots+Y_{j-1})_1(b+Y_1+\cdots+Y_j)_2}=\dfrac{1}{(\cdots)_1}-\dfrac{1}{(\cdots)_2}$，$\sum\limits_{j=2}^{n}v_jY_j=\sum\limits_{j=2}^{n}\left[\dfrac{1}{(\cdots)_1}-\dfrac{1}{(\cdots)_2}\right]=\dfrac{1}{b+Y_1}-\dfrac{1}{b+Y_1+\cdots+Y_n}\xrightarrow[(n\to\infty)]{}\dfrac{1}{b+Y_1}$.】

因为$T'=T\wedge n\xrightarrow[(n\to\infty)]{}T$，$[T\wedge n\leqslant n]\xrightarrow[n\to\infty]{}[T<\infty]$，故对前述不等式取$n\to\infty$时的极限(注意定理1.8.7，定理3.2.1(ii))即得

$$\int\limits_{[T<\infty]}\left(\frac{a+S_T}{b+Y_1+\cdots+Y_T}\right)^2\leqslant\frac{a^2+Y_1}{(b+Y_1)^2}+\frac{1}{b+Y_1}.$$

定理3.4.1 若$\{S_n=\sum_1^nX_j,\mathscr{F}_n,n\geqslant1\}$是一个非负的$L_1$下鞅，$\{v_n,\mathscr{F}_{n-1},n\geqslant1\}$是一个$L_\infty$随机变量列，满足$v_n\geqslant v_{n+1}\geqslant0$，则对任一$\lambda>0$有(令$\|X\|_p\triangleq E^{\frac{1}{p}}|X|^p$)

(i) $\lambda P\{\max\limits_{1\leqslant j\leqslant n} v_j S_j \geqslant \lambda\} + \int\limits_{[\max\limits_{1\leqslant j\leqslant n} v_j S_j < \lambda]} v_n S_n \leqslant \sum\limits_{j=1}^{n} E v_j X_j$. (3.4.4)

(ii)(Doob 不等式)

$$P\{\max_{1\leqslant j\leqslant n} S_j \geqslant \lambda\} \leqslant \frac{1}{\lambda} \int\limits_{[\max\limits_{1\leqslant j\leqslant n} S_j \geqslant \lambda]} S_n. \qquad (3.4.5)$$

由此得

$$\left.\begin{aligned} &\|S_n\|_p \leqslant \|\max_{1\leqslant j\leqslant n} S_j\|_p \leqslant \frac{p}{p-1}\|S_n\|_p, p > 1, \\ &\|\max_{1\leqslant j\leqslant n} S_j\|_p < \frac{e}{e-1}(1 + \|S_n \log^+ S_n\|_p), p = 1. \end{aligned}\right\} \qquad (3.4.6)$$

(iii)(Hajek-Renyi 不等式) 若 $\{U_n = \sum\limits_{j=1}^{n} u_j, \mathscr{F}_n, n \geqslant 1\}$ 是一个 L_2鞅,又$\{b_n, n\geqslant 1\}$是正的、非降实数列,则对任一 $\lambda>0$有

$$P\left\{\max_{1\leqslant j\leqslant n}\left|\frac{U_j}{b_j}\right| \geqslant \lambda\right\} \leqslant \frac{1}{\lambda^2}\sum_{j=1}^{n}\frac{Eu_j^2}{b_j^2}. \qquad (3.4.7)$$

证 令

$$\left.\begin{aligned} T_i &= \inf\{n \geqslant 1 : v_n S_n \geqslant \lambda^i\}, \\ T_i' &= \min(T_i, n), \end{aligned}\right. \qquad i = 1, 2.$$

由引理3.4.1的(3.4.2)式得

$$\begin{aligned} &\lambda^i P\{\max_{1\leqslant j\leqslant n} v_j S_j \geqslant \lambda^i\}_1 + \int\limits_{[\max\limits_{1\leqslant j\leqslant n} v_j S_j < \lambda^i]_1} v_n S_n \\ &\overset{(1)}{\leqslant} \int\limits_{\{T_i \leqslant n\}_2} v_{T_i} S_{T_i} + \int\limits_{[T_i > n]_2} v_n S_n \\ &\overset{(2)}{=} \int\limits_{\{\cdots\}_2} v_{T_i'} S_{T_i'} + \int\limits_{[\cdots]_2} v_{T_i'} S_{T_i'} = E v_{T_i'} S_{T_i'} \\ &\overset{(3)}{\leqslant} E\sum_{j=1}^{T_i'} v_j E\{X_j | \mathscr{F}_{j-1}\} \leqslant E\sum_{j=1}^{n} v_j E\{X_j | \mathscr{F}_{j-1}\} \\ &= E\sum_{j=1}^{n} E[v_j X_j | \mathscr{F}_{j-1}] = \sum_{j=1}^{n} E(v_j X_j). \end{aligned} \qquad (3.4.8)$$

【(1):Markov 不等式、$\{\cdots\}_1 \subset \{\cdots\}_2$、$[\cdots]_1 \subset [\cdots]_2$及 $v_{T_i} S_{T_i} \geqslant \lambda^i$;

(2)：在$\{\cdots\}_2$上 $T_i=T'_i$，在$[\cdots]_2$上 $T_i=n$；(3)：注意 v_i、S_i 非负，$v_i\geqslant v_{i+1}$，用(3.4.2).】

于(3.4.8)中置 $i=1$，立得(3.4.4). (i)获证.

再证(iii). 因 U_n 是 L_2 鞅，故 $S_n\triangleq U_n^2$ 是 L_1 非负下鞅(命题3.1.8). 于(3.4.8)中取 $i=2, v_j=\dfrac{1}{b_j^2}$，即可得(3.4.7).

【注意 $X_n=S_n-S_{n-1}=2u_n\cdot U_n+u_n^2$，$E(u_nU_{n-1}\mid\mathscr{F}_{n-1})=0$，故 $EX_n=Eu_n^2$. 又 $v_n\cdot S_n=\dfrac{U_n^2}{b_n^2}\geqslant 0$，因而(3.4.8)左边第二项非负.】

最后证(ii). 于(3.4.4)中置 $v_j\equiv 1$，立得(3.4.5)，于是只须证(3.4.6). 置 $S_n^*\triangleq\max\limits_{1\leqslant j\leqslant n}S_j$，注意由分部积分(或见习题一，15)易得对 $r>0$ 及任何 r.v. X 有

$$E|X|^r=r\int_0^\infty x^{r-1}P[|X|\geqslant x]\mathrm{d}x. \tag{$*$}$$

对 $S_n^{*p}(p>1)$ 用此结果，可得

$$\begin{aligned}
ES_n^{*p}&=p\int_0^\infty\lambda^{p-1}p\{S_n^*\geqslant\lambda\}\mathrm{d}\lambda\overset{(1)}{\leqslant}p\int_0^\infty\lambda^{p-1}\cdot\frac{1}{\lambda}\Big(\int_{[S_n^*\geqslant\lambda]}S_n\Big)\mathrm{d}\lambda\\
&=p\int_0^\infty\lambda^{p-2}\Big(\int_\Omega S_nI_{[S_n^*\geqslant\lambda]}\mathrm{d}P\Big)\mathrm{d}\lambda\\
&\overset{(2)}{=}p\int_\Omega S_n\int_0^\infty\lambda^{p-2}I_{[S_n^*\geqslant\lambda]}\mathrm{d}\lambda\mathrm{d}p\\
&=p\int_\Omega(S_n\int_0^{S_n^*}\lambda^{p-2}\mathrm{d}\lambda)\mathrm{d}p=p\cdot E[S_n\cdot\int_0^{S_n^*}\lambda^{p-2}\mathrm{d}\lambda]\\
&=\frac{p}{p-1}E[S_n\cdot S_n^{*(p-1)}]\\
&\overset{(3)}{\leqslant}\frac{p}{p-1}E^{\frac{1}{p}}(S_n^p)\cdot E^{\frac{1}{q}}(S_n^{*(p-1)\cdot q})\\
&=\frac{p}{p-1}\|S_n\|_p\cdot E^{\frac{1}{q}}S_n^{*p}.
\end{aligned}$$

两边同除以 $E^{\frac{1}{q}}S_n^{*p}$，得

$$E^{\frac{1}{p}}S_n^{*p}=\|S_n^*\|_p\leqslant\frac{p}{p-1}\|S_n\|_p.$$

此即(3.4.6)前式之右半边.而左半边属显然($S_n \geqslant 0$又$S_n \leqslant S_n^*$).于是(3.4.6)第一式获证.【(1):用了(3.4.5);(2):用 Fubini 定理;(3):用 Hölder 不等式,$q \triangleq \frac{p}{p-1}$.】

再看(3.4.6)第二式.此时($p=1$)对非负 r.v. $(S_n^*-1)^+$用(*)式可得:

$$
\begin{aligned}
E(S_n^*-1) &\leqslant E(S_n^*-1)^+ \overset{(1)}{=} \int_0^\infty P\{(S_n^*-1)^+ \geqslant \lambda\}\mathrm{d}\lambda \\
&\overset{(2)}{=} \int_0^\infty P\{(S_n^*-1) \geqslant \lambda\}\mathrm{d}\lambda \\
&\overset{(3)}{\leqslant} \int_0^\infty \left(\frac{1}{1+\lambda}\int_{[S_n^* \geqslant 1+\lambda]} S_n \mathrm{d}P\right)\mathrm{d}\lambda \\
&= \int_0^\infty \frac{1}{1+\lambda}\left(\int_\Omega S_n I_{[S_n^* \geqslant 1+\lambda]}\mathrm{d}P\right)\mathrm{d}\lambda \\
&= \int_\Omega S_n\left(\int_0^\infty \frac{1}{1+\lambda} I_{[S_n^* \geqslant 1+\lambda]}\mathrm{d}\lambda\right)\mathrm{d}P \\
&= \int_\Omega S_n\left(\int_0^{S_n^*-1} \frac{\mathrm{d}\lambda}{1+\lambda}\right)\mathrm{d}P = \int_\Omega S_n \cdot \log S_n^* \mathrm{d}P \\
&= E(S_n \log S_n^*) \overset{(4)}{\leqslant} E\left(S_n \log^+ S_n + \frac{S_n^*}{e}\right) \\
&= E(S_n \log^+ S_n) + \frac{ES_n^*}{e}.
\end{aligned}
$$

【(1):(*)式;(2):$\lambda>0$时 $P(\xi^+>\lambda)=P(\xi>\lambda)$;(3):(3.4.5);(4):对常数 $a>0,b>0$有 $a\log b < a(\log a)^+ + \frac{b}{e}$(见[8],63).】整理即得:$\|S_n^*\|_{p=1} \leqslant \frac{e}{e-1}(1+\|S_n \log^+ S_n\|_{p=1})$.于是(3.4.6)第二式得证.证毕.

注 (3.4.5)、(3.4.6)亦可由 Garsia 不等式得出(见习题三,27.就中分别令 $F(t)=I_{[\lambda,\infty)}(t)$、$F(t)=t^a$ 即可.)

推论3.4.2 若$\{S_n,\mathscr{F}_n,n\geqslant 1\}$为下鞅,$h$ 是任一非负、增的凸函数,则对任一正数 t 及实数 x 有

$$
P\{\max_{1\leqslant j\leqslant n} S_j \geqslant x\} \leqslant \frac{Eh(tS_n)}{h(tx)}. \tag{3.4.9}
$$

特别有

$$P\{\max_{1\leqslant j\leqslant n}S_j\geqslant x\}=\frac{Ee^{tS_n}}{e^{tx}},\ t>0.\tag{3.4.10}$$

证 由命题3.1.8，$\{h(tS_j),\mathscr{F}_j,1\leqslant j\leqslant n\}$为非负下鞅. 于是据(3.4.5)得

$$\begin{aligned}P\{\max_{1\leqslant j\leqslant n}S_j\geqslant x\}_1&\overset{(1)}{\leqslant}P\{h(\max_{1\leqslant j\leqslant n}tS_j)\geqslant h(tx)\}_2\\&\overset{(2)}{=}P\{\max_{1\leqslant j\leqslant n}h(tS_j)\geqslant h(tx)\}_3\\&\overset{(3)}{\leqslant}\frac{Eh(tS_n)}{h(tx)}.\end{aligned}$$

【(1)：$h\uparrow$，$\{\cdots\}_1\subset\{\cdots\}_2$；(2)：$h\uparrow$；(3)：(3.4.5)及$h(tS_j)$非负.】证毕.

推论3.4.3(Kolmogorov 不等式) 设 $X_1,\cdots,X_n$ 是独立随机变量，满足 $EX_i=0(i=1,\cdots,n)$. 记 $EX_i^2\triangleq\sigma_i^2$. 又令 $S_k=\sum_{j=1}^{k}X_j$. 则对任意 $\varepsilon>0$，有

$$P\{\max_{1\leqslant k\leqslant n}|S_k|\geqslant\varepsilon)\leqslant\frac{\sum_{k=1}^{n}\sigma_k^2}{\varepsilon^2}.\tag{3.4.11}$$

证 令 $\mathscr{F}_k\triangleq\sigma(X_1,\cdots,X_k)(k=1,2,\cdots,n)$. 则$\{S_k,\mathscr{F}_k,1\leqslant k\leqslant n\}$为鞅，从而$\{S_k^2,\mathscr{F}_k,1\leqslant k\leqslant n\}$为下鞅. 对它运用(3.4.5)就有(注意诸 X_i 独立!)

$$\begin{aligned}&P(\max_{1\leqslant k\leqslant n}|S_k|\geqslant\varepsilon)=P(\max_{1\leqslant k\leqslant n}S_k^2\geqslant\varepsilon^2)\\&\leqslant\frac{1}{\varepsilon^2}\int_{[\max\limits_{1\leqslant k\leqslant n}S_k^2\geqslant\varepsilon^2]}S_n^2\leqslant\frac{1}{\varepsilon^2}\int_\Omega S_n^2\\&=\frac{1}{\varepsilon^2}[\sum_{j=1}^{n}EX_j^2+2\sum_{1\leqslant i<j\leqslant n}EX_iX_j]=\frac{\sum_1^n\sigma_k^2}{\varepsilon^2}.\end{aligned}$$

3.4.2 Burkholder 不等式

如果$\{X_n,n\geqslant1\}$是一列均值为零的独立随机变量，在概率论

中业已证明了：对每个 $p\geqslant 1$，存在仅与 p 有关的正数 A_p、B_p，使得

$$A_p \cdot \|(\sum_1^n X_j^2)^{\frac{1}{2}}\|_p \leqslant \|\sum_1^n X_j\|_p \leqslant B_p \cdot \|(\sum_1^n X_j^2)^{\frac{1}{2}}\|_p. \tag{3.4.12}$$

此即所谓 Marcinkiewicz-Zygmund 不等式[①]. 它在证明中的重要地位是不言而喻的.

$p>1$时的 M-Z 不等式在鞅场合的推广即 Burkholder 不等式，而 $p=1$时的 M-Z 不等式之推广，则是后面的 Davis 不等式.

Burkholder 不等式证明较长，需要几个引理，为行文方便，先引入一些简洁记号.

设 $(\Omega,\mathscr{F},P)$ 为概率空间，$\{\varnothing,\Omega\}\triangleq\mathscr{F}_0\subset\mathscr{F}_1\subset\cdots\subset\mathscr{F}_\infty\triangleq\sigma(\bigcup_1^\infty\mathscr{F}_n)\subset\mathscr{F}$ 为一列 σ-域.

对任一 r. v. $X\in L_p$，记 $\|X\|_p=E^{\frac{1}{p}}(|X|^p)$；对任何 a_i，约定 $k<j$ 时 $\sum_{i=j}^k a_i=0$.

对任一随机序列 $\{f_n\triangleq\sum_{i=1}^n \mathrm{d}_i,\mathscr{F}_n,n\geqslant 1\}$ 记 $f_0\triangleq 0=\sum_{i=1}^0 \mathrm{d}_i$，$d\triangleq\{\mathrm{d}_n,n\geqslant 1\}$，$f\triangleq\{f_n,n\geqslant 1\}$，以及

$$f_\infty\triangleq\overline{\lim_{n\to\infty}}f_n,\ f_n^*\triangleq\max_{1\leqslant j\leqslant n}|f_j|,\ f^*=\sup_{n\geqslant 1}|f_n|,$$

$$\|f_n\|_p=E^{\frac{1}{p}}|f_n|^p,\ \|f\|_p=\sup_{n\geqslant 1}\|f_n\|_p;$$

$$S_n(f)\triangleq\Big(\sum_{j=1}^n \mathrm{d}_j^2\Big)^{\frac{1}{2}},\ S(f)=S_\infty(f)=\Big(\sum_{j=1}^\infty \mathrm{d}_j^2\Big)^{\frac{1}{2}}.$$

如果 $\|f\|_p<\infty$，称 f 是 L_p-有界的.

若 $\{f_n,\mathscr{F}_n,n\geqslant 1\}$ 是(下)鞅，就称 f 是(下)鞅.

---

① 注意 $X_i\geqslant 0$ 时 $\sum_1^n X_i$ 为 $(X_1,\cdots,X_n)$ 到原点的棱向距离. 故(3.4.12)可理解(形象而欠严格)为 n 维点 $(X_1,\cdots,X_n)$ 到原点 $(0,\cdots,0)$ 的棱向距离与径向距离的 p-阶矩间的关系式.

下面我们先证另外两个定理.

定理3.4.2 设$\{R_k,k\geqslant 1\}$是鞅(或非负下鞅),则存在常数D,使得对每个$n\geqslant 1$与每个$\varepsilon>0$,有

$$P[S_n(R)>\varepsilon]\leqslant D\cdot\frac{E|R_n|}{\varepsilon}.\qquad(3.4.13)$$

证 固定$\varepsilon>0$及$n\geqslant 1$. 对鞅$\{R_k,1\leqslant k\leqslant n\}$用Gundy分解(见后文定理3.5.1. 就中取$k=\varepsilon$): $R_k=T_k+U_k+V_k$, 继而用Minkowski不等式([8],24)即得

$$S_n(R)\leqslant S_n(T)+S_n(U)+S_n(V).$$

注意到

$$[S_n(R)>\varepsilon]_0\subset[S_n(T)+S_n(U)+S_n(V)>\varepsilon]_1$$

$$\subset[S_n(T)>\frac{\varepsilon}{3}]_2\cup[S_n(U)>\frac{\varepsilon}{3}]_3\cup[S_n(V)>\frac{\varepsilon}{3}]_4,$$

立得

$$P[\cdots]_0\leqslant P[\cdots]_2+P[\cdots]_3+P[\cdots]_4.\qquad(*_1)$$

又(因为由Jensen不等式([8],19)得$S_n(T)=\left[\sum_1^n(T_k-T_{k-1})^2\right]^{\frac{1}{2}}$ $\leqslant\sum_1^n|T_k-T_{k-1}|\leqslant\sum_1^n(|T_k|+|T_{k-1}|)$,故当$\max\limits_{1\leqslant k\leqslant n}|T_k|=0$时必有$S_n(T)=0$)

$$[\cdots]_2\subset[S_n(T)>0]\subset[\max_{1\leqslant k\leqslant n}|T_k|>0]_{2'}$$

故(见定理3.5.1) $P[\cdots]_2\leqslant P[\cdots]_{2'}\leqslant\max\limits_{1\leqslant k\leqslant n}E|R_k|/\varepsilon$. $\qquad(*_2)$

类似地,因为

$$[\cdots]_3\subset[\sum_1^n|U_k-U_{k-1}|>\frac{\varepsilon}{3}]_{3'}$$

故

$$P[\cdots]_3\leqslant P[\cdots]_{3'}\leqslant\frac{E[\sum\limits_{k=1}^n|U_k-U_{k-1}|]}{\varepsilon/3}\leqslant\frac{3}{\varepsilon}\cdot 4\max_{1\leqslant k\leqslant n}E|R_k|$$

$$=\frac{12}{\varepsilon}\cdot\max_{1\leqslant k\leqslant n}E|R_k|.\qquad(*_3)$$

又由 Chebyshev 不等式得

$$P[\cdots]_4 \leqslant \frac{ES_n^2(V)}{(\varepsilon/3)^2} \overset{(1)}{=} \frac{EV_n^2}{\varepsilon^2/9} \leqslant \frac{9}{\varepsilon^2} \max_{1\leqslant k\leqslant n} EV_k^2$$

$$\overset{(2)}{\leqslant} \frac{9}{\varepsilon^2} \cdot 2\varepsilon \max_{1\leqslant k\leqslant n} E|R_k| = \frac{18}{\varepsilon} \max_{1\leqslant k\leqslant n} E|R_k|. \qquad (*_4)$$

【(1)：因 $V_0=0$，而 $S_n^2(V)=\sum_1^n (V_k-V_{k-1})^2=V_n^2+2(V_1^2+\cdots+V_{n-1}^2)-2(V_2V_1+\cdots+V_nV_{n-1})$，两边同取期望，注意对鞅 $\{V_k, 1\leqslant k\leqslant n\}$ 有 $E(V_kV_{k-1})=E[E(V_kV_{k-1}|\mathscr{F}_{k-1})]=EV_{k-1}^2$，即得 $ES_n^2(V)=EV_n^2$；(2)：定理3.5.1.】

把$(*_2)$、$(*_3)$、$(*_4)$代入$(*_1)$就有($D=31$)

$$P[S_n(R)>\varepsilon] \leqslant \frac{31}{\varepsilon} \max_{1\leqslant k\leqslant n} E|R_k| \triangleq \frac{D}{\varepsilon} \max_{1\leqslant k\leqslant n} E|R_k|.$$

证毕.

引理3.4.2 设 X 与 Y 是非负随机变量，对于每个 $\varepsilon>0$ 及固定的 $\beta>0$ 满足

$$P[X>\beta\varepsilon] \leqslant \frac{c}{\varepsilon} E[YI_{[X>\varepsilon]}] = \frac{c}{\varepsilon}\int_{[X>\varepsilon]} Y.$$

固定 $p>1$，则

$$EX^p \leqslant \left(\frac{c\cdot p\cdot\beta^p}{p-1}\right)^p EY^p. \qquad (3.4.14)$$

证 注意对任一非负 r.v. ξ 有

$$E\xi^p = E\int_0^\xi pu^{p-1}\mathrm{d}u = pE\int_0^\infty u^{p-1}I_{[\xi\geqslant u]}\mathrm{d}u$$

$$= p\int_0^\infty u^{p-1}P[\xi\geqslant u]\mathrm{d}u,$$

因而(用引理之条件，视 $x=\beta\varepsilon$)有

$$EX^p = p\int_0^\infty x^{p-1}P[X>x]\mathrm{d}x \leqslant p\int_0^\infty x^{p-1}\frac{c}{x/\beta}E[YI_{[X>\frac{x}{\beta}]}]\mathrm{d}x$$

$$= p\cdot c\cdot\beta\int_0^\infty x^{p-2}\left[\int_{[X>\frac{x}{\beta}]} Y(\omega)\mathrm{d}P(\omega)\right]\mathrm{d}x$$

$$= p \cdot c \cdot \beta \int_{\Omega} Y(\omega) \left[\int_0^{\beta X(\omega)} x^{p-2} \mathrm{d}x \right] \mathrm{d}P(\omega)$$

$$= p \cdot c \cdot \beta \int_{\Omega} Y(\omega) \frac{\beta^{p-1} X^{p-1}(\omega)}{p-1} \mathrm{d}P(\omega)$$

$$= \frac{c \cdot p \cdot \beta^p}{p-1} \cdot E[YX^{p-1}]$$

$$\overset{(1)}{\leqslant} \frac{c \cdot p \cdot \beta^p}{p-1} (EY^p)^{\frac{1}{p}} \cdot [EX^{(p-1)\cdot q}]^{\frac{1}{q}}$$

$$= \frac{c \cdot p \cdot \beta^p}{p-1} \|Y\|_p \cdot \|X\|_p^{p-1}.$$

【(1)用 Hölder 不等式，$\frac{1}{p}+\frac{1}{q}=1$.】整理即得

$$\|X\|_p \leqslant \frac{c \cdot p \cdot \beta^p}{p-1} \|Y\|_p,$$

亦即

$$EX^p \leqslant \left(\frac{c \cdot p \cdot \beta^p}{p-1} \right)^p \cdot EY^p.$$

证毕.

定理3.4.3 若 $f=\{f_n, \mathscr{F}_n, n\geqslant 1\}$ 是一个 L_1 鞅，$p\in(1,\infty)$. 则存在常数 A_p 与 B_p，满足

$$A_p \|S_n(f)\|_p \leqslant \|f_n\|_p \leqslant B_p \|S_n(f)\|_p, \qquad (3.4.15)$$

$$A_p \|S(f)\|_p \leqslant \|f\|_p \leqslant B_p \|S(f)\|_p. \qquad (3.4.16)$$

证 对于 $n\geqslant 1$，令

$$\left.\begin{aligned} U_k &\triangleq E[f_n^+ \mid \mathscr{F}_k], \\ V_k &\triangleq E[f_n^- \mid \mathscr{F}_k], \end{aligned}\right. \quad 1 \leqslant k \leqslant n,$$

则(定理2.2.7) $\{U_k, 1\leqslant k\leqslant n\}$ 与 $\{V_k, 1\leqslant k\leqslant n\}$ 皆为非负鞅，而

$$f_k = E[f_n \mid \mathscr{F}_k] = E(f_n^+ \mid \mathscr{F}_k) - E(f_n^- \mid \mathscr{F}_k) = U_k - V_k$$

对 $1\leqslant k\leqslant n$ 成立(因 f 为鞅).

由 Minkowski 不等式，有

$$S_n(f) = \left[\sum_{i=1}^n (f_i - f_{i-1})^2 \right]^{\frac{1}{2}} \leqslant S_n(U) + S_n(V). \qquad (*_1)$$

我们对 $(*_1)$ 两边分别加以分析. 首先我们证明：存在一个常

数 $c>0$，对于每个 $\varepsilon>0$满足下式：

$$P[\max(S_n(U),U_n^*)>2\varepsilon]=P[S_n(U)\vee U_n^*>2\varepsilon]$$
$$\leqslant\frac{c}{\varepsilon}E\{U_nI_{[S_n(U)\vee U_n^*>\varepsilon]}\}.\quad(*_2)$$

固定 $\varepsilon>0$，对$1\leqslant k\leqslant n$，令

$$W_k=U_kI_{[S_k(U)\vee U_k^*>\varepsilon]}.$$

固定 k，

$$[S_{k-1}(U)\vee U_{k-1}^*>\varepsilon]_1\subset[S_k(U)\vee U_k^*>\varepsilon]_2.$$

于是

$$\begin{aligned}E[W_k|\mathscr{F}_{k-1}]&=E\{U_kI_{[S_k(U)\vee U_k^*>\varepsilon]_2}|\mathscr{F}_{k-1}\}\\&\geqslant E\{U_kI_{[S_{k-1}(U)\vee U_{k-1}^*>\varepsilon]_1}|\mathscr{F}_{k-1}\}\\&=I_{[\cdots]_1}\cdot E\{U_k|\mathscr{F}_{k-1}\}=I_{[\cdots]_1}\cdot U_{k-1}\\&=W_{k-1},\ \text{a.s.}\end{aligned}$$

即 $\{W_k,1\leqslant k\leqslant n\}$为非负下鞅. 令

$$T=\begin{cases}\inf\{k:k\geqslant 1,S_k(U)>\varepsilon\};\\\infty,\text{当}\{\cdots\}=\varnothing\text{ 时}.\end{cases}$$

考虑事件

$$A_n=[S_n(U)>2\varepsilon,U_n^*\leqslant\varepsilon].$$

在 A_n 上有 $T\leqslant n$，并且有$\left(\text{记着约定}\sum_{n+1}^{n}(\cdot)=0\right)$

$$4\varepsilon^2<S_n^2(U)=S_{T-1}^2(U)+(U_T-U_{T-1})^2+\sum_{k=T+1}^{n}(U_k-U_{k-1})^2.$$

还有

$$\begin{aligned}|U_T-U_{T-1}|&=(U_T-U_{T-1})I_{[U_T-U_{T-1}\geqslant 0]}\\&\quad+(U_{T-1}-U_T)I_{[U_T-U_{T-1}<0]}\\&\leqslant U_TI_{[U_T-U_{T-1}\geqslant 0]}+U_{T-1}I_{[U_T-U_{T-1}<0]}\leqslant\varepsilon,\end{aligned}$$

这是因为 $U_{T-1}\leqslant U_n^*\leqslant\varepsilon$、$U_T\leqslant U_n^*\leqslant\varepsilon$. 因此在 A_n 上有

$$4\varepsilon^2<\varepsilon^2+\varepsilon^2+\sum_{k=T+1}^{n}(U_k-U_{k-1})^2,\text{即 }2\varepsilon^2<\sum_{k=T+1}^{n}(U_k-U_{k-1})^2.$$

由于 $S_n(U)$ 为 n 的增函数，依 T 的定义可知：在集合 A_n 上，由 $k>T$ 可以推得 $U_k=W_k, U_{k-1}=W_{k-1}$，因而 $U_k-U_{k-1}=W_k-W_{k-1}$. 故在 A_n 上有

$$\varepsilon^2 < 2\varepsilon^2 < \sum_{k=T+1}^{n}(U_k - U_{k-1})^2 = \sum_{k=T+1}^{n}(W_k - W_{k-1})^2$$
$$\leqslant \sum_{k=1}^{n}(W_k - W_{k-1})^2$$

（其中置 $W_0=0$），即 $S_n(W)>\varepsilon$. 又（依 W_k 的定义）对 $k\leqslant n$ 有 $W_k\leqslant U_k$，因此 $W_n^*\leqslant U_n^*$（此式于 Ω 上成立，特别在 A_n 上亦成立），合上述，知

$$A_n = [S_n(U) > 2\varepsilon, U_n^* \leqslant \varepsilon] \subset [S_n(W) > \varepsilon, W_n^* \leqslant \varepsilon] \triangleq B_n \ .$$

注意

$$\Gamma_n \triangleq [\max(S_n(U), U_n^*) > 2\varepsilon]_0 = \Gamma_n\Omega$$
$$= \Gamma_n([U_n^* > \varepsilon]_1 \cup [U_n^* \leqslant \varepsilon]_2) = \Gamma_n[\cdots]_1 \cup \Gamma_n[\cdots]_2$$
$$= [\cdots]_1 \cup \Gamma_n[\cdots]_2 = [\cdots]_1 \cup [S_n(U) > 2\varepsilon, U_n^* \leqslant \varepsilon]_3$$
$$= [\cdots]_1 \cup A_n,$$

故而

$$P(\Gamma_n) = P[\cdots]_0 \leqslant P[\cdots]_1 + P(A_n) \leqslant P[\cdots]_1 + P(B_n)$$
$$\leqslant P[\cdots]_1 + P[S_n(W) > \varepsilon]_4$$
$$\overset{(1)}{\leqslant} \frac{E[U_n I_{[U_n^* > \varepsilon]_1}]}{\varepsilon} + \frac{D}{\varepsilon}E(W_n)$$
$$= \frac{E[U_n I_{[U_n^* > \varepsilon]_1}]}{\varepsilon} + \frac{D}{\varepsilon}E[U_n I_{[S_n(U)\vee U_n^* > \varepsilon]_2}]$$
$$\overset{(2)}{\leqslant} \frac{1}{\varepsilon}E[U_n I_{[\cdots]_2}] + \frac{D}{\varepsilon}\cdot E[U_n I_{[\cdots]_2}]$$
$$= \frac{D+1}{\varepsilon}E[U_n I_{[S_n(U)\vee U_n^* > \varepsilon]_2}]$$
$$\triangleq \frac{c}{\varepsilon}E[U_n I_{[S_n(U)\vee U_n^* > \varepsilon]}].$$

【(1)是把(3.4.5)与(3.4.13)分别用于 $P[U_n^*>\varepsilon]_1$ 与 $P[S_n(W)>\varepsilon]_4$ 的结果；(2)因 $[\cdots]_1\subset[\cdots]_2$.】这就证明了$(*_2)$.

由$(*_2)$知可在引理3.4.2中置 $X=S_n(U)\vee U_n^*$, $Y=U_n$, $\beta=2$,遂得

$$E(S_n^p(U))\leqslant E([S_n(U)\vee U_n^*]^p)\leqslant\left(\frac{c\cdot p\cdot 2^p}{p-1}\right)^p\cdot EU_n^p$$

$$\leqslant\left(\frac{c\cdot p\cdot 2^p}{p-1}\right)^p\cdot E|f_n|^p$$

(末一$\leqslant$号因 $U_n=E[f_n^+|\mathscr{F}_n]=f_n^+\leqslant f_n^++f_n^-$). 于是有

$$E[S_n^p(U)]\leqslant\left(\frac{c\cdot p\cdot 2^p}{p-1}\right)^p\cdot E|f_n|^p. \qquad (*_3)$$

对$\{V_k,1\leqslant k\leqslant n\}$重复上面对$\{U_k,1\leqslant k\leqslant n\}$所做的推演,可得

$$E[S_n^p(V)]\leqslant\left(\frac{c\cdot p\cdot 2^p}{p-1}\right)^p\cdot E|f_n|^p. \qquad (*_4)$$

注意到$(*_1)$及 C_r-不等式,就可得到:

$$\begin{aligned}ES_n^p(f)&\leqslant E[S_n(U)+S_n(V)]^p\\&\leqslant 2^{p-1}[ES_n^p(U)+ES_n^p(V)]\\&\leqslant 2^p\cdot\left(\frac{c\cdot p\cdot 2^p}{p-1}\right)^p\cdot E|f_n|^p\\&\triangleq\frac{1}{(A_p)^p}\cdot E|f_n|^p.\end{aligned}$$

这就是(3.4.15)的左半部分.

由于这个不等式对每个 n 皆成立,又因 $E|f_n|^p$ 是 n 的增函数(因 f 为鞅,$p>1$,故 $|f|^p$ 为下鞅. 从而$\{E|f_n|^p,n\geqslant 1\}$是增序列),而$\|f_n\|_p\uparrow\|f\|_p$,还有 $S_n(f)\uparrow S(f)$,故令 $n\to\infty$,就可得(3.4.16)之左半部分.

为证(3.4.15)与(3.4.16)之右半部分,我们假定对每个 $n\geqslant 1$ 有 $ES_n^p(f)<\infty$ 及 $E|f_n|^p>0$(因为 $ES_n^p(f)=\infty$时(3.4.15)、(3.4.16)之右当然成立;当 $E|f_n|^p=0$时亦无须证明). 这时两式的右半部分,可自它们的左半部分用一个对偶性的论证得出.

固定 $n\geqslant 1$. 注意对于每个 $k=1,2,\cdots,n$ 皆有

$$\left[\sum_1^n(f_k-f_{k-1})^2\right]^{\frac{p}{2}}\geqslant|f_k-f_{k-1}|^p,$$

所以

$$E|f_k - f_{k-1}|^p \leqslant E[\sum_1^n (f_k - f_{k-1})^2]^{\frac{p}{2}} = ES_n^p(f) < \infty,$$

故而

$$\max_{1\leqslant k\leqslant n} E|f_k - f_{k-1}|^p < \infty.$$

又因

$$\begin{aligned} E|f_n|^p &= E|(f_n - f_{n-1}) + (f_{n-1} - f_{n-2}) + \cdots + (f_1 - f_0)|^p \\ &\leqslant E n^{p-1} \sum_{k=1}^n |f_k - f_{k-1}|^p = n^{p-1} \sum_{k=1}^n E|f_k - f_{k-1}|^p \\ &\leqslant n^p \cdot \max_{1\leqslant k\leqslant n} E|f_k - f_{k-1}|^p < \infty, \end{aligned}$$

故有

$$f_n \in L_p(\Omega, \mathscr{F}_n, P).$$

考虑空间 $L_p(\Omega,\mathscr{F}_n,P)$ 的对偶空间 $L_q(\Omega,\mathscr{F}_n,P)$，其中 $q=\dfrac{p}{p-1}$ 是 p 的相伴数($\dfrac{1}{p}+\dfrac{1}{q}=1$). 令

$$f'_n \triangleq \frac{\operatorname{sgn} f_n \cdot |f_n|^{p-1}}{(E|f_n|^p)^{\frac{p-1}{p}}}.$$

则因

$$\begin{aligned} E|f'_n|^q &= E\left\{\frac{|\operatorname{sgn} f_n| \cdot |f_n|^{p-1}}{(E|f_n|^p)^{\frac{p-1}{p}}}\right\}^q = \frac{E[|\operatorname{sgn} f_n|^{\frac{p}{p-1}} \cdot |f_n|^p]}{E|f_n|^p} \\ &= \frac{E1 \cdot |f_n|^p}{E|f_n|^p} = 1 < \infty, \end{aligned}$$

故有

$$f'_n \in L_q(\Omega, \mathscr{F}_n, P).$$

此外还有

$$\begin{aligned} Ef_n \cdot f'_n &= E[(\operatorname{sgn} f_n)|f_n| \cdot \frac{(\operatorname{sgn} f_n)|f_n|^{p-1}}{(E|f_n|^p)^{\frac{p-1}{p}}}] \\ &= \frac{E|f_n|^p}{(E|f_n|^p)^{\frac{p-1}{p}}} = (E|f_n|^p)^{\frac{1}{p}}. \end{aligned}$$

对固定的 n 及 $k=1,2,\cdots,n$ 令

$$f'_k \triangleq E[f'_n \mid \mathscr{F}_k].$$

以此(由定理2.2.7知)定义出鞅$\{f'_k:1\leqslant k\leqslant n\}$.

注意(取 $f'_0=0$ a.s.)

$$\begin{aligned}Ef_n\cdot f'_n &= E\left[\sum_{k=1}^{n}(f_k-f_{k-1})\cdot\sum_{j=1}^{n}(f'_j-f'_{j-1})\right]\\ &=\sum_{k=1}^{n}\sum_{j=1}^{n}E(f_k-f_{k-1})\cdot(f'_j-f'_{j-1})\\ &\overset{(1)}{=}E\sum_{k=1}^{n}(f_k-f_{k-1})\cdot(f'_k-f'_{k-1}).\end{aligned}$$

【此处(1)因为:比方 $k\neq j$ 而 $j<k$,利用鞅的性质就有 $E[(f_k-f_{k-1})(f'_j-f'_{j-1})]=E\{E([\cdots]\mid\mathscr{F}_j)\}$ $=E\{(f'_j-f'_{j-1})E((f_k-f_{k-1})\mid\mathscr{F}_j)\}=E\{(f'_j-f'_{j-1})\cdot(f_j-f_j)\}$ $=0$. 当 $k<j$ 时则用$\{f'_k,1\leqslant k\leqslant n\}$为鞅来证.】

由和的Hölder不等式(即$\sum_1^n a_ib_i\leqslant\sqrt{\sum_1^n a_i^2}\cdot\sqrt{\sum_1^n b_i^2}=S_n(a)\cdot S_n(b)$)可得

$$E\left[\sum_{k=1}^{n}(f_k-f_{k-1})\cdot(f'_k-f'_{k-1})\right]\leqslant E[S_n(f)\cdot S_n(f')].$$

因此

$$\begin{aligned}(E|f_n|^p)^{\frac{1}{p}} &= E(f_nf'_n)\leqslant E[S_n(f)\cdot S_n(f')]\\ &\overset{(1)}{\leqslant}E^{\frac{1}{p}}S_n^p(f)\cdot E^{\frac{1}{q}}S_n^q(f')\\ &\overset{(2)}{\leqslant}E^{\frac{1}{p}}S_n^p(f)\cdot\left[\left(2^q\cdot\frac{c\cdot q\cdot 2^q}{q-1}\right)\cdot E|f'_n|^q\right]^{\frac{1}{q}}\\ &=E^{\frac{1}{p}}S_n^p(f)\cdot\frac{1}{A_q}.\end{aligned}$$

【此处(1)是再用Hölder不等式,(2)是对$\{f'_k,1\leqslant k\leqslant n\}$应用(3.4.15)左半部分结果,以及$E|f'_n|^q=1$.】

于是置 $B_p\triangleq\frac{1}{A_q}$,则(3.4.15)之右半部分获证.又因其对任何 n 皆对,注意 $E|f_n|^p\uparrow\sup_{n\geqslant 1}E|f_n|^p(n\uparrow\infty$时)与 $S_n(f)\uparrow S(f)$,故对(3.4.15)之右一不等式两边各取 $n\to\infty$ 时之极限,即得(3.4.16)

之右一不等式.定理至此证毕.

为了窥见 Burkholder 不等式作用之一斑,考虑下述的上界估计问题,即对鞅$\{\sum_1^n X_i, n\geqslant 1\}$及$p>2$,求 $E|\sum_1^n X_i|^p$ 的一个上界估计式.

用 Burkholder 不等式可得

$$E|\sum_{i=1}^n X_i|^p \leqslant C_p \cdot E|\sum_{i=1}^n X_i^2|^{\frac{p}{2}}. \qquad (*_1)$$

再对和 $\sum_{i=1}^n X_i^2 = \sum_{i=1}^n X_i^2 \cdot 1$ 用 Hölder 不等式可得

$$\begin{aligned}\sum_{i=1}^n X_i^2 &\leqslant \|X^2\|_{\frac{p}{2}} \cdot \|1\|_{\frac{p}{p-2}} = \Big(\sum_1^n X_i^{2\cdot\frac{p}{2}}\Big)^{\frac{2}{p}} \cdot \Big(\sum_1^n 1^{\frac{p}{p-2}}\Big)^{\frac{p-2}{p}} \\ &= \Big(\sum_1^n |X_i|^p\Big)^{\frac{2}{p}} \cdot n^{1-\frac{2}{p}}.\end{aligned}$$

代入$(*_1)$中就有

$$E|\sum_{i=1}^n X_i|^p \leqslant C_p \cdot n^{\frac{p}{2}-1} \cdot E\Big(\sum_1^n |X_i|^p\Big). \qquad (*_2)$$

而迳对 $\sum_1^n X_i = \sum_1^n 1 \cdot X_i$ 用 Hölder 不等式时有

$$\begin{aligned}\sum_1^n X_i \cdot 1 &\leqslant \|X\|_p \cdot \|1\|_q = \Big(\sum_1^n |X_i|^p\Big)^{\frac{1}{p}} \cdot \Big(\sum_1^n 1^q\Big)^{\frac{1}{q}} \\ &= n^{\frac{1}{q}}\Big(\sum_1^n |X_i|^p\Big)^{\frac{1}{p}},\end{aligned}$$

此处$\frac{1}{p}+\frac{1}{q}=1$.因此

$$E|\sum_1^n X_i|^p \leqslant n^{\frac{p}{q}} E\Big(\sum_1^n |X_i|^p\Big) = n^{p-1} E\Big(\sum_1^n |X_i|^p\Big). \qquad (*_3)$$

比较$(*_2)$与$(*_3)$,由于C_p仅依赖于p,对大的n有$C_p \leqslant n^{\frac{p}{2}}$,故$(*_2)$中上界来得精确.(注意若用$C_r$-不等式$|\sum_1^n X_i|^p \leqslant n^{p-1}\sum_1^n |X_i|^p$,求期望后结果与$(*_3)$一样.)

作为理论上的一个应用例子可见定理 3.7.2.

3.4.3 Davis 不等式

下面证明独立场合的 M-Z 不等式(3.4.12)当 $p=1$时对鞅情形亦成立(即 Davis 定理). 首先我们证明两个引理.

引理3.4.3 设 $f=\{f_n \triangleq \sum_1^n d_j, n\geqslant 1\}$是 L_1鞅，满足 $|d_j|\leqslant V_j$，而$\{V_n,\mathscr{F}_{n-1},n\geqslant 1\}$为一随机序列，如果 $\lambda>0$，又$0<\delta<\beta-1$，则

$$P\{f^* > \beta\lambda, S(f) \vee V^* \leqslant \delta\lambda\} \leqslant \frac{2\delta^2}{(\beta-\delta-1)^2}P\{f^* > \lambda\}, \tag{3.4.17}$$

$$P\{S(f) > \beta\lambda, f^* \vee V^* \leqslant \delta\lambda\} \leqslant \frac{9\delta^2}{\beta^2-\delta^2-1}P\{S(f) > \lambda\}. \tag{3.4.18}$$

证 对这两个不等式我们将用同样的证法:先定义三个停时，通过它们由鞅 f 定义一个鞅 h;继而求$\|h\|_2^2=\sup Eh_n^2$ 的上界估计，并证明$\{f^*>\beta\lambda,S(f)\vee V^*\leqslant\delta\lambda\}_1\subset\{h^*>(\beta-\delta-1)\lambda\}_2$,最后用概率的单调性(并结合鞅的性质及 Kolmogorov 不等式)来证.

置 $S_0(f)=0$. 定义

$$\mu = \inf\{n \geqslant 1: |f_n| > \lambda\},$$
$$\nu = \inf\{n \geqslant 1: |f_n| > \beta\lambda\},$$
$$\sigma = \inf\{n \geqslant 0: S_n(f) \vee V_{n+1} > \delta\lambda\}.$$

并约定$=\inf\varnothing=\infty$. 则 μ、ν、σ(及 $\nu\wedge\sigma$)都是$\{\mathscr{F}_n\}$-时间. 且因 $\beta-1>\delta>0$,故 $\mu\leqslant\nu$. 令

$$h_n = \sum_{j=1}^n d_j I_{[\mu<j\leqslant\nu\wedge\sigma]},\ n\geqslant 1,$$

则

$$h_n = \sum_{j=1}^n d_j I_{[j\leqslant\nu\wedge\sigma]} - \sum_{j=1}^n d_j I_{[j\leqslant\mu]} = f_{n\wedge(\nu\wedge\sigma)} - f_{n\wedge\mu}.$$

由命题3.2.1,3.1.9,3.1.6分别可知 $\nu\wedge\sigma$、$n\wedge\mu$、$n\wedge(\nu\wedge\sigma)$皆为停

时，$\{f_{n\wedge\mu},n\geqslant 1\}$与$\{f_{n\wedge(\nu\wedge\sigma)},n\geqslant 1\}$皆为鞅，及$\{h_n,n\geqslant 1\}$为$L_1$鞅. 注意集$\{f^*\leqslant\lambda\}=\{\mu=\infty\}$，在其上有$S(h)=[\sum\limits_1^\infty d_j^2 I_{[\mu<j\leqslant\nu\wedge\sigma]}]^{\frac{1}{2}}=0$. 又因

$$\begin{aligned}S^2(h) &= \sum_{j=1}^\infty d_j^2 I_{[\mu<j\leqslant\nu\wedge\sigma]}\leqslant\sum_{j=1}^\infty d_j^2 I_{[j\leqslant\nu\wedge\sigma]}=S_{\nu\wedge\sigma}^2(f)\leqslant S_\sigma^2(f)\\ &= S_\sigma^2(f)I_{[\sigma<\infty]}+S_\sigma^2(f)I_{[\sigma=\infty]}\\ &= (S_{\sigma-1}^2(f)+d_\sigma^2)I_{[\sigma<\infty]}+S_\sigma^2(f)I_{[\sigma=\infty]}\overset{(1)}{\leqslant}2\delta^2\lambda^2.\end{aligned}$$

【(1)因：由σ的定义知在$\sigma<\infty$时有$S_{\sigma-1}^2(f)\leqslant\delta^2\lambda^2$，并由假设知$|d_\sigma|\leqslant V_\sigma\leqslant\delta^2\lambda^2$；而$\sigma=\infty$时有$S_\infty^2(f)\leqslant\delta^2\lambda^2\leqslant 2\delta^2\lambda^2$.】因此

$$\begin{aligned}\|h\|_2^2 &= \sup_{n\geqslant 1}Eh_n^2=\sup_{n\geqslant 1}E|\sum_{j=1}^n d_j I_{[\mu<j\leqslant\nu\wedge\sigma]}|^2\\ &\overset{(1)}{=}\sup_{n\geqslant 1}\sum_{j=1}^n E[d_j^2 I_{[\mu<j\leqslant\nu\wedge\sigma]}]\leqslant E\sum_{j=1}^\infty d_j^2 I_{[\mu<j\leqslant\nu\wedge\sigma]}\\ &= ES^2(h)=E[S^2(h)I_{[f^*\leqslant\lambda]}+S^2(h)I_{[f^*>\lambda]}]\\ &\overset{(2)}{=}E(S^2(h)I_{[f^*>\lambda]})=\int_{[f^*>\lambda]}S^2(h)\\ &\leqslant\int_{[f^*>\lambda]}2\delta^2\lambda^2=2\delta^2\lambda^2 P[f^*>\lambda] \qquad (*)\end{aligned}$$

【(1)因$\{d_j I_{[\mu<j\leqslant\nu\wedge\sigma]}\}$构成平方可积的鞅差列，故其为正交列：当$j\neq k$时$E[d_j I_{[\mu<j\leqslant\nu\wedge\sigma]}\cdot d_k I_{[\mu<k\leqslant\nu\wedge\sigma]}]=0$；(2)因在$[f^*\leqslant\lambda]$上$S(h)=0$.】

由ν及σ的定义知

$$\{f^*>\beta\lambda,S(f)\vee V^*\leqslant\delta\lambda\}_1=\{\nu<\infty,\sigma=\infty\}_2.$$

而当$\omega\in\{\cdots\}_1=\{\cdots\}_2$时，有$h_n(\omega)=\sum\limits_{j=1}^n d_j(\omega)I_{[\mu<j\leqslant\nu]}=f_{n\wedge\nu(\omega)}(\omega)-f_{n\wedge\mu(\omega)}(\omega)$. 于是对所有的$n\geqslant 1$及$\omega\in\{\cdots\}_1$有

$$|h_n(\omega)|=|f_{n\wedge\nu}-f_{n\wedge\mu}|\geqslant|f_{n\wedge\nu}|-|f_{n\wedge\mu}|.$$

注意

$$|f_{n\wedge\nu}|=|f_{n\wedge\nu}|I_\Omega\geqslant|f_{n\wedge\nu}|I_{\bigcup\limits_{k=1}^n[\nu=k]}=\sum_{k=1}^n|f_k|I_{[\nu=k]}$$

$$\geqslant \sum_{k=1}^{n}\beta\lambda\cdot I_{[\nu=k]}=\beta\lambda I_{[\nu\leqslant n]},$$

$$\begin{aligned}|f_{n\wedge\mu}|&=|f_{n\wedge\mu}|I_{[\mu\leqslant n]}+|f_{n\wedge\mu}|I_{[\mu>n]}\\&=|f_{\mu}|I_{[\mu\leqslant n]}+|f_{n}|I_{[\mu>n]}\\&=|f_{\mu-1}+\mathrm{d}_{\mu}|\cdot I_{[\mu\leqslant n]}+|f_{n}|I_{[\mu>n]}\\&\leqslant(|f_{\mu-1}|+V_{\mu})\cdot I_{[\mu\leqslant n]}+|f_{n}|I_{[\mu>n]}\\&\leqslant\begin{cases}\lambda+V^{*},\text{当 }\omega\in[\mu\leqslant n]\\\lambda,\text{当 }\omega\in[\mu>n]\end{cases}\\&\leqslant\lambda+V^{*}\leqslant\lambda+\delta\lambda=(1+\delta)\lambda\ \text{a.s.}\end{aligned}$$

从而当 $\omega\in\{\cdots\}_1$时

$$\begin{aligned}\sup_{n\geqslant1}|h_n(\omega)|&\geqslant\sup_{n\geqslant1}(|f_{n\wedge\nu}|-|f_{n\wedge\mu}|)\\&\geqslant\sup_{n\geqslant1}[\beta\lambda I_{[\nu\leqslant n]}-(1+\delta)\lambda]\\&=\beta\lambda\sup_{n\geqslant1}I_{[\nu\leqslant n]}-(1+\delta)\lambda\\&\overset{(1)}{=}\beta\lambda-(1+\delta)\lambda\\&=(\beta-\delta-1)\lambda\ \text{a.s.}\end{aligned}$$

【(1):在$\{\cdots\}_1$上 $\nu<\infty$.】

于是知

$$\{\cdots\}_1\subset\{\sup_{n\geqslant1}|h_n(\omega)|\geqslant(\beta-\delta-1)\lambda\}_3.$$

从而

$$\begin{aligned}P\{\cdots\}_1\leqslant P\{\cdots\}_3&=P\{\sup_{n\geqslant1}h_n^2(\omega)\geqslant(\beta-\delta-1)^2\lambda^2\}\\&=P\{\lim_{n\to\infty}\max_{1\leqslant k\leqslant n}h_k^2(\omega)\geqslant(\beta-\delta-1)^2\lambda^2\}\\&\overset{(1)}{=}\lim_{n\to\infty}P[\max_{1\leqslant k\leqslant n}h_k^2(\omega)\geqslant(\beta-\delta-1)^2\lambda^2]_n\\&\overset{(2)}{\leqslant}\lim_{n\to\infty}\frac{Eh_n^2}{(\beta-\delta-1)^2\lambda^2}=\frac{\sup_{n\geqslant1}Eh_n^2}{(\beta-\delta-1)^2\lambda^2}\\&\overset{(3)}{\leqslant}2\delta^2\lambda^2\cdot P[f^*>\lambda]\cdot\frac{1}{(\beta-\delta-1)^2\lambda^2}\\&=\frac{2\delta^2}{(\beta-\delta-1)^2}P[f^*>\lambda].\end{aligned}$$

【其中(1)用到$[\max_{1\leqslant k\leqslant n}h_k^2(\omega)\geqslant(\beta-\delta-1)^2\lambda^2]_n\subset[\cdots]_{n+1}$与 P 连续;

(2)用 Doob 不等式(3.4.5);(3)用(*)处结果.】至此(3.4.17)获证.

为证(3.4.18),在前面 μ,ν,σ 的定义中把 $S_n(f)$ 与 f_n 位置交换,而作类似定义(仍约定 $\inf\varnothing=\infty$):

$$\mu' = \inf\{n \geqslant 1: S_n(f) > \lambda\},$$
$$\nu' = \inf\{n \geqslant 1: S_n(f) > \beta\lambda\},$$
$$\sigma' = \inf\{n \geqslant 0: f_n^* \vee V_{n+1} > \delta\lambda\}.$$

易见 μ'、ν'、σ' 也皆是 $\{\mathscr{F}_n\}$-时间,且由 $\beta-1>\delta>0$ 知

$$\mu' \leqslant \nu'.$$

令

$$g_n \triangleq \sum_1^n d_j I_{[\mu'<j\leqslant \nu'\wedge\sigma']},$$

则

$$g_n = \sum_1^n d_j I_{[j\leqslant \nu'\wedge\sigma']} - \sum_1^n d_j I_{[j\leqslant\mu']} = f_{n\wedge(\nu'\wedge\sigma')} - f_{n\wedge\mu'}$$

也是一个 L_1 鞅.

在集 $\{\mu'\geqslant\sigma'\}$ 上,g_n 的表达式内各项皆为零,故关于 n 有 $g_n\equiv 0$,从而 $g^*=0$. 即

$$g^* I_{[\mu'\geqslant\sigma']} = 0. \qquad (*_1)$$

又因为对每个 n

$$\begin{aligned}
|g_n| I_{[\mu'<\sigma'<\infty]} &= (|f_{n\wedge(\nu'\wedge\sigma')} - f_{n\wedge\mu'}|)\cdot I_{[\mu'<\sigma'<\infty]}\\
&\leqslant (|f_{n\wedge(\nu'\wedge\sigma')}| + |f_{n\wedge\mu'}|)\cdot I_{[\mu'<\sigma'<\infty]}\\
&\leqslant (\max_{1\leqslant k\leqslant\sigma'}|f_k| + \max_{1\leqslant k\leqslant\mu'}|f_k|) I_{[\mu'<\sigma'<\infty]}\\
&= (f_{\sigma'}^* + f_{\mu'}^*) I_{[\mu'<\sigma'<\infty]}\\
&\leqslant (f_{\sigma'}^* + f_{\sigma'-1}^*) I_{[\mu'<\sigma'<\infty]}\\
&\leqslant (f_{\sigma'-1}^* + |d_{\sigma'}| + f_{\sigma'-1}^*) I_{[\mu'<\sigma'<\infty]}\\
&= (2f_{\sigma'-1}^* + |d_{\sigma'}|) I_{[\mu'<\sigma'<\infty]}\\
&\leqslant 3\delta\lambda\cdot I_{[\mu'<\sigma'<\infty]}
\end{aligned}$$

成立,故有

$$\sup_{n\geqslant 1}|g_n| I_{[\mu'<\sigma'<\infty]} \leqslant 3\delta\lambda I_{[\mu'<\sigma'<\infty]}. \qquad (*_2)$$

类似地有

$$|g_n|I_{[\mu'<\sigma'=\infty]} \leqslant (f_{\sigma'}^* + f_{\mu'}^*)I_{[\mu'<\sigma'=\infty]}$$
$$\leqslant 2f_{\sigma'}^* I_{[\mu'<\sigma'=\infty]} = 2\delta\lambda I_{[\mu'<\sigma'=\infty]}.$$

因而

$$\sup_{n\geqslant 1}|g_n|I_{[\mu'<\sigma'=\infty]} \leqslant 2\delta\lambda I_{[\mu'<\sigma'=\infty]} < 3\delta\lambda I_{[\mu'<\sigma'=\infty]}. \qquad (*_3)$$

合$(*_2)$与$(*_3)$即

$$\sup_{n\geqslant 1}(|g_n|I_{[\mu'<\sigma']}) \leqslant 3\delta\lambda I_{[\mu'<\sigma']}.$$

再结合$(*_1)$就有

$$g^* = \sup_{n\geqslant 1}|g_n| = \sup_{n\geqslant 1}[|g_n|I_{[\mu'\geqslant\sigma']} + |g_n|I_{[\mu'<\sigma']}]$$
$$= \sup_{n\geqslant 1}|g_n|I_{[\mu'\geqslant\sigma']} + \sup_{n\geqslant 1}|g_n|I_{[\mu'<\sigma']}$$
$$\leqslant 0 + 3\delta\lambda I_{[\mu'<\sigma']}.$$

这样便得到

$$Eg^{*2} = \sup_{n\geqslant 1}Eg_n^2 \leqslant 9\delta^2\lambda^2 P[\mu'<\sigma'] \leqslant 9\delta^2\lambda^2 P[\mu'<\infty]$$
$$= 9\delta^2\lambda^2 P[S(f)>\lambda]. \qquad (*_4)$$

注意在集合$\{S(f)>\beta\lambda, f^*\vee V^*\leqslant\delta\lambda\}_1=\{\nu'<\infty,\sigma'=\infty\}_2$上有

$$\sum_{k=1}^{\infty} d_k^2 I_{[\mu'<k\leqslant\nu'\wedge\sigma']} = \sum_{k=1}^{\infty} d_k^2 I_{[\mu'<k\leqslant\nu']} = \lim_{n\to\infty}\sum_{k=1}^{n} d_k^2 I_{[\mu'<k\leqslant\nu']}$$
$$= \lim_{n\to\infty}\Big[\sum_{k=1}^{n} d_k^2 I_{[k\leqslant\nu']} - \sum_{k=1}^{n} d_k^2\cdot I_{[k\leqslant\mu']}\Big]$$
$$= \lim_{n\to\infty}[S_{n\wedge\nu'}^2(f) - S_{n\wedge\mu'}^2(f)]$$
$$= \lim_{n\to\infty}\{S_{n\wedge\nu'}^2(f) - [S_n^2(f)I_{[\mu'>n]} + (S_{\mu'-1}^2(f) + d_{\mu'}^2)I_{[\mu'\leqslant n]}]\}$$
$$\geqslant \varliminf_{n\to\infty}\{S_{n\wedge\nu'}^2(f) - [S_n^2(f)I_{[\mu'>n]} + (S_{\mu'-1}^2(f) + V_{\mu'}^2)I_{[\mu'\leqslant n]}]\}$$
$$\overset{(1)}{\geqslant} \varliminf_{n\to\infty}\{S_{n\wedge\nu'}^2(f) - (1+\delta^2)\lambda^2\} = \varliminf_{n\to\infty}S_{n\wedge\nu'}^2(f) - (1+\delta^2)\lambda^2$$
$$= S_{\nu'}^2(f) - (1+\delta^2)\lambda^2 > \beta^2\lambda^2 - (1+\delta^2)\lambda^2$$
$$= (\beta^2 - \delta^2 - 1)\lambda^2.$$

【其中(1)因在$[\mu'>n]$上有$S_n^2(f)<\lambda^2<(1+\delta^2)\lambda^2$；而在$[\mu'\leqslant n]$上有$S_{\mu'-1}^2(f)<\lambda^2$，并注意我们的考虑前提是在集$\{\nu'<\infty,\sigma'=\infty\}_2$上，故又有$V_{\mu'}^2<(\delta\lambda)^2$；而$[\mu'>n]$与$[\mu'\leqslant n]$互斥.】故而

$$\{\cdots\}_1 \subset \{\sum_{k=1}^{\infty} d_k^2 I_{[\mu' < k \leqslant \nu' \wedge \sigma']} > (\beta^2 - \delta^2 - 1)\lambda^2\}_3$$

应用 Chebyshev 不等式及($*_4$)便得

$$P\{S(f) > \beta\lambda, f^* \vee V^* \leqslant \delta\lambda\}_1 \leqslant P\{\cdots\}_3$$

$$\leqslant \frac{E[\sum_{k=1}^{\infty} d_k^2 I_{[\mu' < k \leqslant \nu' \wedge \sigma']}]}{(\beta^2 - \delta^2 - 1)\lambda^2}$$

$$\overset{(1)}{=} \lim_{n\to\infty} \frac{E|\sum_{k=1}^{n} d_k I_{[\mu' < k \leqslant \nu' \wedge \sigma']}|^2}{(\beta^2 - \delta^2 - 1)} = \frac{\sup_n E|g_n|^2}{(\beta^2 - \delta^2 - 1)\lambda^2}$$

$$\leqslant \frac{9\delta^2\lambda^2}{(\beta^2 - \delta^2 - 1)} \cdot P[S(f) > \lambda].$$

【其中(1)处用到单调收敛定理及鞅差列为正交列.】于是(3.4.18)获证. 至此引理证毕.

引理3.4.4 如果 $f = \{f_n = \sum_1^n d_i, n \geqslant 1\}$ 是 L_1 鞅,又

$$g_n = \sum_{j=1}^{n} a_j,\ a_j = (d_j I_{[|d_j| \leqslant 2d_{j-1}^*]})_1 - E[(\cdots)_1 | \mathscr{F}_{j-1}],$$

$$h_n = \sum_1^n b_j,\ b_j = (d_j I_{[|d_j| > 2d_{j-1}^*]})_2 - E[(\cdots)_2 | \mathscr{F}_{j-1}],$$

则

$g = \{g_n, n \geqslant 1\}$,
$h = \{h_n, n \geqslant 1\}$, 皆是 L_1 鞅,而 $f_n = g_n + h_n$ 且

$$|a_n| \leqslant 4d_{n-1}^*, \tag{3.4.19}$$

$$\sum_{n=1}^{\infty} |d_n I_{[|d_n| > 2d_{n-1}^*]}| \leqslant 2d^*, \tag{3.4.20}$$

$$\sum_{n=1}^{\infty} E|b_n| \leqslant 4Ed^*. \tag{3.4.21}$$

证 显然

$$E[a_j | \mathscr{F}_{j-1}] = 0, \quad E[b_j | \mathscr{F}_{j-1}] = 0,$$

故以 a_j、b_j 作成的 $g_n = \sum_1^n a_j$、$h_n = \sum_1^n b_j$ 皆为鞅. 又因 $f_n = \sum_1^n d_j$ 为 L_1 鞅,故 g_n、h_n 亦同样. 又因 $d_j = a_j + b_j$,故而 $f_n = g_n + h_n, n \geqslant 1$.

再者

$$|a_j| \leqslant |d_j| I_{[|d_j| \leqslant 2d_{j-1}^*]} + E\{|d_j| I_{[|d_j| \leqslant 2d_{j-1}^*]} | \mathscr{F}_{j-1}\} \leqslant 4d_{j-1}^*,$$

此即(3.4.19).

再在集$[|d_j| > 2d_{j-1}^*]$上有

$$|d_j| + 2d_{j-1}^* < 2|d_j| \leqslant 2d_j^*,$$

所以

$$|d_j| < 2(d_j^* - d_{j-1}^*).$$

由此可知

$$\sum_1^\infty |d_j I_{[|d_j| > 2d_{j-1}^*]}| \leqslant 2\sum_1^\infty (d_j^* - d_{j-1}^*) = 2\lim_{n\to\infty}\sum_1^n (d_j^* - d_{j-1}^*)$$
$$= 2\lim_{n\to\infty} d_n^* = 2d^*,$$

此即(3.4.20).由此又有

$$\sum_1^\infty E|b_j| \leqslant \sum_1^\infty E|d_j I_{[|d_j| > 2d_{j-1}^*]}|$$
$$+ \sum_1^\infty E|E\{d_j I_{[|d_j| > 2d_{j-1}^*]} | \mathscr{F}_{j-1}\}|$$
$$\leqslant 2Ed^* + \sum_1^\infty E\{|d_j| I_{[|d_j| > 2d_{j-1}^*]}\} \leqslant 4Ed^*,$$

这是(3.4.21).引理证毕.

定理3.4.4(Davis) 如果$f = \{f_n, \mathscr{F}_n, n \geqslant 1\}$是$L_1$鞅,则存在常数$0 < A < B < \infty$,使得

$$AES(f) \leqslant Ef^* \leqslant BES(f). \tag{3.4.22}$$

证 像在引理3.4.4中那样,把f_n写成

$$f_n = g_n + h_n.$$

由此可得

$$|f_n| \leqslant |g_n| + |h_n|.$$

进而

$$f^* \leqslant g^* + h^*.$$

又

$$S(f) = \sqrt{\sum_{n=1}^{\infty}(f_n - f_{n-1})^2} = \lim_{n\to\infty}\sqrt{\sum_{1}^{n}(f_i - f_{i-1})^2}$$

$$= \lim_{n\to\infty}\sqrt{\sum_{1}^{n}[(g_n - g_{n-1}) + (h_n - h_{n-1})]^2}$$

$$\overset{(1)}{\leqslant} \lim_{n\to\infty}\left[\sqrt{\sum_{1}^{n}(g_j - g_{j-1})^2} + \sqrt{\sum_{1}^{n}(h_j - h_{j-1})^2}\right]$$

$$= \lim_{n\to\infty}[S_n(g) + S_n(h)] = S(g) + S(h).$$

【(1):用 Minkovski 不等式.】

对上述两个不等式求期望,并用引理3.4.4之结果就得

$$Ef^* \leqslant Eg^* + Eh^* \leqslant Eg^* + \sum_{1}^{\infty}E|b_j| \leqslant Eg^* + 4Ed^*, \tag{$*_1$}$$

$$ES(f) \leqslant ES(g) + ES(h) \overset{(1)}{\leqslant} ES(g) + E\sum_{1}^{\infty}|b_j|$$

$$= ES(g) + \sum_{1}^{\infty}E|b_j| \leqslant ES(g) + 4Ed^*. \tag{$*_2$}$$

【其中(1)用到 Jensen 不等式.】

既然 $g_n = \sum_{1}^{n}a_j$ 是鞅,满足 $|a_j| \leqslant 4d_{j-1}^*$,$d_{j-1}^*$ 为 $\mathscr{F}_{j-1}$-可测.对它用引理3.4.3就得到:对任意 $\lambda>0$ 及 $0<\delta<\beta-1$ 有

$$P\{g^* > \beta\lambda, S(g) \vee 4d^* \leqslant \delta\lambda\} \leqslant \frac{2\delta^2}{(\beta-\delta-1)^2}\cdot P\{g^* > \lambda\},$$

$$P\{S(g) > \beta\lambda,\ g^* \vee 4d^* \leqslant \delta\lambda\} \leqslant \frac{9\delta^2}{\beta^2-\delta^2-1}\cdot P\{S(g) > \lambda\}.$$

记

$$A = [g^* > \beta\lambda], B = [S(g) \vee 4d^* \leqslant \delta\lambda],$$

则

$$B^c = [S(g) \vee 4d^* > \delta\lambda] \subset [S(g) > \delta\lambda] \cup [4d^* > \delta\lambda]$$
$$\triangleq C \cup D.$$

于是有

$$
\begin{aligned}
P\{g^* > \beta\lambda\} &= P(A) = P(AB) + P(AB^c) \\
&\leqslant P(AB) + P(B^c) \\
&\leqslant P(AB) + P(C \cup D) \\
&\leqslant P(AB) + P(C) + P(D) \\
&\leqslant \frac{2\delta^2}{(\beta-\delta-1)^2} \cdot P\{g^* > \lambda\} \\
&\quad + P[S(g) > \delta\lambda] + P[4d^* > \delta\lambda].
\end{aligned}
$$

同理有

$$
\begin{aligned}
P\{S(g) > \beta\lambda\} &\leqslant \frac{9\delta^2}{\beta^2-\delta^2-1} P\{S(g) > \lambda\} \\
&\quad + P[g^* > \delta\lambda] + P[4d^* > \delta\lambda].
\end{aligned}
$$

对上面这两个不等式两边分别关于 λ 从零积分到∞，注意到 $E\xi = \int_0^\infty P[\xi > \lambda] \mathrm{d}\lambda$（其中 $\xi \geqslant 0$），可得

$$
\frac{Eg^*}{\beta} \leqslant \frac{2\delta^2}{(\beta-\delta-1)^2} Eg^* + \frac{ES(g)}{\delta} + \frac{4Ed^*}{\delta}, \qquad (*_3)
$$

$$
\frac{ES(g)}{\beta} \leqslant \frac{9\delta^2}{\beta^2-\delta^2-1} \cdot ES(g) + \frac{Eg^*}{\delta} + \frac{4Ed^*}{\delta}. \qquad (*_4)
$$

由引理3.4.4可知（因为 $g_n = f_n - h_n$）

$$
\begin{aligned}
g^* &\leqslant f^* + h^* \leqslant f^* + \sup_{n\geqslant 1} \left| \sum_1^n b_j \right| \\
&\leqslant f^* + \sup_{n\geqslant 1} \sum_1^n |b_j| \\
&\leqslant f^* + \sum_1^\infty |b_j|,
\end{aligned}
$$

故有

$$
Eg^* \leqslant Ef^* + Eh^* \leqslant Ef^* + \sum_1^\infty E|b_j| \leqslant Ef^* + 4Ed^*. \qquad (*_5)
$$

类似地有

$$
S(g) \leqslant S(f) + S(h) \leqslant S(f) + \sum_1^\infty |b_j|,
$$

因而

$$ES(g) \leqslant ES(f) + \sum_{1}^{\infty} E|b_j| = ES(f) + 4Ed^{*}. \qquad (*_6)$$

注意

$$d^{*} = \sup_{n\geqslant 1}|d_n| \leqslant \sqrt{\sum_{1}^{\infty} d_j^2} = S(f),$$

所以

$$Ed^{*} \leqslant ES(f). \qquad (*_7)$$

又

$$\begin{aligned} d^{*} &= \sup_{n\geqslant 1}|d_n| = \sup_{n\geqslant 1}|f_n - f_{n-1}| \\ &\leqslant \sup_{n\geqslant 1}(|f_n| + |f_{n-1}|) = 2\sup_{n\geqslant 1}|f_n| = 2f^{*}, \end{aligned}$$

所以

$$Ed^{*} \leqslant 2Ef^{*}. \qquad (*_8)$$

由($*_3$)、($*_6$)、($*_7$)(记 $r \triangleq \frac{1}{\beta} - \frac{2\delta^2}{(\beta-\delta-1)^2} > 0$,对充分小的 $\delta>0$ 如此)可得

$$\begin{aligned} rEg^{*} &\leqslant \frac{ES(f) + 4Ed^{*}}{\delta} + \frac{4Ed^{*}}{\delta} = \frac{ES(f)}{\delta} + \frac{8Ed^{*}}{\delta} \\ &\leqslant \frac{9ES(f)}{\delta}, \end{aligned}$$

即

$$Eg^{*} \leqslant \frac{9ES(f)}{r\delta}. \qquad (*_9)$$

由($*_4$)、($*_5$)、($*_8$)得(记 $r' \triangleq \frac{1}{\beta} - \frac{9\delta^2}{\beta^2-\delta^2-1} > 0$,对充分小的 $\delta>0$ 如此)

$$\begin{aligned} r' \cdot ES(g) &\leqslant \frac{Ef^{*} + 4Ed^{*}}{\delta} + \frac{4Ed^{*}}{\delta} \\ &= \frac{Ef^{*}}{\delta} + \frac{8Ed^{*}}{\delta} \leqslant \frac{17Ef^{*}}{\delta}. \end{aligned}$$

即

$$ES(g) \leqslant \frac{17Ef^*}{r'\delta}. \tag{$*_{10}$}$$

于是由$(*_1)$、$(*_9)$、$(*_7)$可得

$$\begin{aligned} Ef^* &\leqslant \frac{9ES(f)}{r\delta} + 4Ed^* \leqslant \frac{9ES(f)}{r\delta} + 4ES(f) \\ &= \frac{(9 + 4r\delta)}{r\delta} \cdot ES(f) \triangleq B \cdot ES(f). \end{aligned}$$

于是(3.4.22)的右方获证.

又由$(*_2)$、$(*_{10})$、$(*_8)$可得

$$\begin{aligned} ES(f) &\leqslant \frac{17Ef^*}{r'\delta} + 4Ed^* \leqslant \frac{17Ef^*}{r'\delta} + 8Ef^* \\ &= \frac{17 + 8r'\delta}{r'\delta} \cdot Ef^* \\ &\triangleq A^{-1} \cdot Ef^*. \end{aligned}$$

这样(3.4.22)的左方获证.定理至此证毕.

推论3.4.4 设$\{f_k = \sum_{j=1}^{k} d_j : 1 \leqslant k \leqslant n\}$是$L_1$鞅,则有常数$0 < A \leqslant B < \infty$可使

$$AES_n(f) \leqslant Ef_n^* \leqslant BES_n(f). \tag{3.4.23}$$

证 对每个$k \geqslant 1$,令

$$\bar{f}_k = \begin{cases} f_k, k = 1, 2, \cdots, n; \\ f_n, k \geqslant n. \end{cases}$$

$$\tilde{\mathscr{F}}_k = \begin{cases} \mathscr{F}_k, k = 1, 2, \cdots, n; \\ \mathscr{F}_n, k \geqslant n. \end{cases}$$

把 Davis 定理用于鞅$\{\bar{f}_k, \tilde{\mathscr{F}}_k, k \geqslant 1\}$上即可.证毕.

现在要证(3.4.12)就太容易了:只要把 Burkholder 与 Davis 不等式用于独立且均值皆为零的随机变量列$\{X_n, n \geqslant 1\}$(其为鞅差列!)上即可.

§ 3.5 Gundy、周的鞅分解及鞅变换的收敛性

3.5.1 Gundy 的鞅分解定理

我们先讨论 Gundy 的鞅分解定理，它是建立后面的收敛结论的一个基本工具.

定理3.5.1 设 $\{f_n = \sum_{j=1}^{n} d_j, \mathscr{F}_n, n \geqslant 1\}$ 是 L_2 鞅，满足 L_1 有界：$\|f\|_1 \triangleq \sup_{n\geqslant 1} E|f_n| < \infty$. 则对每个 $K>0$ 及 $n\geqslant 1$ 有 f_n 的分解式：

$$f_n = T_n + U_n + V_n,$$

其中 $\{T_n, n\geqslant 1\}$，$\{U_n, n\geqslant 1\}$，$\{V_n, n\geqslant 1\}$ 皆为鞅. 而鞅 T、U 与下鞅 V^2 的 L_1 界分别满足：

$$\|T\|_1 \triangleq \sup_{n\geqslant 1} E|T_n| < \infty, P\{T^* \triangleq \sup|T_n| > 0\} \leqslant \frac{\|f\|_1}{K}, \tag{3.5.1}$$

$$\|U\|_1 \leqslant E\sum_{n=1}^{\infty} |U_n - U_{n-1}| \leqslant 4\|f\|_1, \tag{3.5.2}$$

$$\|V^2\|_1 \triangleq \sup_{n\geqslant 1} E(V_n^2) \leqslant 2K \cdot \|f\|_1. \tag{3.5.3}$$

证明这个定理，须先证两个引理.

引理3.5.1 设 $\{f_n, n\geqslant 1\}$ 是非负下鞅，t 是停时，则

$$Ef_t I_{[t<\infty]} \leqslant \varliminf_{n\to\infty} Ef_{t\wedge n} \leqslant \sup_{n\geqslant 1} Ef_{t\wedge n} \leqslant \|f\|_1. \tag{3.5.4}$$

又若 $\|f\|_1 < \infty$，则有

$$Ef_t \leqslant \|f\|_1. \tag{3.5.5}$$

证 显然在集合 $[t<\infty]$ 上有 $f_{t\wedge n} \to f_t$ a.s.. 于是

$$\begin{aligned} Ef_t I_{[t<\infty]} &= E[\varliminf_{n\to\infty} f_{t\wedge n} I_{[t<\infty]}] \\ &\leqslant \varliminf_{n\to\infty} E[f_{t\wedge n} I_{[t<\infty]}] \\ &\leqslant \varliminf_{n\to\infty} Ef_{t\wedge n} \leqslant \sup_{n\geqslant 1} Ef_{t\wedge n}. \end{aligned} \tag{$*_1$}$$

而对于固定的 $n\geqslant 1$ 有

$$Ef_{t\wedge n}=\int_{\Omega}f_{t\wedge n}=\int_{[t\geqslant n]}f_n+\int_{[t<n]}f_t. \qquad (*_2)$$

又

$$\int_{[t<n]}f_t=\sum_{i=1}^{n-1}\int_{[t=i]}f_i\overset{(1)}{\leqslant}\sum_{i=1}^{n-1}\int_{[t=i]}f_n=\int_{[t<n]}f_n. \qquad (*_3)$$

【(1)因 f_n 为下鞅.】因此(合($*_2$)、($*_3$))

$$Ef_{t\wedge n}\leqslant Ef_n. \qquad (*_4)$$

把($*_4$)代入($*_1$)即得(3.5.4):

$$Ef_tI_{[t<\infty]}\leqslant \sup\nolimits_{n\geqslant 1}Ef_n=\|f\|_1.$$

若$\sup_{n\geqslant 1}Ef_n<\infty$,则由定理3.3.1(i)知有 $f_\infty\in L_1$ 可使

$$f_n\xrightarrow[n\to\infty]{\text{a.s.}}f_\infty.$$

从而

$$\begin{aligned}Ef_tI_{[t=\infty]}&=Ef_\infty I_{[t=\infty]}=E(\underline{\lim}f_nI_{[t=\infty]})\\&\leqslant\varliminf_{n\to\infty}E(f_nI_{[t=\infty]}).\end{aligned} \qquad (*_5)$$

又因

$$Ef_tI_{[t<\infty]}\leqslant\varliminf_{n\to\infty}E(f_{t\wedge n}I_{[t<\infty]})\leqslant\varliminf_{n\to\infty}E(f_nI_{[t<\infty]}), \qquad (*_6)$$

合($*_5$)、($*_6$)有(3.5.5):

$$Ef_t=Ef_tI_{[t=\infty]}+Ef_tI_{[t<\infty]}\leqslant\varliminf_{n\to\infty}Ef_n\leqslant\sup_{n\geqslant 1}Ef_n.$$

注 因$\{f_n,n\geqslant 1\}$为鞅时,$\{|f_n|,n\geqslant 1\}$为下鞅,故此时可把($*_3$)中的 f 换成$|f|$,于是有

$$E|f_tI_{[t<\infty]}|\leqslant \sup E|f_n|.$$

而若 $f_n\xrightarrow{\text{a.s.}}f_\infty$,更有

$$E|f_t|\leqslant \sup E|f_n|.$$

引理3.5.2 设$\{f_n=\sum_{j=1}^{n}d_j,\mathscr{F}_n,n\geqslant 1\}$为一非负下鞅,满足

$$\sup\nolimits_{n\geqslant 1}Ef_n<\infty.$$

则对任一 $\lambda>0$,令

$$t=\begin{cases}\inf\{n\geqslant 1:f_n>\lambda\};\\ \infty,当\{\cdots\}=\varnothing.\end{cases}$$

（并约定 $\sum_{i=k}^{j}\cdot=0$，当 $j<k$ 时）就有

$$E\sum_{k=1}^{t-1}d_k^2+Ef_{t-1}^2\leqslant 2Ef_{t-1}f_t\leqslant 2\lambda\sup_{n\geqslant 1}Ef_n.\qquad(3.5.6)$$

证 对任意实数 $a_k\in R,k=1,2,\cdots,n$，记

$$A_j\triangleq\sum_{k=1}^{j}a_k,\quad j=1,2,\cdots,n.$$

则因

$$A_{n-1}^2=\sum_{k=1}^{n-1}a_k^2+2\sum_{1\leqslant i<j\leqslant n-1}a_ia_j=\sum_{k=1}^{n-1}a_k^2+2\sum_{j=1}^{n-1}a_jA_{j-1},$$

从而

$$\sum_{k=1}^{n-1}a_k^2+A_{n-1}^2=2A_{n-1}^2-2\sum_{j=1}^{n-1}a_jA_{j-1}=2A_{n-1}A_n-2\sum_{j=1}^{n}a_jA_{j-1}.$$

因此对每个 $n\geqslant 1$ 有

$$\sum_{k=1}^{t\wedge n-1}d_k^2+f_{t\wedge n-1}^2=2f_{t\wedge n-1}f_{t\wedge n}-2\sum_{k=1}^{t\wedge n}d_kf_{k-1}.$$

对上式两边取期望，注意对非负随机序列 $\{d_k,\mathscr{F}_k,k\geqslant 1\}$ 及有限停时 $t<\infty$ a.s. 有（见引理3.2.6）

$$E(\sum_{k=1}^{t}d_k)=E(\sum_{k=1}^{t}E(d_k|\mathscr{F}_{k-1}))$$

及 $E(d_k|\mathscr{F}_{k-1})\geqslant 0,f_{k-1}\geqslant 0$，就可得

$$\begin{aligned}E(\sum_{k=1}^{t\wedge n}d_kf_{k-1})&=E[\sum_{k=1}^{t\wedge n}E(d_kf_{k-1}|\mathscr{F}_{k-1})]\\&=E[\sum_{k=1}^{t\wedge n}f_{k-1}E(d_k|\mathscr{F}_{k-1})]\geqslant 0,\end{aligned}$$

从而

$$E\sum_{k=1}^{t\wedge n-1}d_k^2+Ef_{t\wedge n-1}^2\leqslant 2Ef_{t\wedge n-1}f_{t\wedge n},\ n\geqslant 1.\qquad(*_1)$$

由于

$$0\leqslant\sum_{k=1}^{t\wedge n-1}d_k^2\uparrow\sum_{k=1}^{t-1}d_k^2,$$

故依单调收敛定理知

$$E\sum_{k=1}^{t\wedge n-1}d_k^2\xrightarrow[n\to\infty]{}E\sum_{k=1}^{t-1}d_k^2.$$

注意对每个 $n\geqslant 1$ 有 $f_{t\wedge n-1}\leqslant\lambda$，而

$$f_{t\wedge n-1}\xrightarrow[n\to\infty]{}f_{t-1}\text{（因而 }f_{t\wedge n-1}^2\to f_{t-1}^2\text{），}$$

从而由有界收敛定理得

$$Ef_{t\wedge n-1}^2\xrightarrow[n\to\infty]{}Ef_{t-1}^2.$$

再注意由引理3.5.1(3.5.5)知 $f_t\in L_1$，因而

$$0\leqslant f_{t\wedge n-1}f_{t\wedge n}\leqslant\lambda f_{t\wedge n}=\lambda f_{t\wedge n}(I_{[t>n]}+I_{[t\leqslant n]})$$
$$=\lambda f_nI_{[t>n]}+\lambda f_tI_{[t\leqslant n]}\leqslant\lambda^2+\lambda f_t\in L_1.$$

由于 $f_{t\wedge n-1}f_{t\wedge n}\xrightarrow{\text{a.s.}}f_{t-1}f_t$，故由 Lebesgue 控制收敛定理（定理1.8.8）可得

$$Ef_{t\wedge n-1}f_{t\wedge n}\xrightarrow[n\to\infty]{}Ef_{t-1}f_t.$$

据上述，在($*_1$)两边取($n\to\infty$)极限时便得(3.5.6)之左：

$$E\sum_{k=1}^{t-1}d_k^2+Ef_{t-1}^2\leqslant 2Ef_{t-1}f_t.$$

由 t 的定义及引理3.5.1又知

$$Ef_{t-1}f_t\leqslant\lambda Ef_t\leqslant\lambda\sup\nolimits_{n\geqslant 1}Ef_n.$$

这样(3.5.6)之右也得到证明．至此引理证毕．

注 如果 $\{f_n=\sum_1^n d_j,\mathscr{F}_n,n\geqslant 1\}$ 是鞅，满足 $\sup\limits_{n\geqslant 1}E|f_n|<\infty$，则引理中的证明依旧可以按部就班地进行，因此(3.5.6)亦真．

定理3.5.1的证明 固定 $K>0$．令

$$t=\begin{cases}\inf\{n\geqslant 1:\ |f_n|\geqslant K\};\\ \infty,\ \text{若}\{\cdots\}=\varnothing.\end{cases}$$

对 $d_i=f_i-f_{i-1}$ 作分解：

$$d_i=d_iI_{[t<i]}+\{d_iI_{[t=i]}-E[d_iI_{[t=i]}|\mathscr{F}_{i-1}]_1\}_1$$
$$+\{d_iI_{[t>i]}-E[d_iI_{[t>i]}|\mathscr{F}_{i-1}]_2\}_2$$

（因为式中 $E[\cdots]_1+E[\cdots]_2=E[d_iI_{[t\geqslant i]}\mid\mathscr{F}_{i-1}]=I_{[t\geqslant i]}\cdot E[d_i|\mathscr{F}_{i-1}]=0$）．

注意

$$E(\{\cdots\}_1|\mathscr{F}_{i-1})=E(\{\cdots\}_2|\mathscr{F}_{i-1})=0,$$

又

$$E[d_iI_{[t<i]}|\mathscr{F}_{i-1}]=I_{[t<i]}E[d_i|\mathscr{F}_{i-1}]=0,$$

因此$\{d_i,i\geqslant1\}$就分解成三个鞅差列之和了.

对 $n\geqslant1$,令

$$T_n\triangleq\sum_{i=1}^n d_iI_{[t<i]}.$$

易见

$$[\sup_n|T_n|>0]\subset[t<\infty]=[|f_t|I_{[t<\infty]}\geqslant K].$$

因而由 Chebyshev 不等式及引理3.5.1后注可得(3.5.1)第二式:

$$P[\sup_n|T_n|>0]\leqslant P[t<\infty]=P[|f_t|I_{[t<\infty]}\geqslant K]$$

$$\leqslant\frac{E[|f_t|I_{[t<\infty]}]}{K}\leqslant\frac{\sup_n E|f_n|}{K}.$$

对 $t<n$,

$$|T_n|=|f_n-f_t|\leqslant|f_n|+|f_t|.$$

于是(注意依 T_n 定义,在 $t>n$ 时有 $T_n=0$)由引理3.5.1又得(3.5.1)第一式:

$$E|T_n|\leqslant E|f_n|+E|f_t|\leqslant2\sup_{n\geqslant1}E|f_n|,$$

$$\sup_{n\geqslant1}E|T_n|\leqslant2\sup_{n\geqslant1}E|f_n|<\infty.$$

再令 $U_0=0,U_n=\sum\limits_{i=1}^n\{\cdots\}_1$,则

$$E\sum_{i=1}^\infty|U_i-U_{i-1}|=E\sum_{i=1}^\infty|d_iI_{[t=i]}-E[d_iI_{[t=i]}|\mathscr{F}_{i-1}]|$$

$$\overset{(1)}{\leqslant}\sum_{i=1}^\infty E|\cdot|\leqslant\sum_{i=1}^\infty E\{|d_i|I_{[t=i]}+E[|d_i|I_{[t=i]}|\mathscr{F}_{i-1}]\}$$

$$=2\sum_{i=1}^\infty E|d_i|I_{[t=i]}=2E|d_t|I_{[t<\infty]}$$

$$\overset{(2)}{\leqslant}4E|f_t|I_{[t<\infty]}\leqslant4E|f_t|\overset{(3)}{\leqslant}4\sup_{n\geqslant1}E|f_n|.$$

【上面(1)用单调收敛定理;(2)因$|d_t|=|f_t-f_{t-1}|\leqslant|f_t|+|f_{t-1}|\leqslant2|f_t|$;(3)用引理3.5.1后注.】此即(3.5.2).

最后,对每个 $n\geqslant1$,令

$$V_n \triangleq \sum_{i=1}^{n}\{d_i I_{[t>i]} - E[d_i I_{[t>i]}|\mathscr{F}_{i-1}]\}_2.$$

由于平方可积的鞅差列构成正交列，故有

$$\begin{aligned}
EV_n^2 &= \sum_{i=1}^{n} E\{d_i I_{[t>i]} - E[d_i I_{[t>i]}|\mathscr{F}_{i-1}]\}^2 \\
&= \sum_{i=1}^{n} (Ed_i^2 I_{[t>i]} - 2E\{d_i I_{[t>i]}\cdot E[d_i I_{[t>i]}|\mathscr{F}_{i-1}]\}' \\
&\quad + E\{E^2[d_i I_{[t>i]}|\mathscr{F}_{i-1}]\}'') \\
&\overset{(1)}{=} \sum_{i=1}^{n} E\{d_i^2 I_{[t>i]} - E^2[d_i I_{[t>i]}|\mathscr{F}_{i-1}]\} \leqslant \sum_{i=1}^{n} Ed_i^2 I_{[t>i]} \\
&= E\sum_{i=1}^{n} d_i^2 I_{[t>i]} \leqslant E\sum_{i=1}^{t-1} d_i^2 I_{[t>i]} = E\sum_{i=1}^{t-1} d_i^2 \\
&\overset{(2)}{\leqslant} 2K\cdot\sup_{n\geqslant 1} E|f_n|.
\end{aligned}$$

【(1)：对 $E\{\cdots\}'$用(2.1.11)及(2.2.11)可得 $E\{\cdots\}'=E\{\cdots\}''$；(2)：引理3.5.2后注.】因此有(3.5.3)：

$$\sup_{n\geqslant 1} E(V_n^2) \leqslant 2K\cdot\sup_{n\geqslant 1} E|f_n|.$$

定理证毕.

现在容易得到鞅差平方和的基本收敛结果.

定理 3.5.2[①] (Austin)　设 $\{X_i,\mathscr{F}_i,i\geqslant 1\}$ 为鞅差列，又 $\sup_{n\geqslant 1} E\ |S_n|<\infty\ (S_n=\sum_1^n X_i)$. 则

$$\sum_{i=1}^{\infty} X_i^2 < \infty \text{ a.s.}. \tag{3.5.7}$$

证　现在关于一个整数 $k\geqslant 1$，依定理3.5.1对鞅$\{S_n,n\geqslant 1\}$作分解：

$$S_n = T_n + U_n + V_n$$

① 在定理的条件下，依定理3.3.2(i)有 $\sum_1^{\infty} X_i<\infty$ a.s.，但因鞅差列并不是非负 r.v.列，故由此不能推出 $\sum_1^{\infty} X_i^2<\infty$ a.s.

$\left(\text{其中置 } t=\begin{cases}\inf\{n\geqslant 1: |S_n|\geqslant k\};\\ \infty, \{\cdots\}=\varnothing.\end{cases} \text{ 及 } T_n \triangleq \sum_1^n X_i I_{[t<i]}\right)$. 令

$$A_k \triangleq [\sup_{n\geqslant 1}|T_n| = 0].$$

又对每个 $n\geqslant 1$,令

$$Y_n \triangleq U_n - U_{n-1} \quad (U_0 = 0),$$
$$Z_n \triangleq V_n - V_{n-1} \quad (V_0 = 0).$$

在 A_k 上有

$$S_n = U_n + V_n,\ n\geqslant 1.$$

因而

$$S_n - S_{n-1} = (U_n - U_{n-1}) + (V_n - V_{n-1}),$$

即

$$X_n = Y_n + Z_n$$

(其中$\{X_n\}$、$\{Y_n\}$、$\{Z_n\}$皆为鞅差列,当平方可积时为正交列). 所以

$$X_n^2 = Y_n^2 + Z_n^2 + 2Y_nZ_n \leqslant 2(Y_n^2 + Z_n^2),$$
$$\sum_1^\infty X_n^2 \leqslant 2\Big(\sum_1^\infty Y_n^2 + \sum_1^\infty Z_n^2\Big). \qquad (*_1)$$

由 (3.5.2) 知:$E\sum_1^\infty |Y_n| \leqslant 4\sup E|S_n| < \infty$, 因此随机变量 $\sum_1^\infty |Y_i| < \infty$ a. s.. 而(因正项级数 $\sum_1^\infty a_i < \infty \Rightarrow \sum_1^\infty a_i^2 < \infty$) 此式又蕴涵

$$\sum_1^\infty Y_i^2 < \infty \quad \text{a. s.} \qquad (*_2)$$

又 $E(V_n^2) = E(\sum_1^n Z_i)^2 = \sum_1^n EZ_i^2$, 依(3.5.3)知

$$E\sum_1^\infty Z_i^2 = \sum_1^\infty EZ_i^2 = \sup_{n\geqslant 1}\sum_1^n EZ_i^2 = \sup_{n\geqslant 1} E(V_n^2)$$
$$\leqslant 2k\sup E|S_n| < \infty.$$

这意味着

$$\sum_{i=1}^\infty Z_i^2 < \infty. \qquad (*_3).$$

合$(*_1)$、$(*_2)$、$(*_3)$知:

$$\text{在 } A_k \text{ 上} \quad \sum_{i=1}^\infty X_i^2 < \infty \text{ a. s.} \qquad (*_4).$$

但由(3.5.1)知

$$P[\sup_{n\geqslant 1}|T_n|>0]\leqslant\frac{\sup_{n\geqslant 1}E|S_n|}{k}\xrightarrow[(k\to\infty)]{}0,$$

于是对$\forall\ \varepsilon>0$,有充分大的k,可使$\frac{\sup_{n\geqslant 1}E|S_n|}{k}<\varepsilon$,用这样的$k$建立停时$t$及$A_k$.在$A_k$上$\sum_{i=1}^{\infty}X_i^2<\infty$ a.s.,而$P(A_k^c)<\varepsilon$.既然ε为任意,这表明:

$$\sum_{i=1}^{\infty}X_i^2<\infty\quad \text{a.s.}$$

3.5.2 周元桀鞅差分解定理

为研究鞅变换的收敛性,我们建立一个与Gundy分解有密切关系的鞅(差)分解定理.

定理3.5.3(周元桀鞅差分解) 设$\{R_i,i\geqslant 1\}$是鞅差列,满足$E\sup_{n\geqslant 1}|R_i|<\infty$.固定$p\geqslant 1$,令$\sigma=(\sum_1^{\infty}|R_i|^p)^{\frac{1}{p}}$.则对每个$k>0$及$i\geqslant 1$,$R_i$可分解成:

$$R_i=W_i+Y_i+Z_i,$$

其中$\{W_i,i\geqslant 1\}$、$\{Y_i,i\geqslant 1\}$、$\{Z_i,i\geqslant 1\}$皆为鞅差列,满足

$$\left.\begin{aligned}&P[\sup|W_n|>0]\leqslant\frac{E\sigma}{k}\\&\text{且由 }\sigma\leqslant k\text{ 可推出 }\sup|W_i|=0.\end{aligned}\right\}\tag{3.5.8}$$

$$E\sum_{n=1}^{\infty}|Y_n|\leqslant 2E(\sup|R_n|),\tag{3.5.9}$$

$$E(\sum_{n=1}^{\infty}|Z_n|^p)<\infty.\tag{3.5.10}$$

证 (应注意该证明与Gundy分解定理证明的类似处.)固定$k>0$.令

$$t=\begin{cases}\min\{n\geqslant 1:\sigma_n\triangleq(\sum_1^n|R_i|^p)^{\frac{1}{p}}>k\};\\ \infty,\text{若}\{\cdots\}=\varnothing.\end{cases}$$

令 $\sigma_0=0$;对$i\geqslant 1$有

$$\begin{aligned}
R_i = &\{R_i I_{[t<i]}\} + \{R_i I_{[t=i]} - E[R_i I_{[t=i]} | \mathscr{F}_{i-1}]\} \\
&+ \{R_i I_{[t>i]} - E[R_i I_{[t>i]} | \mathscr{F}_{i-1}]\} \\
&\triangleq W_i + Y_i + Z_i.
\end{aligned}$$

这样鞅差 R_i 就分解成三个鞅差之和.

注意 $\sigma_n \uparrow \sigma(n \uparrow \infty$时),故而

$$\sigma \leqslant k \Rightarrow \text{对一切 } n \geqslant 1 \text{ 有 } \sigma_n \leqslant k \Rightarrow t = \infty \Rightarrow \sup_{i\geqslant 1} |W_i| = 0.$$

因而

$$[\sup |W_i| > 0] \subset [t < \infty] \subset [\sigma > k].$$

由此可得(3.5.8):

$$P[\sup |W_i| > 0] \leqslant P[t < \infty] \leqslant P[\sigma > k] \leqslant \frac{E\sigma}{k}.$$

又

$$\begin{aligned}
E\sum_{i=1}^{\infty} |Y_i| &= E\sum_{i=1}^{\infty} |R_i I_{[t=i]} - E[R_i I_{[t=i]} | \mathscr{F}_{i-1}]| \\
&\leqslant E\sum_{i=1}^{\infty} |R_i| I_{[t=i]} + E\sum_{i=1}^{\infty} E[|R_i| I_{[t=i]} | \mathscr{F}_{i-1}] \\
&\overset{(1)}{=} E\sum_{i=1}^{\infty} |R_i| I_{[t=i]} + \sum_{i=1}^{\infty} E\{E[|R_i| I_{[t=i]} | \mathscr{F}_{i-1}]\} \\
&\overset{(2)}{=} 2E\sum_{i=1}^{\infty} |R_i| I_{[t=i]} = 2E[|R_t| I_{[t<\infty]}] \\
&\leqslant 2E \sup_{n\geqslant 1} |R_n|.
\end{aligned}$$

【(1)、(2):单调收敛定理.】此即(3.5.9).

对于每个 $i \geqslant 1$,由初等不等式(对 $p \geqslant 1$),

$$|a+b|^p \leqslant 2^{p-1}(|a|^p + |b|^p),$$

并依条件期望的有关性质[(2.1.11),推论2.2.1]可得

$$\begin{aligned}
E|Z_i|^p &= E\{|R_i I_{[t>i]} - E[R_i I_{[t>i]} | \mathscr{F}_{i-1}]|^p\} \\
&\leqslant 2^p E[|R_i|^p I_{[t>i]}]. \qquad (*_1)
\end{aligned}$$

而依另一初等不等式([8],§2.15):对任何 $a>0$、$b>0$及 $p \geqslant 1$有

$$a^p - b^p \leqslant p \cdot a^{p-1}(a-b),$$

可得(见 σ_n 定义)

$$|R_i|^p = \sigma_i^p - \sigma_{i-1}^p \leqslant p\sigma_i^{p-1}(\sigma_i - \sigma_{i-1}).$$

结合($*_1$)可得

$$\begin{aligned}\sum_{i=1}^{\infty} E|Z_i|^p &\leqslant 2^p \cdot p\sum_{i=1}^{\infty} E[\sigma_i^{p-1}(\sigma_i - \sigma_{i-1})I_{[t>i]}] \\ &\leqslant 2^p \cdot p \cdot k^{p-1}\sum_{i=1}^{\infty} E[(\sigma_i - \sigma_{i-1})I_{[t>i]}] \\ &= 2^p \cdot p \cdot k^{p-1} \cdot \lim_{n\to\infty} E\left\{\sum_{i=1}^{n}(\sigma_i - \sigma_{i-1})I_{[t>i]}\right\} \\ &\overset{(1)}{\leqslant} 2^p \cdot p \cdot k^p < \infty.\end{aligned}$$

【(1):$E\left\{\sum_{i=1}^{n}(\sigma_i-\sigma_{i-1})\cdot I_{[t>i]}\right\}\leqslant E\left[\sum_{i=1}^{t-1}(\sigma_i-\sigma_{i-1})\right]=E\sigma_{t-1}\leqslant Ek=k$.】于是(3.5.10)得证. 证毕.

3.5.3 鞅变换的收敛性

在讨论鞅变换的收敛性之前，拟给出鞅变换的正式定义(见引理3.4.1后注).

定义3.5.1(鞅变换) 设$(Y_i,\mathscr{F}_i,i\geqslant1)$为鞅差序列. 又对每个$i\geqslant1$，$v_i$为$\mathscr{F}_{i-1}$-可测. 则称$\left\{\Gamma_n=\sum_1^n v_iY_i,n\geqslant1\right\}$为**鞅变换**，而称$\{v_i,i\geqslant1\}$为**变换序列**.

注 1° 若对每个$i\geqslant1$有$E|v_iY_i|<\infty$，则鞅变换$\{\Gamma_n,n\geqslant1\}$显然是鞅.

2° 鞅变换有这样的赌博解释:设一赌者每盘下注1元，Y_i为其第i盘赢得. 令$\mathscr{G}_0=\{\varnothing,\Omega\}$. 对每个$i\geqslant1$，令$\mathscr{G}_i=\sigma(Y_1,\cdots,Y_i)$. 假设这项赌博在下述意义下为公平的，即$E[Y_i|\mathscr{G}_{i-1}]=0$ a.s. 对每个$i\geqslant1$成立. 为了更合乎实际和有点意思，可以让赌者每盘变动其赌注. 设他依据前$i-1$盘的赌博情况决定第i盘下注v_i元(v_i为$\mathscr{G}_{i-1}$-可测)，则他第i盘的赢得为v_iY_i. 赌者的下注方法$\{v_i,\mathscr{G}_{i-1},i\geqslant1\}$即赌注变换序列(为随机序列)就叫做变换序列. 而赌者各盘的累积赢得序列$\left\{\Gamma_n=\sum_1^n v_iY_i,n\geqslant1\right\}$就是鞅变换.

3° 倘若2°中有 $\sup_n E\left|\sum_1^n Y_i\right|<\infty$，而赌者每盘都只下注1元，则依定理3.3.2(i)知有 $\sum_{i=1}^{\infty} Y_i$ a.s. 收敛．于是$\{\sum_{i=1}^n Y_i, n\geqslant 1\}$尽管最初可能会有波动起伏，但最终要变得接近于一个固定数值，并且处于与该数值保持接近的状态．自然会问：赌者能否通过采用一个下注方法$\{v_i, i\geqslant 1\}$来改变其累积赢得的这种渐近静止性？回答是：倘若他下注数量有限，即倘若$\sup_{i\geqslant 1}|v_i|<\infty$ a.s.，则不可能．这可由下面的定理看出．

定理3.5.4(Burkholder 鞅变换基本收敛结果) 设鞅差序列$(X_i, \mathscr{F}_i, i\geqslant 1)$有变换序列$(v_i, i\geqslant 1)$．若

$$\sup_{n\geqslant 1} E|S_n|<\infty ,$$

又

$$\sup_{i\geqslant 1}|v_i|<\infty \text{ a.s.}$$

则鞅变换 $\Gamma_n=\sum_1^n v_i X_i$ a.s. 收敛．

证 固定一常数 $L>0$．令

$$T=T_L=\begin{cases}\inf\{n: n\geqslant 1 \text{ 且 } |S_n|\geqslant L\};\\ \infty, \text{若}\{\cdot\}=\varnothing .\end{cases}$$

对于 $i\geqslant 1$，令

$$R_i \triangleq v_i X_i I_{[T\geqslant i]} I_{[|v_i|\leqslant L]} .$$

因为 $v_i I_{[T\geqslant i]} I_{[|v_i|\leqslant L]}$为 $\mathscr{F}_{i-1}$可测，故$\{R_i, i\geqslant 1\}$为鞅差列．

证明的关键一步是建立 $\sum_1^{\infty} R_i$ a.s. 收敛．我们用周的鞅差分解定理来作．为此须先证明定理3.5.3的条件 $E\sup|R_i|<\infty$满足．

对于每个 $i\geqslant 1$(注意 R_i 的表达式，T 的定义以及 $X_i=S_i-S_{i-1}$ 等)有

$$\begin{aligned}|R_i| &\leqslant L\cdot|X_i|\cdot I_{[T\geqslant i]}=L\cdot|X_i|\cdot I_{[T=i]}+L\cdot|X_i|\cdot I_{[T>i]}\\ &\leqslant L\cdot|X_T|\cdot I_{[T<\infty]}+L\cdot I_{[T>i]}(|S_i|+|S_{i-1}|)\\ &\leqslant L\cdot I_{[T<\infty]}\cdot(|S_T|+|S_{T-1}|)+2L^2\end{aligned}$$

$$\leqslant L \cdot I_{[T<\infty]}(|S_T|) + 3L^2 .$$

所以

$$\sup_{i\geqslant 1}|R_i| \leqslant L \cdot I_{[T<\infty]} \cdot |S_T| + 3L^2 .$$

两边取期望，用引理3.5.1后注，就有

$$E|S_T|I_{[T<\infty]} \leqslant \sup_{n\geqslant 1}E|S_n| < \infty,$$

因而

$$E\sup_{i\geqslant 1}|R_i| \leqslant L\sup_{n\geqslant 1}E|S_n| + 3L^2 < \infty .$$

据此可对鞅差列$\{R_i,i\geqslant 1\}$就某个$k>0$与$p=2$按周的定理作分解：

$$R_i \triangleq W_i + Y_i + Z_i.$$

由定理3.5.3知，令 $A_k=\left[\sum_{i=1}^{\infty}R_i^2\leqslant k^2\right]$，则在$A_k$上有

$$\sigma \leqslant k \Rightarrow \sigma_n \leqslant k(\text{对一切 } n \geqslant 1) \Rightarrow T_k = \infty \Rightarrow \sup_{i\geqslant 1}|W_i| = 0 \Rightarrow$$

在A_k上有 $\sum_{i=1}^{\infty}W_i=0$ a.s.

又有

$$E\sum_{n=1}^{\infty}|Y_n| \leqslant 2E\sup_{n\geqslant 1}|R_n| < \infty \Rightarrow \sum_{n=1}^{\infty}|Y_n| < \infty \quad \text{a.s.}$$

$$\Rightarrow \sum_{n=1}^{\infty}Y_n < \infty \quad \text{a.s.},$$

$$E\left(\sum_{n=1}^{\infty}Z_n^2\right) < \infty \overset{(1)}{\Rightarrow} \sup E\left|\sum\nolimits_1^n Z_i\right| < \infty$$

$$\Rightarrow \sum\nolimits_1^{\infty}Z_i < \infty \quad \text{a.s.}$$

【(1)因平方可积的鞅差列$\{Z_i,i\geqslant 1\}$为正交列，故有：$\sup_{n\geqslant 1}E\left|\sum_1^n Z_i\right|^2 = \sup_{n\geqslant 1}E\left(\sum_1^n Z_i^2\right) \leqslant E\left(\sum_1^{\infty}Z_i^2\right) < \infty$，更有$\sup_{n\geqslant 1}E\left|\sum_1^n Z_i\right| < \infty$.】从而在$A_k$上有

$$\sum_{i=1}^{\infty}R_i = \sum_1^{\infty}W_i + \sum_1^{\infty}Y_i + \sum_1^{\infty}Z_i < \infty \quad \text{a.s.} \qquad (*_1)$$

但因鞅差列$\{X_i, i\geqslant 1\}$满足 $\sup E|S_n|<\infty$，故有 Austin 定理结论成立. 因而(注意 R_i 表达式)

$$\sum_{i=1}^{\infty} R_i^2 = \sum_{i=1}^{\infty} v_i^2 X_i^2 I_{[T\geqslant i]} I_{[|v_i|\leqslant L]} \leqslant L^2 \sum_{i=1}^{\infty} X_i^2 < \infty \text{ a.s.},$$

即

$$\Omega = \Big[\sum_{i=1}^{\infty} R_i^2 < \infty\Big] = \bigcup_{k=1}^{\infty}\Big[\sum_{i=1}^{\infty} R_i^2 \leqslant k^2\Big] = \bigcup_{k=1}^{\infty} A_k. \qquad (*_2)$$

因为已知 $\sup_{n\geqslant 1} E|S_n|<\infty$，故由定理3.3.2(i)可得

$$S_n \xrightarrow{\text{a.s.}} S_\infty,$$

其中 S_∞ 满足 $E|S_\infty|<\infty$，从而 $|S_\infty|<\infty$ a.s. 于是对凡使 $|S_\infty(\omega)|<\infty$ 的 ω 有

$\sup\limits_{n\geqslant 1}|S_n(\omega)|\leqslant \max\{|S_1(\omega)|,\cdots,|S_N(\omega)|,|S_\infty(\omega)|+\varepsilon\}$，其中 $N=N(\varepsilon)$.

换言之有

$$\sup_{n\geqslant 1}|S_n| < \infty \quad \text{a.s.}$$

又已知$\sup\limits_{n\geqslant 1}|v_n|<\infty$ a.s.，故令

$$B_L \triangleq [\sup_n |v_n| \leqslant L] \cap [\sup_n |S_n| \leqslant L],$$

就有

$$\Omega = \bigcup_{L=1}^{\infty} B_L. \qquad (*_3)$$

注意$(*_1)$处结果表明：在 $A_k \cap B_L$ 上有 $R_i = v_i X_i$ 及 $\Gamma_n = \sum_1^n v_i X_i = \sum_1^n R_i$ a.s. 收敛($n\to\infty$ 时). 因此 Γ_n 在 $A_k = A_k\Omega = \bigcup\limits_{L=1}^{\infty} A_k B_L$ 上 a.s. 收敛. 进而 Γ_n 就在 $\Omega = \bigcup\limits_{k=1}^{\infty} A_k$ 上 a.s. 收敛. 这样我们就在

$$\sup_n E|S_n| < \infty \text{ 及} \sup_n |v_n| < \infty \quad \text{a.s.}$$

成立条件下，证明了 $\Gamma_n = \sum_1^n v_i X_i$ a.s. 收敛. 证毕.

注 在定义 3.5.1 的注 2°、3° 中看到，在每盘总下 1 元赌注的情形，有 $\sum\limits_{i=1}^{n} Y_i \xrightarrow[n\to\infty]{\text{a.s.}} T$. 而当$\sup\limits_{n\geqslant 1} E|\sum_1^n Y_i|<\infty$ 时有

$$E|T| = E\lim\Big|\sum_1^n Y_i\Big| \leqslant \underline{\lim} E\Big|\sum_1^n Y_i\Big| \leqslant \sup_{n\geqslant 1} E\Big|\sum_1^n Y_i\Big| < \infty.$$

由定理3.5.4知

$$\left.\begin{array}{l}\sup\limits_{n\geqslant 1}E\left|\sum\limits_{1}^{n}Y_i\right|<\infty\\ \sup\limits_{n\geqslant 1}|v_n|<\infty \text{ a.s.}\end{array}\right\}\Rightarrow \Gamma_n=\sum_{1}^{n}v_iY_i\xrightarrow[n\to\infty]{\text{a.s.}}U.$$

但却未必有 $E|U|<\infty$. 这样看来,深思熟虑地挑选一个下注方法 $(v_i,i\geqslant 1)$,尽管在 $\sup\limits_{i\geqslant 1}|v_i|<\infty$ a.s. 时仍有 $\sum\limits_{1}^{n}v_iY_i\xrightarrow{\text{a.s.}}U$,却能使赌者最终赢得的变异性增加,即 $E|U|=\infty$($E|U|=\infty$表明随机变量$|U|$取充分大值的可能性尚不容忽视,即 $nP[|U|\geqslant n]\neq o(1)$). 下面的例子就说明了这一点.

例 设 $\Omega=\{1,2,\cdots,k,\cdots\}$.

$$P(\{k\})=\frac{1}{k}-\frac{1}{k+1}=\frac{1}{k(k+1)},k\geqslant 1.$$

对 $n\geqslant 1$,令

$$T_n(k)=\begin{cases}n, & \text{若 } 0\leqslant n<k;\\ -1, & \text{若 } n\geqslant k.\end{cases}$$

则不难证明$\{T_n,n\geqslant 1\}$是鞅(注意

T_n	-1	n
P	$n/(n+1)$	$1/(n+1)$

$[T_{n+1}\mid T_n=n]$	-1	$n+1$
P	$1/(n+2)$	$(n+1)/(n+2)$

$[T_{n+1}\mid T_n=-1]$	-1
P	1

可知 $E[T_{n+1}|\sigma(T_1,\cdots,T_n)]\triangleq E[T_{n+1}|T_n]=T_n$),其满足$\sup\limits_n E|T_n|<\infty$. 显然有 $T_n\xrightarrow[n\to\infty]{\text{a.s.}}-1$.

若对 $i\geqslant 1$,令 $v_i=(-1)^{i+1}$,则可算出

$$\sum_{i=1}^{n}v_i(k)[T_i(k)-T_{i-1}(k)]=\begin{cases}\begin{cases}0,n\text{ 为偶数};\\1,n\text{ 为奇数};\end{cases} n<k\text{ 时}.\\ \begin{cases}k+1,k\text{ 为偶数};\\-k,k\text{ 为奇数}.\end{cases} n\geqslant k\text{ 时}.\end{cases}$$

对$\forall\ k\in\Omega$,令

$$U(k)=\lim_{n\to\infty}\sum_{i=1}^{n}v_i(k)[T_i(k)-T_{i-1}(k)]$$

$$=\begin{cases}k+1, & \\ -k, & \end{cases}\text{当 } k \text{ 为}\begin{matrix}\text{偶}\\ \text{奇}\end{matrix}\text{数时}.$$

这样鞅变换 $\sum_{i=1}^{n}v_i(k)[T_i(k)-T_{i-1}(k)]$的 a.s. 极限存在,其为 U. 但因 $|U(k)|=\begin{cases}k+1\\ k\end{cases}\geqslant k$,故而

$$P\{|U|\geqslant m\}=P\{k:|U(k)|\geqslant m\}$$

$$=P\{m,m+1,\cdots\}=\left(\frac{1}{m}-\frac{1}{m+1}\right)$$

$$+\left(\frac{1}{m+1}-\frac{1}{m+2}\right)+\cdots=\frac{1}{m}.$$

从而 $E|U|=\infty$(因若 $E|U|<\infty$,就应当有 $mP\{|U|\geqslant m\}=o(1)$).

§3.6 随机变量级数的收敛性

本节我们讨论随机序列级数,特别是鞅差序列级数的收敛条件与收敛集合.

3.6.1 关于非负随机序列级数的一个结果

设 $\{0\leqslant\xi_n,\mathscr{F}_n,n\geqslant 1\}$ 是一个非负随机序列,而 $\{0\leqslant\eta_n\triangleq E[\xi_n|\mathscr{F}_{n-1}],\mathscr{F}_{n-1},n\geqslant 1\}$ 是它的伴随的条件期望随机序列. 考虑两个正项随机级数 $\sum_1^{\infty}\xi_n$ 与 $\sum_1^{\infty}\eta_n$ 的收敛关系. 下面定理表明,只要 $E\sup\xi_n<\infty$,它们就在 a.s. 意义下**共收敛**.

定理 3.6.1 设 $\xi_n\geqslant 0,\eta_n\triangleq E[\xi_n|\mathscr{F}_{n-1}],n\geqslant 1$. 则

(i) $\left(\sum_1^{\infty}\xi_n\right)\cdot I_{[\sum_1^{\infty}\eta_n<\infty]}<\infty$ a.s.

(ii) 当 $E\sup\xi_n<\infty$ 时,$\left(\sum_1^{\infty}\eta_n\right)\cdot I_{[\sum_1^{\infty}\xi_n<\infty]}<\infty$ a.s.

证 首先注意

(a)对二非负 r. v. U、V，若于 $A(\subset\Omega)$ 上 $V>0$ a. s.，又 $\int_A U\cdot V<\infty$，则(反证即明)在 A 上 $U<\infty$ a. s.；

(b)$A\subset B\Rightarrow I_A\leqslant I_B$；

(c)对 $a_i\geqslant 0$ 有

$$\sum_{n=1}^{\infty}\frac{a_n}{\left(1+\sum_1^{\infty}a_i\right)^2}\leqslant\sum_{n=1}^{\infty}\frac{a_n}{\left(1+\sum_1^{n}a_i\right)^2}$$

$$\leqslant\sum_{n=1}^{\infty}\frac{a_n}{\left(1+\sum_1^{n-1}a_i\right)\left(1+\sum_1^{n}a_i\right)}$$

$$=1-\frac{1}{1+\sum_{i=1}^{\infty}a_i}.$$

于是

(i)因为

$$E\left[\frac{\sum_1^{\infty}\xi_n}{\left(1+\sum_1^{\infty}\eta_i\right)^2}\cdot I_{[\sum_1^{\infty}\eta_i<\infty]}\right]\overset{(1)}{=}\sum_{n=1}^{\infty}E\frac{\xi_n\cdot I_{[\sum_1^{\infty}\eta_i<\infty]}}{\left(1+\sum_1^{\infty}\eta_i\right)^2}$$

$$\overset{(2)}{\leqslant}\sum_{n=1}^{\infty}E\frac{\xi_n\cdot I_{[\sum_1^{n}\eta_i<\infty]}}{\left(1+\sum_1^{n}\eta_i\right)^2}\overset{(3)}{=}\sum_{n=1}^{\infty}E\left[E\left(\frac{\xi_n I_{[\sum_1^{n}\eta_i<\infty]}}{\left(1+\sum_1^{n}\eta_i\right)^2}\middle|\mathscr{F}_{n-1}\right)\right]$$

$$\overset{(4)}{=}\sum_{n=1}^{\infty}E\left[\frac{I_{[\sum_1^{n}\eta_i<\infty]}}{\left(1+\sum_1^{n}\eta_i\right)^2}\cdot E(\xi_n|\mathscr{F}_{n-1})\right]$$

$$\leqslant\sum_{n=1}^{\infty}E\left[\frac{\eta_n\cdot I_{[\sum_1^{n}\eta_i<\infty]}}{\left(1+\sum_1^{n-1}\eta_i\right)\left(1+\sum_1^{n}\eta_i\right)}\right]$$

$$\overset{(5)}{\leqslant}\sum_{n=1}^{\infty}E1\cdot\left[\frac{1}{\left(1+\sum_1^{n-1}\eta_i\right)}-\frac{1}{\left(1+\sum_1^{n}\eta_i\right)}\right]$$

$$=1-E\frac{1}{1+\sum_1^\infty \eta_i}\leqslant 1,$$

故（见(a)）$\sum_1^\infty \xi_n$ 于集$\left[\sum_1^\infty \eta_i<\infty\right]$上 a. s. 有限.【(1)：单调收敛定理；(2)：(b)；(3)：(2.1.11)；(4)：η_n 为 $\mathscr{F}_{n-1}$-可测，(2.2.11)；(5)：(b)、(c).】

(ii)类似地，由于

$$E\left[\frac{\sum_1^\infty \eta_n}{\left(1+\sum_1^\infty \xi_i\right)^2}\cdot I_{[\sum_1^\infty \xi_i<\infty]}\right]=\sum_{n=1}^\infty E\frac{\eta_n\cdot I_{[\sum_1^\infty \xi_i<\infty]}}{\left(1+\sum_1^\infty \xi_i\right)^2}$$

$$\leqslant \sum_{n=1}^\infty E\frac{\eta_n\cdot I_{[\sum_1^{n-1} \xi_i<\infty]}}{\left(1+\sum_1^{n-1} \xi_i\right)^2}=\sum_{n=1}^\infty \frac{I_{[\sum_1^{n-1} \xi_i<\infty]}\cdot E[\xi_n|\mathscr{F}_{n-1}]}{\left(1+\sum_1^{n-1} \xi_i\right)^2}$$

$$=\sum_{n=1}^\infty E\left[E\left(\frac{\xi_n\cdot I_{[\sum_1^{n-1} \xi_i<\infty]}}{\left(1+\sum_1^{n-1} \xi_i\right)^2}\Big|\mathscr{F}_{n-1}\right)\right]=\sum_{n=1}^\infty E\frac{\xi_n\cdot I_{[\sum_1^{n-1} \xi_i<\infty]}}{\left(1+\sum_1^{n-1} \xi_i\right)^2}$$

$$=\sum_{n=1}^\infty E\left[\frac{\xi_n\cdot I_{[\sum_1^{n-1} \xi_i<\infty]}}{\left(1+\sum_1^{n-1} \xi_i\right)\left(1+\sum_1^{n} \xi_i\right)}\cdot\left(1+\frac{\xi_n}{1+\sum_1^{n-1}\xi_i}\right)\right]$$

$$\leqslant \sum_{n=1}^\infty E\left[\frac{\xi_n\cdot 1}{\left(1+\sum_1^{n-1} \xi_i\right)\left(1+\sum_1^{n} \xi_i\right)}\cdot\sup_{n\geqslant 1}\left(1+\frac{\xi_n}{1+\sum_1^{n-1}\xi_i}\right)\right]$$

$$\overset{(6)}{=}E\left\{\sup_{n\geqslant 1}\left(1+\frac{\xi_n}{1+\sum_1^{n-1}\xi_i}\right)\cdot\sum_1^\infty\left[\frac{1}{1+\sum_1^{n-1}\xi_i}-\frac{1}{1+\sum_1^{n}\xi_i}\right]\right\}$$

$$\leqslant E\left\{(1+\sup\nolimits_{n\geqslant 1}\xi_n)\cdot\left(1-\frac{1}{1+\sum_1^\infty \xi_i}\right)\right\}$$

$$\leqslant 1+E\sup\nolimits_{n\geqslant 1}\xi_n<\infty,$$

故 $\sum_{1}^{\infty}\eta_i$ 在集合 $\left[\sum_{1}^{\infty}\xi_i<\infty\right]$ 上 a. s. 有限. 证毕.

注 由(6)可见(ii)的条件可放宽为 $\mathrm{E}\sup_{n\geqslant 1}\dfrac{\xi_n}{1+\sum_{1}^{n-1}\xi_i}<\infty$.

3.6.2 鞅差级数与随机序列级数

由于鞅收敛与相应的鞅差序列级数收敛等价，因而本节内容与前面§3.3所讲的(下)鞅收敛结论有着深刻的联系①. 但这里不满足于仅仅给出鞅差级数的收敛条件，还要查明其收敛集合的情况(对一般的 r.v. 列 $\{\xi_i, i\geqslant 1\}$ 而言，级数 $\sum_{1}^{\infty}\xi_k$ 很可能在一个正概集上收敛，而在另一正概集上发散).

先讨论鞅差级数的收敛性. 设 $\{\mathscr{F}_n, n\geqslant 1\}$ 是 $\mathscr{F}$ 的子 σ-域的增序列，$\mathscr{F}_0(\subset\mathscr{F})$ 为任一子 σ-域.

定理3.6.2 若 $\{\xi_k, \mathscr{F}_k, k\geqslant 1\}$ 是鞅差列，则 $\sum_{k=1}^{\infty}\xi_k$ 在集合 $\left\{\sum_{k=1}^{\infty}E[\xi_k^2|\mathscr{F}_{k-1}]<\infty\right\}$ 上 a. s. 收敛.

证 用停时方法. 对任给 $c>0$，令

$$\tau=\begin{cases}\inf\left\{n\geqslant 1:\sum_{k=1}^{n+1}E(\xi_k^2|\mathscr{F}_{k-1})>c\right\};\\ \infty,\text{当}\{\cdots\}=\varnothing\text{ 时}.\end{cases}$$

易见 τ 是 $\{\mathscr{F}_k, k\geqslant 1\}$ 停时. 从而(命题3.1.9(i))

$$\left\{\sum_{k=1}^{\tau\wedge n}\xi_k=\sum_{k=1}^{n}\xi_k\cdot I_{[\tau\geqslant k]},\mathscr{F}_{\tau\wedge n}, n\geqslant 1\right\}$$

是鞅.

又对每个 $k\geqslant 1$ 有

---

① 前面§3.3的一些收敛结论都可改述成随机变量级数的收敛结果. 在某些情形，作这样的描述与理解是有益的.

$$E[\xi_k^2 I_{[\tau\geqslant k]}]\overset{(1)}{=}E\{E[\xi_k^2 I_{[\tau\geqslant k]}\,|\,\mathscr{F}_{k-1}]\}\overset{(2)}{=}E\{I_{[\tau\geqslant k]}E[\xi_k^2\,|\,\mathscr{F}_{k-1}]\}$$

$$\overset{(3)}{\leqslant}E\Big\{I_{[\tau\geqslant k]}\cdot\sum_{i=1}^{k}E(\xi_i^2\,|\,\mathscr{F}_{i-1})\Big\}\overset{(4)}{\leqslant}C\,.$$

【(1):(2.1.11);(2):(2.2.11);(3):定理2.2.1(ii);(4):τ 之定义.】故所得的$\{\xi_k\cdot I_{[\tau\geqslant k]},\mathscr{F}_k,k\geqslant 1\}$是一个 L_2 鞅差列,因而为正交列(命题3.1.4).据此,对每个 $n\geqslant 1$,有

$$E\Big(\sum_{k=1}^{\tau\wedge n}\xi_k\Big)^2=E\Big[\sum_{k=1}^{n}\xi_k\cdot I_{[\tau\geqslant k]}\Big]^2=\sum_{k=1}^{n}E[\xi_k^2\cdot I_{[\tau\geqslant k]}]$$

$$=\sum_{k=1}^{n}E\{E[\xi_k^2 I_{[\tau\geqslant k]}\,|\,\mathscr{F}_{k-1}]\}=\sum_{k=1}^{n}E\{I_{[\tau\geqslant k]}\cdot E[\xi_k^2\,|\,\mathscr{F}_{k-1}]\}$$

$$=E\sum_{k=1}^{n}I_{[\tau\geqslant k]}\cdot E[\xi_k^2\,|\,\mathscr{F}_{k-1}]=E\sum_{k=1}^{\tau\wedge n}E[\xi_k^2\,|\,\mathscr{F}_{k-1}]\leqslant C\,.$$

可见(注意[8],16)

$$\sup_{n\geqslant 1}E\Big|\sum_{k=1}^{\tau\wedge n}\xi_k\Big|\leqslant\sup_{n\geqslant 1}E^{\frac{1}{2}}\Big(\sum_{k=1}^{\tau\wedge n}\xi_k\Big)^2\leqslant\sqrt{C}\,.$$

由此依定理3.3.1注1,有

$$\lim_{n\to\infty}\sum_{k=1}^{\tau\wedge n}\xi_k\quad \text{a.s. 存在且有限},$$

即

$$\sum_{k=1}^{\infty}\xi_k I_{[\tau\geqslant k]}\quad \text{a.s. 收敛}.$$

注意在集合$\Big[\sum_{k=1}^{\infty}E(\xi_k^2\,|\,\mathscr{F}_{k-1})\leqslant C\Big]=[\tau=\infty]$上有

$$\sum_{k=1}^{\infty}\xi_k I_{[\tau\geqslant k]}=\sum_{k=1}^{\infty}\xi_k,$$

故由上面的证明知:$\sum_{k=1}^{\infty}\xi_k$ 于集合$\Big[\sum_{k=1}^{\infty}E(\xi_k^2\,|\,\mathscr{F}_{k-1})\leqslant C\Big]$上 a.s. 收敛.又因$C>0$为任意,故知$\sum_{k=1}^{\infty}\xi_k$ 于集合$\Big[\sum_{k=1}^{\infty}E(\xi_k^2\,|\,\mathscr{F}_{k-1})<\infty\Big]$上 a.s. 收敛.证毕.

注 正如对正项级数有 $\sum a_i<\infty\ \underset{\not\Leftarrow}{\Rightarrow}\ \sum a_i^2<\infty$ 一样,对一般的非负 r.v. 列 $\{0\leqslant\xi_n,n\geqslant 1\}$(记 $\mathscr{F}_n\overset{\wedge}{=}\sigma(\xi_1,\cdots,\xi_n)$),有

$\sum_1^{\infty} E(\xi_k^2|\mathscr{F}_{k-1}) < \infty$ a.s. $\xRightarrow{\text{定理}.3.6.1(\mathrm{i})} \sum_1^{\infty}\xi_i^2 < \infty$ a.s. $\not\Rightarrow \sum_1^{\infty}\xi_i < \infty$ a.s. 但对鞅差列$\{\xi_i, i \geqslant 1\}$若满足$E\sup\xi_i^2 < \infty$,则有

$$\sum_1^{\infty}\xi_i^2 < \infty \text{ a.s.} \xRightarrow{\text{定理}.3.6.1(\mathrm{ii})} \sum_1^{\infty} E(\xi_k^2|\mathscr{F}_{k-1}) < \infty \text{ a.s.}$$

$\xRightarrow{\text{定理}.3.6.2} \left|\sum_1^{\infty}\xi_i\right| < \infty$ a.s.(见定理 3.6.5).

利用定理 3.6.2 及广义 Borel — Cantelli 引理(推论 3.3.3)可得随机序列级数的收敛定理 —— 条件三级数定理.

定理 3.6.3(条件三级数定理) 设$\{\xi_k, \mathscr{F}_k, k \geqslant 1\}$是随机序列,$0 < c = \text{const}$. 令

$$A_1 \triangleq \left[\sum_{k=1}^{\infty} P(|\xi_k| > c|\mathscr{F}_{k-1}) < \infty\right],$$

$$A_2 \triangleq \left[\sum_{k=1}^{\infty} E(\xi_k I_{[|\xi_k| \leqslant c]}|\mathscr{F}_{k-1}) \text{ 收敛}\right],$$

$$A_3 \triangleq \left[\sum_{k=1}^{\infty} \mathrm{Var}(\xi_k I_{[|\xi_k| \leqslant c]}|\mathscr{F}_{k-1}) < \infty\right],$$

$$A \triangleq A_1A_2A_3, B \triangleq \left[\sum_1^{\infty}\xi_k \text{ 收敛}\right].$$

则有 $A \subset B$ a.s.

说明 兹处 $A \subset B$ a.s. 表示 $P(A - B) = 0$;$[\sum\xi_k \text{ 收敛}] = [|\sum\xi_k| < \infty]$;$\mathrm{Var}(\xi|\mathscr{G}) \triangleq E\{[\xi - E(\xi|\mathscr{G})]^2|\mathscr{G}\} = E(\xi^2|\mathscr{G}) - E^2(\xi|\mathscr{G})$(见习题二,4);又若以 $\xi^{(c)} \triangleq \begin{cases}\xi, |\xi| \leqslant c \\ c, |\xi| > c\end{cases} \doteq \xi I_{[|\xi| \leqslant c]} + c \cdot I_{[|\xi| > c]}$ 表 ξ 在 c 处之截断,易见 $A_1 = \left[\sum_1^{\infty} E(c \cdot I_{[|\xi_k| > c]}|\mathscr{F}_{k-1}) < \infty\right]$ 及 $A_1A_2 \subset \left[\sum_{k=1}^{\infty} E(\xi_k^{(c)}|\mathscr{F}_{k-1}) \text{ 收敛}\right]$.

证 对鞅差列(命题3.1.10)

$$\{[\xi_k \cdot I_{[|\xi_k| \leqslant c]} - E(\xi_k I_{[|\xi_k| \leqslant c]}|\mathscr{F}_{k-1})]_k^*, \mathscr{F}_k, k \geqslant 1\},$$

用定理3.6.2得,在集合

$$A_3=\left[\sum_{k=1}^{\infty}\mathrm{Var}(\xi_k I_{[|\xi_k|\leqslant c]}|\mathscr{F}_{k-1})=\sum_{k=1}^{\infty}E([\cdots]_k^{*2}|\mathscr{F}_{k-1})<\infty\right]\text{上}$$

$$\sum_{k=1}^{\infty}[\cdots]_k^* \quad \text{a.s. 收敛}.$$

由此可见，若

$$\sum_{k=1}^{\infty}E(\xi_k I_{[|\xi_k|\leqslant c]}|\mathscr{F}_{k-1}) \quad \text{a.s. 收敛},$$

则有

$$\sum_{k=1}^{\infty}\xi_k I_{[|\xi_k|\leqslant c]} \quad \text{a.s. 收敛},$$

即

$$\sum_{k=1}^{\infty}\xi_k \cdot I_{[|\xi_k|\leqslant c]} \quad \text{于集合 } A_2A_3 \text{ 上 a.s. 收敛}. \qquad (*_1)$$

在集合 A_1 上，因 $\sum_{1}^{\infty}P(|\xi_k|>c|\mathscr{F}_{k-1})<\infty$，据广义 Borel-Cantelli 引理(推论3.3.3)知：事件列$\{|\xi_k|>c,k\geqslant 1\}$中仅有限多个发生，因而有

$$\sum_{k=1}^{\infty}\xi_k I_{[|\xi_k|>c]} \quad \text{于集合 } A_1 \text{ 上 a.s. 收敛}. \qquad (*_2)$$

注意到二收敛级数可逐项相加，合$(*_1)$、$(*_2)$知：

$$\sum_{k=1}^{\infty}\xi_k \quad \text{于集合 } A \text{ 上 a.s. 收敛}.$$

即 $A\subset B$ a.s. 证毕.

推论3.6.1(随机序列级数的基本收敛结论)　设$\{\xi_k,\mathscr{F}_k,k\geqslant 1\}$为随机序列，$p\in(0,1]$，则在集合$\left[\sum_{k=1}^{\infty}E(|\xi_k|^p|\mathscr{F}_{k-1})<\infty\right]$上有

$$\sum_{k=1}^{\infty}\xi_k \quad \text{a.s. 收敛}.$$

说明　当 $\xi_i\geqslant 0$，又 $p=1$时，推论就又给出了定理3.6.1(i)的结论.

证　据随机序列级数的收敛判定定理——条件三级数定理，

只须证明：

$$D \triangleq \left[\sum_{k=1}^{\infty} E(|\xi_k|^p | \mathscr{F}_{k-1}) < \infty\right] \subset A_i,\quad i = 1,2,3$$

（其中 A_i 定义如定理3.6.3）.

由于

$$\begin{aligned} P(|\xi_k| > c | \mathscr{F}_{k-1}) &= E[1 \cdot I_{[|\xi_k|>c]} | \mathscr{F}_{k-1}] \\ &\overset{(1)}{\leqslant} E\left[\left|\frac{\xi_k}{c}\right|^p \cdot I_{\left[\left|\frac{\xi_k}{c}\right|>1\right]} \middle| \mathscr{F}_{k-1}\right] \\ &= \frac{1}{c^p} E[|\xi_k|^p \cdot I_{[|\xi_k|>c]} | \mathscr{F}_{k-1}] \leqslant \frac{1}{c^p} E[|\xi_k|^p | \mathscr{F}_{k-1}], \end{aligned}$$

因而

$$\sum_{k=1}^{\infty} P(|\xi_k| > c | \mathscr{F}_{k-1}) \leqslant \frac{1}{c^p} \sum_{k=1}^{\infty} E[|\xi_k|^p | \mathscr{F}_{k-1}]. \qquad (*_3)$$

又

$$\begin{aligned} |E(\xi_k I_{[|\xi_k|\leqslant c]} | \mathscr{F}_{k-1})| &\leqslant E(|\xi_k| \cdot I_{[|\xi_k|\leqslant c]} | \mathscr{F}_{k-1}) \\ &= c \cdot E\left(\left|\frac{\xi_k}{c}\right| \cdot I_{\left[\left|\frac{\xi_k}{c}\right|\leqslant 1\right]} \middle| \mathscr{F}_{k-1}\right) \\ &\overset{(2)}{\leqslant} c \cdot E\left(\left|\frac{\xi_k}{c}\right|^p \cdot I_{\left[\left|\frac{\xi_k}{c}\right|\leqslant 1\right]} \middle| \mathscr{F}_{k-1}\right) \\ &= c^{1-p} \cdot E(|\xi_k|^p \cdot I_{[|\xi_k|\leqslant c]} | \mathscr{F}_{k-1}) \\ &\leqslant c^{1-p} \cdot E(|\xi_k|^p | \mathscr{F}_{k-1}), \end{aligned}$$

故

$$\left|\sum_{k=1}^{\infty} E(\xi_k I_{[|\xi_k|\leqslant c]} | \mathscr{F}_{k-1})\right| \leqslant c^{1-p} \sum_{k=1}^{\infty} E[|\xi_k|^p | \mathscr{F}_{k-1}]. \quad (*_4)$$

【(1)：对 $p>0, x>1$ 有 $x^p>1$；(2)：对 $p\in(0,1]$ 及 $x\in(0,1]$ 成立 $x<x^p$.】

最后，

$$\begin{aligned} &\mathrm{Var}(\xi_k \cdot I_{[|\xi_k|\leqslant c]} | \mathscr{F}_{k-1}) \\ &= E[\xi_k^2 \cdot I_{[|\xi_k|\leqslant c]} | \mathscr{F}_{k-1}] - E^2[\xi_k I_{[|\xi_k|\leqslant c]} | \mathscr{F}_{k-1}] \\ &\leqslant E[\xi_k^2 I_{[|\xi_k|\leqslant c]} | \mathscr{F}_{k-1}] = c^2 E\left[\left|\frac{\xi_k}{c}\right|^2 \cdot I_{\left[\left|\frac{\xi_k}{c}\right|\leqslant 1\right]} \middle| \mathscr{F}_{k-1}\right] \end{aligned}$$

$$\overset{(3)}{\leqslant} c^2 E\left[\left|\frac{\xi_k}{c}\right|^p \cdot I_{\left[\left|\frac{\xi_k}{c}\right|\leqslant 1\right]} \;\middle|\; \mathscr{F}_{k-1}\right] \leqslant c^{2-p} E[|\xi_k|^p | \mathscr{F}_{k-1}] .$$

【(3)：对 $x\in(0,1]$ 与 $p\in(0,2]$ 有 $x^2\leqslant x^p$.】所以

$$\sum_{k=1}^{\infty} \mathrm{Var}(\xi_k \cdot I_{[|\xi_k|\leqslant c]} | \mathscr{F}_{k-1}) \leqslant c^{2-p} \cdot \sum_{k=1}^{\infty} E[|\xi_k|^p | \mathscr{F}_{k-1}] \qquad (*_5)$$

由$(*_3)$、$(*_4)$、$(*_5)$知：$D\subset A_i(i=1,2,3)$. 因而

$$D \subset A_1A_2A_3 \subset B = [\sum_1^{\infty}\xi_k \text{ 收敛}].$$

证毕.

对于鞅差序列级数，自然会期望它有更好的收敛性. 下面的定理展示给我们的，正是这样的一些事实.

定理3.6.4(鞅差序列级数的收敛性结果)　设$\{\xi_k,\mathscr{F}_k,k\geqslant 1\}$是鞅差序列. 则

(i)若$0<p\leqslant 2$，有 $D\subset B$ a.s.，

其中 $D \triangleq \left[\sum_{k=1}^{\infty}E(|\xi_k|^p|\mathscr{F}_{k-1})<\infty\right]$，$B\triangleq\left[\sum_{k=1}^{\infty}\xi_k \text{ 收敛}\right]$.

(ii) 若 $p>2$，则对任何满足条件 $\sum_1^{\infty}a_k<\infty$ 的正实数列$\{a_k,k\geqslant 1\}$ 有

$$\widetilde{D} \triangleq \left[\sum_{k=1}^{\infty}a_k^{1-\frac{p}{2}}E(|\xi_k|^p|\mathscr{F}_{k-1})<\infty\right]\subset B \text{ a.s.}$$

证　(i)当$0<p\leqslant 1$时，有推论3.6.1，无须再证；现只考虑$1<p\leqslant 2$的情形，仍沿用推论3.6.1的证法. 因彼处证明中的注(1)、(3)处的不等式对于$1<p\leqslant 2$亦成立，故 $D\subset A_i(i=1,3)$，不必再证. 只须证 $D\subset A_2$.

注意 $\xi_k=\xi_k(I_{[|\xi_k|\leqslant c]}+I_{[|\xi_k|>c]})$为鞅差，故 $E(\xi_k|\mathscr{F}_{k-1})=0$，因而

$$E(\xi_k I_{[|\xi_k|\leqslant c]}|\mathscr{F}_{k-1}) = -E(\xi_k I_{[|\xi_k|>c]}|\mathscr{F}_{k-1}) .$$

由此得

$$|E(\xi_k I_{[|\xi_k|\leqslant c]}|\mathscr{F}_{k-1})| = |E(\xi_k I_{[|\xi_k|>c]}|\mathscr{F}_{k-1})|$$

$$\leqslant E(|\xi_k| \cdot I_{[|\xi_k|>c]}|\mathscr{F}_{k-1}) = c\cdot E\left(\left|\frac{\xi_k}{c}\right| \cdot I_{\left[\left|\frac{\xi_k}{c}\right|>1\right]} \;\middle|\; \mathscr{F}_{k-1}\right)$$

$$\overset{(4)}{\leqslant} c \cdot E\left(\left| \frac{\xi_k}{c} \right|^p \cdot I_{\left[\left| \frac{\xi_k}{c} \right| > 1 \right]} \middle| \mathscr{F}_{k-1} \right) \leqslant c^{1-p} \cdot E(|\xi_k|^p | \mathscr{F}_{k-1}) .$$

【(4)：对 $x>1$ 与 $1<p\leqslant 2$ 有 $x<x^p$.】故而

$$\left| \sum_{k=1}^{\infty} E(\xi_k I_{[|\xi_k|\leqslant c]} | \mathscr{F}_{k-1}) \right| \leqslant \sum_{k=1}^{\infty} \left| E(\xi_k I_{[|\xi_k|\leqslant c]} | \mathscr{F}_{k-1}) \right|$$

$$\leqslant c^{1-p} \sum_{k=1}^{\infty} E(|\xi_k|^p | \mathscr{F}_{k-1}).$$

由此知 $D\subset A_2$. (i)获证.

(ii)往证以下关系成立：

$$\widetilde{D} \subset D^* \triangleq \left\{ \sum_{k=1}^{\infty} E^{\frac{2}{p}} (|\xi_k|^p | \mathscr{F}_{k-1}) < \infty \right\}$$

$$\subset B^* \triangleq \left\{ \sum_{k=1}^{\infty} E(\xi_k^2 | \mathscr{F}_{k-1}) < \infty \right\} \subset B.$$

$B^* \subset B$，因定理3.6.2，属显然.

$D^* \subset B^*$ 可由条件期望的凸性得出(定理2.2.4(v))：由 $p>2$ $\left(0<\frac{2}{p}<1\right)$ 知 $x^{\frac{2}{p}}$ 凹，故而

$$E^{\frac{2}{p}} (|\xi_k|^p | \mathscr{F}_{k-1}) \geqslant E(|\xi_k|^{p\cdot\frac{2}{p}} | \mathscr{F}_{k-1}) = E(\xi_k^2 | \mathscr{F}_{k-1}).$$

于是 $D^* \subset B^*$.

现只须证明 $\widetilde{D} \subset D^*$. 这可如下进行：

$$\left[E^{\frac{2}{p}} (|\xi_k|^p | \mathscr{F}_{k-1})\right]_1 = [\cdots]_1 \cdot \left[I_{([\cdots]_1 \leqslant a_k)} + I_{([\cdots]_1 > a_k)}\right]$$

$$\leqslant a_k + a_k \cdot \left\{ \frac{[\cdots]_1}{a_k} \right\}^1 \cdot I_{(\{\cdots\}>1)}$$

$$\leqslant a_k + a_k \cdot \{\cdots\}^{\frac{p}{2}} \cdot I_{(\{\cdots\}>1)}$$

$$= a_k + a_k^{1-\frac{p}{2}} \cdot E(|\xi_k|^p | \mathscr{F}_{k-1}) \cdot I_{(\{\cdots\}>1)}$$

$$\leqslant a_k + a_k^{1-\frac{p}{2}} \cdot E(|\xi_k|^p | \mathscr{F}_{k-1}) .$$

由此可知：当 $\sum_1^{\infty} a_k < \infty$，且 $\sum_{k=1}^{\infty} a_k^{1-\frac{p}{2}} E(|\xi_k|^p | \mathscr{F}_{k-1}) < \infty$ 时就有

$$\sum_{k=1}^{\infty} E^{\frac{2}{p}} (|\xi_k|^p | \mathscr{F}_{k-1}) < \infty.$$

即在 $\sum\limits_1^{\infty} a_k < \infty$ 前提下，有 $\widetilde{D} \subset D^*$. 证毕.

注 本定理表明：对鞅差列 $(\xi_n, \mathscr{F}_n, n \geqslant 1)$，欲由 $\sum\limits_1^{\infty} E[|\xi_n|^p | \mathscr{F}_{n-1}] < \infty$（其中 $p > 2$）得到 $\sum\limits_1^{\infty} \xi_n < \infty$，需前一随机项级数的通项 $E[|\xi_n|^p | \mathscr{F}_{n-1}]$，在 $n \to \infty$ 时趋于零的速度足够快：快到以 $a_n^{1-\frac{p}{2}} \cdot E[|\xi_n|^p | \mathscr{F}_{n-1}]$ 为通项的级数依旧收敛（其中 a_n 满足 $\sum\limits_1^{\infty} a_n < \infty$，因此 $n \to \infty$ 时 $a_n^{1-\frac{p}{2}} \to \infty$）.

3.6.3 鞅差级数的收敛集合

3.6.2中我们是在不对随机序列（或鞅差序列）施加任何限制的情况下，讨论在怎样一个集合上相应的随机项级数收敛；但未考虑相反的问题：即若 ω 使级数收敛，那么它是否属于哪个集合？现在我们拟对**鞅差序列**施加一些限制，考虑这时的鞅差级数的收敛集合是什么. 换言之，3.6.2只考察了随机项级数的收敛集合的子集，这里则要了解收敛集合之全貌.

为使行文简洁，引入下述记号：

$$\mathscr{C}(\xi) \triangleq \left[\sum_1^{\infty} \xi_i < \infty \right],$$

$$\mathscr{C}(\pm\xi) \triangleq \left[\left| \sum_1^{\infty} \xi_i \right| < \infty \right] = \left[\sum_1^{\infty} \xi_i \text{ 收敛} \right],$$

$$\mathscr{C}(\xi) \triangleq \left[\sum_1^{\infty} E[\xi_k | \mathscr{F}_{k-1}] < \infty \right],$$

$$\mathscr{C}(\tilde{\xi}_c) \triangleq \left[\sum_1^{\infty} \operatorname{Var}(\xi_k I_{[|\xi_k| \leqslant c]} | \mathscr{F}_{k-1}) < \infty \right].$$

设 $\{\xi_k, \mathscr{F}_k, k \geqslant 1\}$ 为鞅差列，相应的鞅序列为 $\left\{ S_n = \sum\limits_1^n \xi_i, \mathscr{F}_n, n \geqslant 1 \right\}$，属不言自明，下文亦不赘述.

定理3.5.2 若 $\sup\limits_{n \geqslant 1} E|S_n| < \infty$，则 $\mathscr{C}(\xi^2) = \Omega$ a.s.

此即§3.5中的 Austin 定理. 这里我们是从另一角度来理解

与表达的.

定理3.6.5 若 $E\sup\limits_{n\geqslant 1}\xi_n^2<\infty$，则 $\mathscr{C}(\pm\xi)=\mathscr{C}(\xi^2)=\mathscr{C}(\bar{\xi}^2)$.

证 先证 $\mathscr{C}(\xi^2)=\mathscr{C}(\bar{\xi}^2)$. 由定理3.6.1(i)知 $\mathscr{C}(\bar{\xi}^2)\subset\mathscr{C}(\xi^2)$；再因 $E\sup_{n\geqslant 1}\xi_n^2<\infty$，由定理3.6.1(ii)知 $\mathscr{C}(\xi^2)\subset\mathscr{C}(\xi^2)$. 因而 $\mathscr{C}(\xi^2)=\mathscr{C}(\bar{\xi}^2)$.

再证 $\mathscr{C}(\pm\xi)=\mathscr{C}(\bar{\xi}^2)$. 由定理3.6.2知 $\mathscr{C}(\dot{\xi}^2)\subset\mathscr{C}(\pm\xi)$；只须应用条件 $E\sup\limits_{n\geqslant 1}\xi_n^2<\infty$ 来证 $\mathscr{C}(\pm\xi)\subset\mathscr{C}(\bar{\xi}^2)$. 为此，对任给的 $C>0$，令

$$\tau=\begin{cases}\inf\{n\geqslant 1:|S_n|>c\};\\ \infty,\text{当}\{\cdots\}=\varnothing\text{ 时}.\end{cases}$$

显然 τ 是 $\{\mathscr{F}_n\}$-时间. 由于

$$\begin{aligned}
&E\Big\{I_{[\tau=\infty]}\cdot\sum_{k=1}^{\infty}E(\xi_k^2|\mathscr{F}_{k-1})\Big\}_1\overset{(1)}{=}E\Big\{\sum_{k=1}^{\infty}I_{[\tau=\infty]}\cdot E(\xi_k^2|\mathscr{F}_{k-1})\Big\}_2\\
&\leqslant E\Big\{\sum_{k=1}^{\infty}I_{[\tau\geqslant k]}\cdot E(\xi_k^2|\mathscr{F}_{k-1})\Big\}\overset{(2)}{=}\sum_{k=1}^{\infty}E[E(I_{[\tau\geqslant k]}\xi_k^2|\mathscr{F}_{k-1})]\\
&=\sum_{k=1}^{\infty}E(\xi_k^2I_{[\tau\geqslant k]})\overset{(3)}{=}E\sum_{k=1}^{\infty}\xi_k^2\cdot I_{[\tau\geqslant k]}\\
&=E\lim_{n\to\infty}\sum_{k=1}^{n}\xi_k^2\cdot I_{[\tau\geqslant k]}\overset{(4)}{=}\lim_{n\to\infty}E\sum_{k=1}^{n}\xi_k^2\cdot I_{[\tau\geqslant k]}\\
&=\lim_{n\to\infty}E\sum_{k=1}^{\tau\wedge n}\xi_k^2\overset{(5)}{=}\lim_{n\to\infty}ES_{\tau\wedge n}^2=\lim_{n\to\infty}E(S_{\tau\wedge n-1}+\xi_{\tau\wedge n})^2\\
&=\lim_{n\to\infty}[ES_{\tau\wedge n-1}^2+2E\xi_{\tau\wedge n}\cdot S_{\tau\wedge n-1}+E\xi_{\tau\wedge n}^2]\\
&\overset{(6)}{=}\lim_{n\to\infty}[ES_{\tau\wedge n-1}^2+E\xi_{\tau\wedge n}^2]\leqslant\lim_{n\to\infty}(c^2+E\sup\nolimits_{n\geqslant 1}\xi_n^2)\\
&=c^2+E\sup\nolimits_{n\geqslant 1}\xi_n^2<\infty.
\end{aligned}$$

【(1)：可就 $I=0$，1分别证 $\{\cdots\}_1=\{\cdots\}_2$；(2)、(3)、(4)：单调收敛定理及(2.2.11)；(5)：$\{\xi_k\cdot I_{[\tau\geqslant k]},k\geqslant 1\}$ 为平方可积鞅差列，所以为正交列，故而 $E\Big(\sum\limits_{k=1}^{n}\xi_k^2\,I_{[\tau\geqslant k]}\Big)=E\Big(\sum\limits_{k=1}^{n}\xi_k\,I_{[\tau\geqslant k]}\Big)^2=ES_{\tau\wedge n}^2$；(6)：$E(\xi_{\tau\wedge n}\cdot S_{\tau\wedge n-1})=E[E(\xi_{\tau\wedge n}\cdot S_{\tau\wedge n-1}\mid\mathscr{F}_{\tau\wedge n-1})]=$

$E[S_{\tau\wedge n-1}\cdot E(\xi_{\tau\wedge n}|\mathscr{F}_{\tau\wedge n-1})]=0$,见命题3.1.9(i).】因此

$$I_{[\tau=\infty]}\cdot\sum_{k=1}^{\infty}E(\xi_k^2|\mathscr{F}_{k-1})<\infty\quad\text{a.s.},$$

亦即在集合$[\tau=\infty]=[\sup\limits_{n\geq1}|S_n|\leqslant c]$上有$\sum\limits_{k=1}^{\infty}E(\xi_k^2|\mathscr{F}_{k-1})<\infty$ a.s. 也就是

$$[\tau=\infty]=[\sup\nolimits_{n\geqslant1}|S_n|\leqslant c]\subset\mathscr{C}(\bar{\xi}^2)\quad\text{a.s.}$$

因 $c>0$为任意值,故有$[\sup_{n\geqslant1}|S_n|<\infty]\subset\mathscr{C}(\bar{\xi}^2)$ a.s.

注意收敛于有限数的无穷级数的部分和序列及部分和绝对值序列的上确界必有限,即

$$\mathscr{C}(\pm\xi)\subset[\sup\nolimits_{n\geqslant1}|S_n|<\infty].$$

因而有

$$\mathscr{C}(\pm\xi)\subset\mathscr{C}(\bar{\xi}^2)\quad\text{a.s.}$$

及

$$\mathscr{C}(\pm\xi)=\mathscr{C}(\bar{\xi}^2)\quad\text{a.s.}$$

证毕.

关于**下鞅差**列级数的收敛集合,前面已有过一个结论,它就是

定理 3.3.3 设$\left\{\sum\limits_{k=1}^{n}\xi_k=S_n,\mathscr{F}_n,n\geqslant1\right\}$是下鞅. 如果有$E\sup_{n\geqslant1}\xi_n^+<\infty$,则有

$$[\sup\nolimits_{n\geqslant1}S_n<\infty]\subset\mathscr{C}(\pm\xi)\quad\text{a.s.}$$

下面是一个比定理3.6.5条件要弱的**鞅差**列级数收敛集合的结论.

定理3.6.6 设有 $E\sup_{k\geqslant1}|\xi_k|<\infty$,则有

$$[\sup\nolimits_{n\geqslant1}S_n<\infty]\subset\mathscr{C}(\pm\xi)=\mathscr{C}(\xi^2)\quad\text{a.s.}$$

说明 记 $\eta\triangleq\sup\limits_k|\xi_k|$,$\eta^2\triangleq\sup\limits_k\xi_k^2$. 因由 $E\eta^2=E\eta^2I_{[|\eta|\leqslant1]}+E\eta^2I_{[|\eta|>1]}<\infty$ 易得 $E\eta=E\eta\cdot I_{[|\eta|\leqslant1]}+E\eta I_{[|\eta|>1]}<\infty$(反之未必),所以此处条件比定理3.6.5的弱.

证 由于$|\xi_k|=\xi_k^++\xi_k^-$,故由 $E\sup\limits_k|\xi_k|<\infty$可得

$$E\sup_k \xi_k^+ < \infty .$$

故依定理3.3.3(鞅为下鞅)有

$$[\sup_{n\geqslant 1} S_n < \infty] \subset \mathscr{C}(\pm\xi) \quad \text{a. s.}$$

故只须证

$$\mathscr{C}(\pm\xi) = \mathscr{C}(\xi^2) \quad \text{a. s.}$$

先证 $\mathscr{C}(\pm\xi)\subset\mathscr{C}(\xi^2)$ a. s.. 对任意 $c>0$,定义

$$\tau = \begin{cases} \inf\{n \geqslant 1: |S_n| > c\}; \\ \infty, \text{当}\{\cdots\} = \varnothing \text{ 时}. \end{cases}$$

易见

$$|S_{\tau\wedge n}| \leqslant (|S_{\tau-1}| + |\xi_\tau|)\cdot I_{[\tau\leqslant n]} + |S_n|\cdot I_{[\tau>n]} \leqslant c + \sup_{k\geqslant 1}|\xi_k|.$$

从而

$$\sup_{n\geqslant 1} E|S_{\tau\wedge n}| = \sup_{n\geqslant 1} E\left|\sum_{k=1}^n \xi_k I_{[\tau\geqslant k]}\right| \leqslant c + E\sup_{k\geqslant 1}|\xi_k| < \infty.$$

这样一来,鞅差列$\{\xi_k I_{[\tau\geqslant k]},\mathscr{F}_k,k\geqslant 1\}$满足定理3.5.2的条件,从而有

$$I_{[\tau=\infty]}\cdot\sum_{k=1}^\infty \xi_k^2 = \sum_{k=1}^\infty \xi_k^2 I_{[\tau=\infty]} \leqslant \sum_{k=1}^\infty \xi_k^2 I_{[\tau\geqslant k]} < \infty \text{ a. s.}$$

这说明

$$[\tau = \infty] = [\sup_n |S_n| \leqslant c] \subset \mathscr{C}(\xi^2) \quad \text{a. s.}$$

由于 $c>0$为任取,故由上可得

$$[\sup_n |S_n| < \infty] \subset \mathscr{C}(\xi^2) \quad \text{a. s.}$$

又因(见定理3.6.5证明末)

$$\mathscr{C}(\pm\xi) \subset [\sup_{n\geqslant 1}|S_n| < \infty].$$

合此二式即得

$$\mathscr{C}(\pm\xi) \subset \mathscr{C}(\xi^2) \quad \text{a. s.}$$

再证 $\mathscr{C}(\xi^2)\subset\mathscr{C}(\pm\xi)$ a. s.. 为此对任意 $c>0$,定义

$$\sigma = \begin{cases} \inf\left\{n \geqslant 1: \sum_{k=1}^n \xi_k^2 > c^2\right\}; \\ \infty, \text{当}\{\cdots\} = \varnothing \text{ 时}, \end{cases}$$

并考虑鞅差序列

$$\{\xi_k^{(i)}, \mathscr{F}_k, k \geqslant 1\},\ i = 1,2,$$

这里

$$\xi_k^{(1)} \triangleq \xi_k I_{[\sigma=k]} - E(\xi_k I_{[\sigma=k]} | \mathscr{F}_{k-1}),\ k \geqslant 1;$$
$$\xi_k^{(2)} \triangleq \xi_k \cdot I_{[\sigma>k]} - E(\xi_k I_{[\sigma>k]} | \mathscr{F}_{k-1}),\ k \geqslant 1 .$$

由于

$$E\sum_{k=1}^{\infty} |\xi_k^{(1)}| = \sum_{k=1}^{\infty} E|\xi_k^{(1)}| \leqslant 2\sum_{k=1}^{\infty} E(|\xi_k| \cdot I_{[\sigma=k]})$$
$$= 2E(|\xi_\sigma| \cdot I_{[\sigma<\infty]}) \leqslant 2E\sup_{n\geqslant 1}|\xi_n| < \infty,$$

故有

$$\sum_{k=1}^{\infty} |\xi_k^{(1)}| < \infty \quad \text{a. s. },$$

从而有

$$\sum_{k=1}^{\infty} \xi_k^{(1)} \text{ 收敛} \quad \text{a. s.} \tag{$*_1$}$$

又因对每个 $n \geqslant 1$,有

$$\begin{aligned}
\sum_{k=1}^{n} \xi_k^2 \cdot I_{[\sigma>k]} &= \sum_{k=1}^{n} \xi_k^2 \cdot I_{[\sigma\geqslant k]} - \sum_{k=1}^{n} \xi_k^2 \cdot I_{[\sigma=k]} \\
&= \sum_{k=1}^{\sigma\wedge n} \xi_k^2 - \xi_\sigma^2 \cdot I_{[\sigma\leqslant n]} \\
&= \sum_{k=1}^{\sigma\wedge n-1} \xi_k^2 + \xi_{\sigma\wedge n}^2 - \xi_\sigma^2 \cdot I_{[\sigma\leqslant n]} \\
&= \sum_{k=1}^{\sigma\wedge n-1} \xi_k^2 + \xi_{\sigma\wedge n}^2 (I_{[\sigma\leqslant n]} + I_{[\sigma>n]}) - \xi_\sigma^2 \cdot I_{[\sigma\leqslant n]} \\
&= \sum_{k=1}^{\sigma\wedge n-1} \xi_k^2 + \xi_\sigma^2 \cdot I_{[\sigma\leqslant n]} + \xi_n^2 \cdot I_{[\sigma>n]} - \xi_\sigma^2 I_{[\sigma\leqslant n]} \\
&= \sum_{k=1}^{\sigma\wedge n-1} \xi_k^2 + \xi_n^2 \cdot I_{[\sigma>n]} \leqslant 2c^2,
\end{aligned} \tag{$*_2$}$$

故得

$$E\sum_{k=1}^{\infty} (\xi_k^{(2)})^2 = E\lim_{n\to\infty} \sum_{k=1}^{n} (\xi_k^{(2)})^2 \overset{(1)}{\leqslant} \varliminf_{n\to\infty} E\sum_{k=1}^{n} (\xi_k^{(2)})^2$$

$$\overset{(2)}{\leqslant} \lim_{n\to\infty} E\sum_{k=1}^{n}\xi_k^2 I_{[\sigma>k]} \overset{(3)}{\leqslant} 2c^2 .$$

【(1)：Fatou；(2)：$E\left[\xi_k\cdot I_{[\sigma>k]}\cdot E\left(\xi_k I_{[\sigma>k]}\mid\mathscr{F}_{k-1}\right)_1\right]_1 = E\{E([\cdots]_1|\mathscr{F}_{k-1})\} = E\left\{E\left(\cdots\right)_1\cdot E\left(\xi_k I_{[\sigma>k]}\mid\mathscr{F}_{k-1}\right)\right\} = E\{E^2(\cdots)_1\}$. 因此 $E(\xi_k^{(2)})^2 = E\xi_k^2 I_{[\sigma>k]} - E\{E^2(\cdots)_1\} \leqslant E\xi_k^2 I_{[\sigma>k]}$；(3)：$(*_2)$.】由此(因 $(\xi_n^{(2)})^2 \leqslant \sum_{k=1}^{n}(\xi_k^{(2)})^2$，$\sup_{n\geqslant 1}(\xi_n^{(2)})^2 \leqslant \sum_{k=1}^{\infty}(\xi_k^{(2)})^2$)可得

$$E\sup_{n\geqslant 1}(\xi_n^{(2)})^2 \leqslant 2c^2, \tag{$*_3$}$$

$$\sum_{k=1}^{\infty}(\xi_k^{(2)})^2 < \infty \quad \text{a.s.} \tag{$*_4$}$$

由于$(*_3)$，可对鞅差列$\{\xi_k^{(2)},\mathscr{F}_k,k\geqslant 1\}$用定理3.6.5，得

$$\mathscr{C}(\pm\,\xi^{(2)}) = \mathscr{C}(\xi^{(2)^2}) = \mathscr{C}(\overline{\xi^{(2)2}}). \tag{$*_5$}$$

这样由$(*_4)$、$(*_5)$得

$$\sum_{k=1}^{\infty}\xi_k^{(2)} \quad \text{a.s. 收敛}. \tag{$*_6$}$$

合$(*_1)$、$(*_6)$得知

$$\sum_{k=1}^{\infty}(\xi_k^{(1)} + \xi_k^{(2)}) = \sum_{k=1}^{\infty}\left[\xi_k I_{[\sigma\geqslant k]} - E(\xi_k I_{[\sigma\geqslant k]}|\mathscr{F}_{k-1})\right]$$

$$\overset{(1)}{=} \sum_{k=1}^{\infty}\xi_k I_{[\sigma\geqslant k]} \quad \text{a.s. 收敛}. \tag{$*_7$}$$

【(1)：ξ_k 为鞅差，故 $E(\xi_k I_{[\sigma\geqslant k]}|\mathscr{F}_{k-1}) = I_{[\sigma\geqslant k]}E(\xi_k|\mathscr{F}_{k-1}) = 0$.】

因为在$[\sigma=\infty] = \left[\sum_1^{\infty}\xi_k^2 \leqslant c^2\right]$上有 $\sum_{k=1}^{\infty}\xi_k I_{[\sigma\geqslant k]} = \sum_{k=1}^{\infty}\xi_k$，故$(*_7)$表明：

$$\text{在集合}\left[\sum_{k=1}^{\infty}\xi_k^2 \leqslant c^2\right]\text{上}，\sum_{k=1}^{\infty}\xi_k \quad \text{a.s. 收敛}. \tag{$*_8$}$$

由于 $c>0$ 为任给，故由$(*_8)$知

$$\text{在集合}\left[\sum_{k=1}^{\infty}\xi_k^2 < \infty\right]\text{上} \sum_{k=1}^{\infty}\xi_k \quad \text{a.s. 收敛}.$$

即

$$\mathscr{C}(\xi^2) \subset \mathscr{C}(\pm \xi).$$

证毕.

为方便查阅，兹将上述结论列为表式：

随机项级数收敛结论一览表

$\{\xi_n,\mathscr{F}_n,n\geqslant 1\}$为	条　　件	结　　论	依　据
适随机列	$E\sup\limits_{n\geqslant 1}\lvert\xi_n\rvert^p<\infty$，$p$ 为实数	$\mathscr{C}(\lvert\xi\rvert^p)\subset\mathscr{C}(\overline{\lvert\xi\rvert}^{p})$	定理3.6.1(ii)
适随机列	p 为实数	$\mathscr{C}(\overline{\lvert\xi\rvert}^{p})\subset\mathscr{C}(\lvert\xi\rvert^p)$	定理3.6.1(i)
适随机列	$p\in(0,1]$	$\mathscr{C}(\overline{\lvert\xi\rvert}^{p})\subset\mathscr{C}(\pm\xi)$	推论3.6.1
适随机列	$0<c=\text{const}$	$\mathscr{C}(\bar{I}_{[\lvert\xi\rvert>c]})\cap$ $\mathscr{C}(\bar{\xi}_c)\cap\mathscr{C}(\xi_c)$ $\subset\mathscr{C}(\pm\xi)$	定理3.6.3
鞅差列	$p\in(0,2]$	$\mathscr{C}(\overline{\lvert\xi\rvert}^{p})\subset\mathscr{C}(\pm\xi)$	定理3.6.4(i)
鞅差列	$p>2$，有 $a_t>0$ 使 $\sum a_t<\infty$ 且 $\sum a_k^{1-\frac{p}{2}}E(\lvert\xi_k\rvert^p\mid\mathscr{F}_{k-1})<\infty$	$\mathscr{C}(\overline{\lvert\xi\rvert}^{p})\subset\mathscr{C}(\pm\xi)$	定理3.6.4(ii)
鞅差列	$\sup\limits_{n\geqslant 1}E\lvert S_n\rvert<\infty$	$\mathscr{C}(\xi^2)=\Omega$ a. s.	定理3.5.2
鞅差列	$E\sup_{n\geqslant 1}\xi_n^2<\infty$	$\mathscr{C}(\pm\xi)=$ $\mathscr{C}(\xi^2)=\mathscr{C}(\bar{\xi^2})$	定理3.6.5
鞅差列	$E\sup_{n\geqslant 1}\lvert\xi_n\rvert<\infty$	$[\sup\limits_{n\geqslant 1}S_n<\infty]\subset$ $\mathscr{C}(\pm\xi)=\mathscr{C}(\xi^2)$	定理3.6.6
下鞅差列	$E\sup\limits_{n\geqslant 1}\xi_n^+<\infty$	$[\sup\limits_{n\geqslant 1}S_n<\infty]\subset\mathscr{C}(\pm\xi)$	定理3.3.3
注　释	$S_n\triangleq\sum\limits_1^n\xi_k$；$\xi_c\triangleq(\xi_kI_{[\lvert\xi_k\rvert\leqslant c]},k\geqslant 1)$；$\bar{\xi}\triangleq(E[\xi_k\mid\mathscr{F}_{k-1}],k\geqslant 1)$； $\widetilde{\xi}\triangleq(\mathrm{Var}[\xi_k\mid\mathscr{F}_{k-1}]=E(\xi_k^2\mid\mathscr{F}_{k-1})-E^2(\xi_k\mid\mathscr{F}_{k-1}),k\geqslant 1\}$； $A\subset B$ a. s. 即 $P(A-B)=0$；$\mathscr{C}(\xi)\triangleq\left[\sum\xi_i<\infty\right]$；$\mathscr{C}(\pm\xi)\triangleq$ $\left[\sum\limits_1^\infty\xi_i\text{ 收敛}\right]=\left[\lvert\sum\xi_i\rvert<\infty\right]$		

§3.7 鞅差列的强大数律

引理3.7.1(Kronecker) 设$\{a_n\}$、$\{b_n\}$皆实数列,而$0<b_n\uparrow\infty$.

若$\sum\limits_{j=1}^{\infty}\frac{a_j}{b_j}$收敛,则$\frac{\sum\limits_{1}^{n}a_i}{b_n}\to 0(n\to\infty)$.

证 令

$$A_n\triangleq\sum\nolimits_{j=0}^{n}a_j,\quad n\geqslant 0,$$

则

$$\begin{aligned}\sum_{1}^{n}a_jb_j&=\sum_{j=1}^{n}(A_j-A_{j-1})b_j=\sum_{1}^{n}A_jb_j-\sum_{1}^{n}A_{j-1}b_j\\&=A_nb_n+\sum_{j=1}^{n-1}A_jb_j-A_0b_1-\sum_{j=2}^{n}A_{j-1}b_j\\&=A_nb_n-A_0b_1-\sum_{j=1}^{n-1}A_j(b_{j+1}-b_j).\end{aligned}$$

若$\sum\nolimits_{j=1}^{\infty}a_j$收敛,可记

$$A_n^*\triangleq\sum\nolimits_{j=n+1}^{\infty}a_j\quad(n\geqslant 0),$$

并取

$$a_0=A_0=-A_0^*,$$

于是

$$A_n+A_n^*=\sum_{j=0}^{\infty}a_j=a_0+\sum_{j=1}^{\infty}a_j=a_0+A_0^*=0,$$

$$A_n=-A_n^*,$$

$$\sum_{1}^{n}a_jb_j=A_0^*b_1-A_n^*b_n+\sum_{j=1}^{n-1}A_j^*(b_{j+1}-b_j).$$

用b_n除上式两边即得

$$\frac{1}{b_n}\sum_{1}^{n}a_jb_j=A_0^*\frac{b_1}{b_n}-A_n^*+\frac{1}{b_n}\sum_{j=1}^{n-1}A_j^*(b_{j+1}-b_j).\quad(*_1)$$

对任给的 $\varepsilon>0$,(因 $\sum_{1}^{\infty}a_j=A_0^*$ 有限,可以)选整数 m,使对 $j\geqslant m$ 有 $|A_j^*|<\varepsilon$. 易见

$$-\varepsilon\leqslant\varliminf_{n\to\infty}\frac{1}{b_n}\sum_{j=m}^{n-1}A_j^*(b_{j+1}-b_j)\leqslant\varlimsup_{n\to\infty}\frac{1}{b_n}\sum_{j=m}^{n-1}A_j^*(b_{j+1}-b_j)\leqslant\varepsilon.$$

从而(因 $b_n\to\infty, A_n^*\to 0$)自($*_1$)可得

$$-\varepsilon\leqslant\varliminf_{n\to\infty}\frac{1}{b_n}\sum_{j=1}^{n}a_jb_j\leqslant\varlimsup_{n\to\infty}\frac{1}{b_n}\sum_{j=1}^{n}a_jb_j\leqslant\varepsilon.$$

因 $\varepsilon>0$ 为任意,知有(在 $\sum a_j$ 收敛,$0<b_n\uparrow\infty$ 时)

$$\frac{1}{b_n}\sum\nolimits_{j=1}^{n}a_jb_j\longrightarrow 0\quad(0\to\infty).\tag{$*_2$}$$

对收敛级数 $\sum_{j=1}^{\infty}\frac{a_j}{b_j}$ 用($*_2$)结论,就得

$$\frac{1}{b_n}\sum\nolimits_{j=1}^{n}\frac{a_j}{b_j}\cdot b_j=\frac{1}{b_n}\sum\nolimits_{j=1}^{n}a_j\to 0(n\to\infty).$$

证毕.

注 该引理可简记如下:对 $0<b_n\uparrow\infty$,有

$$\sum\frac{a}{b}\text{ 收敛}\Rightarrow\frac{\sum_{1}^{n}a_i}{b_n}=o(1).$$

下面我们讨论随机序列与鞅差序列的强大数定律.

定理3.7.1 设 $\{\eta_k,\mathscr{F}_{k-1},k\geqslant 1\}$ 是随机序列,$0<\eta_k\uparrow\infty$ a.s.

(i)若 $\{\xi_k,\mathscr{F}_k,k\geqslant 1\}$ 是随机序列,$0<p\leqslant 1$,则

$$\left\{\sum_{k=1}^{\infty}\frac{E(|\xi_k|^p|\mathscr{F}_{k-1})}{\eta_k^p}<\infty\right\}\subset\left\{\frac{S_n}{\eta_n}\xrightarrow[n\to\infty]{\text{a.s.}}0\right\}\quad\text{a.s.}$$

(ii)若 $\{\xi_k,\mathscr{F}_k,k\geqslant 1\}$ 是鞅差列,$0<p\leqslant 2$,则

$$\left\{\sum_{k=1}^{\infty}E\left(\left|\frac{\xi_k}{\eta_k}\right|^p\middle|\mathscr{F}_{k-1}\right)<\infty\right\}\subset\left\{\frac{S_n}{\eta_n}\xrightarrow[n\to\infty]{\text{a.s.}}0\right\}\quad\text{a.s.}$$

(iii)若 $\{\xi_k,\mathscr{F}_k,k\geqslant 1\}$ 是鞅差列,$2<p<\infty$,则

$$\left\{\sum_{k=1}^{\infty}a_k^{1-\frac{p}{2}}\cdot E\left(\left|\frac{\xi_k}{\eta_k}\right|^p\middle|\mathscr{F}_{k-1}\right)<\infty\right\}\subset\left\{\frac{S_n}{\eta_n}\xrightarrow[n\to\infty]{\text{a.s.}}0\right\}\quad\text{a.s.},$$

其中 $a_k>0$，$\sum_{k=1}^{\infty} a_k<\infty$.

证　(i)因$\{\frac{\xi_k}{\eta_k},\mathscr{F}_k,k\geqslant 1\}$为随机序列，对它用推论3.6.1，继而用引理3.7.1，即可.

(ii)由于 η_k 是 $\mathscr{F}_{k-1}$ 可测的，故当$(\xi_k,\mathscr{F}_k,k\geqslant 1)$是鞅差列时，$\{\frac{\xi_k}{\eta_k},\mathscr{F}_k,k\geqslant 1\}$亦然. 对它相继运用定理3.6.4(i)与引理3.7.1即可.

(iii)对$\{\frac{\xi_k}{\eta_k},\mathscr{F}_k,k\geqslant 1\}$相继用定理3.6.4(ii)与引理3.7.1. 证毕.

易见，类似地把§3.6的其他收敛结果与 Kronecker 引理结合起来，可给出相应的强大数结论.

定理3.7.2　设$\{\xi_k,\mathscr{F}_k,k\geqslant 1\}$是鞅差列. 若对$1\leqslant p<\infty$有

$$\sum_{k=1}^{\infty}\frac{E|\xi_k|^{2p}}{k^{p+1}}<\infty,\qquad (*_1)$$

则

$$\frac{S_n}{n}=\frac{\sum_1^n \xi_k}{n}\xrightarrow{\text{a.s.}}0\quad (n\to\infty).$$

证　在定理条件下$\{S_k=\sum_{i=1}^{k}\xi_i,\mathscr{F}_k,k\geqslant 1\}$是 L_1 鞅. 因此对任意 $k\geqslant 1$，据 Burkholder 不等式(见(3.4.15). 但在此参数则为$2p\geqslant 2>1$)有常数 C(仅依赖于 p)可使

$$E|S_k|^{2p}\leqslant C\|(\sum_{i=1}^{k}\xi_i^2)^{\frac{1}{2}}\|_{2p}^{2p}=CE(\sum_{i=1}^{k}\xi_i^2)^p$$
$$\overset{(1)}{\leqslant} C\cdot k^{p-1}\sum_{i=1}^{k}E|\xi_i|^{2p}.\qquad (*_2)$$

【(1)：用 C_r-不等式：$|\sum_1^n a_i|^p\leqslant n^{p-1}\sum_1^n|a_i|^p$.】

注意由定理3.4.1(式(3.4.4))可知：对非负下鞅$\{S_k=\sum_{i=1}^{k}\xi_i,\mathscr{F}_k,1\leqslant k\leqslant n\}$、随机序列$\{\eta_k,\mathscr{F}_{k-1},1\leqslant k\leqslant n\}$，当

$$0 < \eta_1 \leqslant \cdots \leqslant \eta_n$$

及 $E\dfrac{\xi_k}{\eta_k}$有意义时,有

$$\lambda P[\max_{1\leqslant k\leqslant n}\frac{S_k}{\eta_k} \geqslant \lambda] \leqslant \sum_{k=1}^{n} E\frac{\xi_k}{\eta_k}$$

对任何 $\lambda>0$成立.

对非负下鞅(命题3.1.8)$\{|S_k|^{2p},\mathscr{F}_k,n\leqslant k\leqslant N\}$用此结论就得

$$\varepsilon^{2p}\cdot P[\max_{n\leqslant k\leqslant N}(\frac{|S_k|}{k}) \geqslant \varepsilon] = \varepsilon^{2p}\cdot P[\max_{n\leqslant k\leqslant N}\frac{|S_k|^{2p}}{k^{2p}} \geqslant \varepsilon^{2p}]$$

$$\leqslant \frac{E|S_n|^{2p}}{n^{2p}} + \sum_{k=n+1}^{N}\frac{E(|S_k|^{2p} - |S_{k-1}|^{2p})}{k^{2p}}$$

$$= \frac{E|S_N|^{2p}}{N^{2p}} + \sum_{k=n}^{N-1}[\frac{1}{k^{2p}} - \frac{1}{(k+1)^{2p}}]\cdot E|S_k|^{2p}$$

$$\overset{(1)}{\leqslant} C\left\{\frac{N^{p-1}\cdot\sum\limits_{i=1}^{N}E|\xi_i|^{2p}}{N^{2p}} + \sum_{k=n}^{N-1}[\frac{1}{k^{2p}} - \frac{1}{(k+1)^{2p}}]\cdot k^{p-1}\right.$$

$$\left.\cdot\sum_{i=1}^{k}E|\xi_i|^{2p}\right\}. \qquad (*_3)$$

【(1):用$(*_2)$.】

又对$(*_1)$用 Kronecker 引理,得

$$\lim_{N\to\infty}\frac{\sum\limits_{i=1}^{N}E|\xi_i|^{2p}}{N^{p+1}} = 0. \qquad (*_4)$$

注意 P 连续及$(*_4)$,对$(*_3)$取 $N\to\infty$的极限可得

$$\varepsilon^{2p}\cdot P\left[\sup_{n\leqslant k}\left(\frac{|S_k|}{k}\right) \geqslant \varepsilon\right]$$

$$\leqslant C\cdot\sum_{k=n}^{\infty}k^{p-1}\cdot[\frac{1}{k^{2p}} - \frac{1}{(k+1)^{2p}}]\cdot\sum_{i=1}^{k}E|\xi_i|^{2p}$$

$$= 2p\cdot C\cdot\sum_{k=n}^{\infty}k^{p-1}\left(\int_{k}^{k+1}x^{-2p-1}dx\right)\cdot\sum_{i=1}^{k}E|\xi_i|^{2p}$$

$$\leqslant 2p \cdot C \cdot \sum_{k=n}^{\infty} k^{p-1} \left(\int_k^{k+1} \frac{dx}{k^{2p+1}} \right) \cdot \sum_{i=1}^{k} E|\xi_i|^{2p}$$

$$= 2p \cdot C \cdot \sum_{k=n}^{\infty} k^{-(p+2)} \cdot \sum_{i=1}^{k} E|\xi_i|^{2p}. \qquad (*_5)$$

但因

$$\sum_{k=1}^{\infty} k^{-(p+2)} \cdot \sum_{i=1}^{k} E|\xi_i|^{2p} = \sum_{i=1}^{\infty} E|\xi_i|^{2p} \cdot \sum_{k=1}^{\infty} k^{-(p+2)}$$

$$= E|\xi_1|^{2p} \cdot \sum_{k=1}^{\infty} \frac{1}{k^{p+2}} + \sum_{i=2}^{\infty} E|\xi_i|^{2p} \cdot \sum_{k=i}^{\infty} k^{-(p+2)}$$

$$\overset{(1)}{\leqslant} M \cdot E|\xi_1|^{2p} + \sum_{i=2}^{\infty} E|\xi_i|^{2p} \cdot \frac{1}{1+p} \cdot \frac{1}{(i-1)^{1+p}}$$

$$= M \cdot E|\xi_1|^{2p} + \sum_{i=2}^{\infty} E|\xi_i|^{2p} \cdot \frac{1}{1+p} \cdot \left(\frac{i}{i-1} \right)^{1+p} \cdot \frac{1}{i^{1+p}}$$

$$\leqslant M \cdot E|\xi_1|^{2p} + \frac{1}{1+p} \cdot 2^{1+p} \cdot \sum_{i=2}^{\infty} E|\xi_i|^{2p} \cdot \frac{1}{i^{1+p}}$$

$$\overset{(2)}{\leqslant} K \cdot \sum_{i=1}^{\infty} E|\xi_i|^{2p} \cdot \frac{1}{i^{1+p}} \overset{(3)}{<} \infty.$$

【(1):用级数估计式 $\sum_{k=n+1}^{\infty} \frac{1}{k^{1+\sigma}} < \frac{1}{\sigma} \cdot \frac{1}{n^{\sigma}}, \sigma > 0$.(见[9],364目);又因 $2+p \geqslant 3 > 1$,故 $\sum_{k=1}^{\infty} \frac{1}{k^{2+p}} \triangleq M < \infty$.(2):置 $K = \max\left(M, \frac{2^{1+p}}{1+p}\right)$;(3):因($*_1$).】因而对($*_5$)的右端有

$$\lim_{n\to\infty} \sum_{k=n}^{\infty} k^{-(p+2)} \cdot \sum_{i=1}^{k} E|\xi_i|^{2p} = 0.$$

于是得

$$\lim_{n\to\infty} P\left[\sup_{n \leqslant k} \left(\frac{|S_k|}{k} \right) \geqslant \varepsilon \right] = 0,\text{对任何 } \varepsilon > 0.$$

而这正是 $\frac{S_n}{n} \xrightarrow[n\to\infty]{\text{a.s.}} 0$ 的一个充要条件([1],p.66).证毕.

注 由本定理可知:对鞅差列 $\{\xi_k, \mathscr{F}_k, k \geqslant 1\}$ 只要在 $k\to\infty$ 时有

$$E|\xi_k|^{2p} \text{ 与 } k^{p-\sigma} \text{ 同级} (\sigma > 0, p \geqslant 1)$$

便有大数定律成立：$\frac{\sum_1^n \xi_i}{n} \xrightarrow{\text{a.s.}} 0$.

§3.8 鞅的中心极限定理

自从 Lindeberg-Feller 中心极限定理于30年代完成后，人们一直谋求得到非独立场合的相应结果. 鞅的中心极限定理研究大致于六、七十年代完成. 尽管时间跨度不算很大，但取得了大量的重要结果. 限于篇幅，这里仅从比较与应用的角度出发，择作介绍，希望读者能从中对这类问题的研究思路与方法有所了解.

3.8.1 稳定地依分布收敛

如所周知，独立场合的 Lindeberg 中心极限定理如下. 设$(\xi_n, n\geqslant 1)$为一列独立 r. v.. 令

$$\mu_k \triangleq E\xi_k,\ \sigma_k^2 \triangleq \mathrm{Var}\xi_k,\ B_n \triangleq \sum_1^n \sigma_k^2,$$

$$\xi_{n,k} \triangleq \frac{\xi_k - \mu_k}{B_n},\ 1 \leqslant k \leqslant n,\ n \geqslant 1.$$

若 Linderberg 条件满足：即对一切 $\tau>0$有

$$\lim_{n\to\infty}\sum_{k=1}^n E\xi_{n,k}^2 \cdot I_{[|\xi_{n,k}|>\tau]} = 0, \tag{3.8.1}$$

则

$$P\Big(\sum_{k=1}^n \xi_{n,k} \leqslant x\Big) \xrightarrow[(n\to\infty)]{} \Phi(x),\ \forall\, x \in R.$$

定理表明：条件(3.8.1)是 r. v. 阵列$\{\xi_{n,k}, 1\leqslant k\leqslant n, n\geqslant 1\}$的行和，依分布收敛于$\Phi(x)$的一个充分条件.

在谋求对非独立的随机变量建立类似结论时，人们也是考虑随机变量阵列，满足怎样的与 Lindeberg 条件类似的渐近可忽略性条件时，其行和能依分布(或依较之更强的收敛方式)收敛于某个特定分布.

这里所说的，比依分布收敛为更强的收敛方式，即在讨论鞅的

中心极限定理时，人们广泛使用的稳定(地依分布)收敛. 要了解这一收敛概念，宜先对一些有关收敛概念略加回顾.

设 ξ、ξ_n 皆是$(\Omega,\mathscr{F},P)$到$(R,\mathscr{B})$上的 r. v. ；μ、μ_n 皆是$(R,\mathscr{B})$上的测度；$P\xi^{-1}$、$P\xi_n^{-1}$ 是 ξ、ξ_n 在 $\mathscr{B}$ 上的导出测度；F、F_n 是 ξ、ξ_n 的 d. f.

定义3.8.1 (i)若对 R 上的任一有界、实值、连续函数 f，有

$$\lim_{n\to\infty}\int_R f(x)d\mu_n=\int_R fd\mu \qquad (3.8.2)$$

就称测度 μ_n 弱收敛于 μ，记作：$\mu_n\xrightarrow{w}\mu$.

(ii)若 $P\xi_n^{-1}\xrightarrow{w}P\xi^{-1}$，则记作：$\xi_n\xrightarrow{d}\xi$.

(iii)若$\forall\ x\in C(F)$，有 $F_n(x)\longrightarrow F(x)\ (n\to\infty)$，就称 F_n 弱收敛于 F，记作 $F_n\xrightarrow{w}F$.

我们知道由$(R,\mathscr{B})$上的一个概率测度 μ，可以引出一个分布函数 F(令 $\mu\{(-\infty,x]\}\triangleq F(x)$)；反之由一个分布函数 F，亦可(借助于测度扩张定理(定理1.7.1))在 R 上产生一个 Lebesgue-Stieltjes 测度. 而分布函数 F 与特征函数 f 之间也有1－1对应关系. 与此相应，它们的列收敛之间也有对应关系.

引理3.8.1 设$\{\mu_n,n\geqslant1\}$是 R 上的概率测度列，$\{F_n,n\geqslant1\}$与$\{f_n,n\geqslant1\}$分别是对应的 d. f. 列与 c. f. 列. 则下述三款等价：

(i)有 R 上的概率测度 μ，能使 $\mu_n\xrightarrow{w}\mu$.

(ii)有 R 上的分布函数 F，能使 $F_n\xrightarrow{w}F$.

(iii)有 R 上于0点连续的复值函数 f，能使对每个 $t\in R$ 成立 $f_n(t)\longrightarrow f(t)$.

且这时 F、f 分别是 μ 对应的 d. f. 与 c. f.

证明. 从略(见[6]系4.1.3).

定义3.8.2 设$\{S_n,n\geqslant1\}$是概率空间$(\Omega,\mathscr{F},P)$上的 r. v. 列，若对每个 $A\in\mathscr{F}$，有 R 上的函数 $G(\cdot,A)$满足有界、非降、右连续及 $\lim\limits_{x\to-\infty}G(x,A)=0$[这样的 $G(\cdot,A)$称为**准**(quasi－)**分布函数**，q.

d. f.]，能使得

(i) $G(\infty, A)=P(A)$；　　(3. 8. 3)

(ii) 对 $\forall\ x\in C(G(\cdot,A))$，有 $\lim\limits_{n\to\infty}P(S_n\leqslant x, A)=G(x,A)$，

(3. 8. 4)

则称 $\{S_n, n\geqslant 1\}$ **稳定地**(stably)**依分布收敛于准分布函数 G**，记作

$$S_n \xrightarrow{\text{s. d.}} G. \tag{3.8.5}$$

注 1° 显然 $S_n\xrightarrow{\text{s. d.}}G$ 时，有 $P(S_n\leqslant x,\Omega)\to G(x,\Omega)$(分布函数)，即 $S_n\xrightarrow{d}S_G$(S_G 表以 $G(\cdot,\Omega)$ 为 d. f. 的 r. v.)(故此，稳定地依分布收敛比依分布收敛更强)

2° 若有 d. f. F 可使

$$G(x,A) = F(x)\cdot P(A) \tag{3.8.6}$$

对于 $\forall\ x\in R$、$\forall\ A\in\mathscr{F}$ 成立，则称 $\{S_n, n\geqslant 1\}$ 为**混合收敛**到 d. f. F，记作

$$S_n \xrightarrow{\text{m. d.}} F. \tag{3.8.7}$$

3° $R\times\mathscr{F}$ 上的函数 $G(\cdot,\cdot)$，如果满足：

1) 对每个 $x\in R$，$G(x,\cdot)$ 是 $\mathscr{F}$ 上的测度；

2) 对每个 $A\in\mathscr{F}$，$G(\cdot,A)$ 是一个准分布函数，满足 $G(\infty,A)=P(A)$，就称 G 为**混合**(mixing)**分布函数**(m. d. f.). 易证定义中的 G 及 $G_n(x,A)$ ($\triangleq P(S_n\leqslant x,A)$，$x\in R$，$A\in\mathscr{F}$) 都是 m. d. f. ，因此定义3. 8. 2中的 S_n 稳定收敛于 q. d. f. G 是 m. d. f. 列 G_n 向 m. d. f. G 的收敛.

下面的定理说明：这种稳定收敛又等价于相应“特征函数”列的收敛.

定理3. 8. 1 (i) 若 $S_n\xrightarrow{\text{s. d.}}G$，则对 R 上任一有界连续函数 f 与任一 $A\in\mathscr{F}$，有

$$\lim_{n\to\infty}Ef(S_n)I_A = \int_R f(x)G(dx,A). \tag{3.8.8}$$

(ii)反之,若对每个 $A\in\mathscr{F}$,有于 $t=0$处连续的复值函数 $g(\cdot,A)$,可使

$$\lim_{n\to\infty}E(e^{itS_n}\cdot I_A)=g(t,A),\ t\in R \tag{3.8.9}$$

成立,则有

$$S_n\xrightarrow{\text{s.d.}}G, \tag{3.8.5}$$

其中 G 由下式来定:

$$\int_R e^{itx}G(\mathrm{d}x,A)=g(t,A),t\in R,A\in\mathscr{F}. \tag{3.8.10}$$

证 (i)若 $P(A)=0$,则由(3.8.3)、(3.8.4)与 G 的单调非降性立知 $G(\cdot,A)\equiv0$,从而(3.8.8)成立.

若 $P(A)>0$,此时对每个 n 定义 $G_n(x,A)=P(S_n\leqslant x,A),x\in R,A\in\mathscr{F}$. 当(3.8.5)成立时,由(3.8.3)、(3.8.4)可知:d.f.列 $\left\{\dfrac{G_n(\cdot,A)}{P(A)},n\geqslant1\right\}$弱收敛到 d.f. $\dfrac{G(\cdot,A)}{P(A)}$,因此由(3.8.2)知:对任一有界连续函数 f 有

$$Ef(S_n)I_A/P(A)=\int_R f(x)\frac{G_n(\mathrm{d}x,A)}{P(A)}\to\int_R f(x)\frac{G(\mathrm{d}x,A)}{P(A)},$$

此亦即(3.8.8).

(ii)如果 $A\in\mathscr{F}$,满足 $P(A)=0$,能使(3.8.9)成立,则其中的 $g(\cdot,A)\equiv0$,从而由(3.8.10)确定出的 $G(\cdot,A)\equiv0$. 这个 G 显然满足(3.8.3)与(3.8.4),因而有(3.8.5)成立.

如果 $A\in\mathscr{F}$ 满足 $P(A)>0$,能使(3.8.9)成立,则 c.f.列 $\left\{\dfrac{Ee^{itS_n}I_A}{P(A)},n\geqslant1\right\}$于 $n\to\infty$时收敛到在 $t=0$处连续的复值函数 $g(\cdot,A)/P(A)$,故$\dfrac{g(\cdot,A)}{P(A)}$必是 c.f.. 据引理3.8.1,这时对应的 d.f.列 $\{P(S_n\leqslant x,A)/P(A),n\geqslant1\}$弱收敛到 d.f. $G(\cdot,A)/P(A)$,即(3.8.4)成立,其右端之 G 由(3.8.10)唯一确定. 如此据定义3.8.2知,有(3.8.5). 证毕.

3.8.2 随机变量阵列行和之中心极限定理

设 $\{\xi_{n,i}, 1\leqslant i\leqslant k_n, n\geqslant 1\}$ $(1\leqslant k_n\leqslant k_{n+1}\leqslant\cdots)$是一个 r.v. 阵列. 令

$$S_n = \sum_{k=1}^{k_n}\xi_{n,k},\ n\geqslant 1$$

是其诸行和. 现着手寻求满足

$$S_n \xrightarrow{d} G \tag{3.8.11}$$

的 d.f. G 存在的条件. 在实践中,人们特别对 $G=\Phi(x)$的情形(此时称$\{S_n, n\geqslant 1\}$服从中心极限定理)感兴趣. 此处对一般的 r.v. 阵列,给出一个形式上也很一般的中心极限定理.

引理3.8.2 在 R 上有复值函数 $r(x)$满足

$$e^{ix} = (1+ix)e^{-\frac{x^2}{2}+r(x)},\ \forall\ x\in R; \tag{3.8.12}$$

及

$$|r(x)|\leqslant |x|^3,\ 当\ |x|\leqslant 1\ 时. \tag{3.8.13}$$

证 设 $r(x)=p(x)+iq(x), x\in R$. 兹选取 p,q 使 r 符合要求. 复数$1+ix$ 显然有下述指数表示:

$$1+ix=(1+x^2)^{\frac{1}{2}}e^{i\cdot\arctan x}$$

代入(3.8.12)得

$$e^{ix}=(1+x^2)^{\frac{1}{2}}\cdot e^{(p(x)-\frac{x^2}{2})+i(q(x)+\arctan x)},$$

欲两边相等,可令

$$p(x)=\frac{x^2-\ln(1+x^2)}{2};$$

$$q(x)=x-\arctan x.$$

由于 $\ln(1+x^2)=x^2-\frac{x^4}{2}+\cdots\leqslant x^2$(对 $x^2\in[0,1]$),可得$|x|\leqslant 1$时有

$$0\leqslant p(x)\leqslant\frac{|x|^3}{4};$$

又因　$\arctan x = x - \frac{x^3}{3} + \cdots$（对 $x\in[-1,1]$），故 $|x|\leqslant 1$ 时有

$$|q(x)| \leqslant \frac{|x|^3}{3}.$$

从而　$|r(x)| = \sqrt{p^2+q^2} \leqslant \frac{5}{12}|x|^3 \leqslant |x|^3$. 证毕.

引理3.8.3　设 r. v. 列 $\{\eta_n, n\geqslant 1\}$ 满足 $\sup\limits_{n\geqslant 1} E|\eta_n| < \infty$. 则

(i)若对某个 $\eta\in L_1$，有

$$\lim_{n\to\infty} E\eta_n I_A = E\eta I_A,\ A\in\mathscr{F}, \tag{3.8.14}$$

则对任一满足 $|\zeta|\leqslant C$ a. s. 的 r. v. ζ 有

$$\lim_{n\to\infty} E\eta_n\zeta = E\eta\zeta. \tag{3.8.15}$$

(ii)若 $\zeta_n \xrightarrow{P} 0$，则 $\eta_n\zeta_n \xrightarrow{P} 0$.

证　由于(3.8.14)成立，故以任何简单函数 ζ 代替 I_A 后(3.8.15)亦成立. 对满足 $|\zeta|\leqslant C$ a. s. 的 r. v. ζ，令 $\Omega' = \{\omega: |\zeta(\omega)| \leqslant C\}$，则一定可以取到一串简单函数 $\{\zeta_m, m\geqslant 1\}$，使得对 Ω' 中的 ω 一致地有 $\zeta_m(\omega)\to\zeta(\omega)$. 于是，对 $\forall\ \varepsilon>0$，只要 m 充分大，就有 $|\zeta_m(\omega)-\zeta(\omega)|<\varepsilon$ 对一切 $\omega\in\Omega'$ 成立，从而

$$\begin{aligned}|E(\eta_n-\eta)\zeta| &= |E[(\eta_n-\eta)(\zeta-\zeta_m+\zeta_m)]| \\ &\leqslant |E(\eta_n-\eta)\zeta_m| + E|\eta_n|\cdot|\zeta-\zeta_m| + E|\eta|\cdot|\zeta-\zeta_m| \\ &\leqslant |E(\eta_n-\eta)\zeta_m| + \varepsilon\cdot\sup_{n\geqslant 1}E|\eta_n| + \varepsilon E|\eta|.\end{aligned}$$

由前述知 $\lim\limits_{n\to\infty}|E(\eta_n-\eta)\zeta_m| = 0$，故 n 充分大时，上式左端 $\leqslant (1 + E|\eta| + \sup\limits_{n\geqslant 1}E|\eta_n|)\cdot\varepsilon$. 而以 ε 任意，(i)得证.

对任给 $\varepsilon>0, M>0$，我们有

$$\begin{aligned}P(|\eta_n\zeta_n|\geqslant\varepsilon) &= P(|\eta_n\zeta_n|\geqslant\varepsilon, |\eta_n|<M) \\ &\quad + P(|\eta_n\zeta_n|\geqslant\varepsilon, |\eta_n|\geqslant M) \\ &\leqslant P(|\eta_n\zeta_n|\geqslant\varepsilon, |\eta_n|<M) + P(|\eta_n|\geqslant M) \\ &\leqslant P\left(|\zeta_n|\geqslant\frac{\varepsilon}{M}\right) + \sup_{n\geqslant 1}E|\eta_n|/M.\end{aligned}$$

由此若取充分大 M 使 $\frac{\sup\limits_{n} E|\eta_n|}{M} < \varepsilon$，而由 $\zeta_n \xrightarrow{P} 0$ 可知：当 n 充分

大时有 $P(|\eta_n\zeta_n|\geqslant\varepsilon)<2\varepsilon$，以 ε 任意，得 $\eta_n\zeta_n\xrightarrow{P}0$. 证毕.

下面陈述一则中心极限定理的相当一般的结论.

定理3.8.2 设 $\{\xi_{n,k},1\leqslant k\leqslant k_n,n\geqslant1\}$ 是 r.v. 阵列. σ 是一个 r.v.. 对每个 $n\geqslant1$，记

$$S_n \triangleq \sum_{k=1}^{k_n}\xi_{n,k},$$

$$\eta_n \triangleq \prod_{k=1}^{k_n}(1+it\xi_{n,k}),\ t\in R.$$

如果

$$\max_{1\leqslant k\leqslant k_n}|\xi_{n,k}|\xrightarrow{P}0, \tag{3.8.16}$$

$$\sigma_{n,k_n}^2 \triangleq \sum_{k=1}^{k_n}\xi_{n,k}^2\xrightarrow{P}\sigma^2, \tag{3.8.17}$$

对 $\forall\ A\in\mathscr{F}$ 及 $\forall\ t\in R$，

$$\lim_{n\to\infty}E\eta_n(t)I_A=P(A), \tag{3.8.18}$$

并对每个 $t\in R$，$\{\eta_n(t),n\geqslant1\}$ 一致可积，则

$$S_n\xrightarrow{\text{s.d.}}G, \tag{3.8.19}$$

其中 m.d.f. G 由下式唯一确定：

$$\int_R e^{itx}G(\mathrm{d}x,A)=Ee^{-\frac{\sigma^2t^2}{2}}\cdot I_A. \tag{3.8.20}$$

证 对 $e^{it\xi_{n,k}}$ 用(3.8.12)，则对每个 $n\geqslant1,t\in R$ 就有

$$e^{itS_n}=\prod_{k=1}^{k_n}e^{it\xi_{n,k}}=\eta_n(t)\cdot e^{\frac{-t^2}{2}\cdot\sum\limits_{k=1}^{k_n}\xi_{n,k}^2+\sum\limits_{k=1}^{k_n}r(t\xi_{n,k})}$$

$$\triangleq\eta_n(t)e^{-\frac{t^2\sigma^2}{2}}+\zeta_n(t), \tag{3.8.21}$$

其中 $\zeta_n(t)=\eta_n(t)\cdot\left[e^{\frac{-t^2}{2}\cdot\sum\limits_{k=1}^{k_n}\xi_{n,k}^2+\sum\limits_{k=1}^{k_n}r(t\xi_{n,k})}-e^{\frac{-\sigma^2t^2}{2}}\right]$. 由于 $\{\eta_n(t),n\geqslant1\}$ 一致可积，故(附录定理6) $\sup\limits_n E|\eta_n|<\infty$. 又(3.8.18)表明(3.8.14)中的 $\eta=1$，因此对满足 $|\zeta|\leqslant1$ 的 $\zeta=e^{-\frac{\sigma^2t^2}{2}}$，据引理3.8.3(i)有

$$\lim_{n\to\infty}E\left[\eta_n(t)\cdot e^{-\frac{\sigma^2 t^2}{2}}\cdot I_A\right]=E\left[1\cdot e^{-\frac{\sigma^2 t^2}{2}}\cdot I_A\right],\forall\ t\in R,\forall\ A\in\mathscr{F}.$$

(3.8.22)

注意到 r 的性质，当 $\max\limits_{1\leqslant k\leqslant k_n}|t\cdot\xi_{n,k}|\leqslant 1$ 时有

$$\left|\sum_{k=1}^{k_n}r(t\xi_{n,k})\right|\leqslant\sum_{k=1}^{k_n}|t\xi_{n,k}|^3\leqslant|t|^3\cdot(\max_{1\leqslant k\leqslant k_n}|\xi_{n,k}|)\cdot\sum_{k=1}^{k_n}\xi_{n,k}^2.$$

又(3.8.16)与(3.8.17)蕴涵(易证：$\xi_n\xrightarrow{P}\xi$、$\eta_n\xrightarrow{P}\eta\Rightarrow\xi_n\eta_n\xrightarrow{P}\xi\eta$)

$$(\max_{1\leqslant k\leqslant k_n}|\xi_{n,k}|)\cdot\sum_{k=1}^{k_n}\xi_{n,k}^2\xrightarrow{P}0.$$

故由上可推知

$$\sum_{k=1}^{k_n}r(t\xi_{n,k})\xrightarrow{P}0.$$

此式与(3.8.17)一起，又可推出

$$e^{-\frac{t^2}{2}\sum\limits_{k=1}^{k_n}\xi_{n,k}^2+\sum\limits_{k=1}^{k_n}r(t\xi_{n,k})}-e^{-\frac{t^2}{2}\sigma^2}\xrightarrow{P}0.$$

据此及 $\sup\limits_{n\geqslant 1}E|\eta_n|<\infty$，由引理3.8.3(ii)得

$$\zeta_n(t)\xrightarrow{P}0.$$

但 $\{e^{itS_n},n\geqslant 1\}$ 与 $\{-\eta_n(t)\cdot e^{-\frac{t^2\sigma^2}{2}},n\geqslant 1\}$ 均一致可积，故 $\{\zeta_n(t)\triangleq e^{itS_n}-\eta_n(t)e^{-\frac{t^2\sigma^2}{2}},n\geqslant 1\}$ 亦然. 故由附录定理7知

$$E|\zeta_n(t)|\longrightarrow 0.$$

由此可见

$$\lim_{n\to\infty}E\zeta_n(t)I_A=0,\quad\forall\ A\in\mathscr{F}.$$

此式与(3.8.21)、(3.8.22)一起，就推出

$$\lim_{n\to\infty}E(e^{itS_n}\cdot I_A)=E(e^{-\frac{\sigma^2 t^2}{2}}\cdot I_A).\qquad(3.8.23)$$

而据定理3.8.1知，(3.8.19)对由(3.8.20)所确定的混合分布函数 G 成立. 证毕.

注 1° 这是一个涵盖颇宽的中心极限定理结论. 比如，当 σ^2 为常数时(3.8.20)就确定出

$$G(x,A) = \Phi(\frac{x}{\sigma})I_A.$$

从而得到的命题为

$$S_n \xrightarrow{\text{m. d.}} \Phi(\frac{\cdot}{\sigma}).$$

它比初等概率论中的结论更强. 而且不排除 $\sigma=0$ 的情形(此时只要理解 $\Phi(\frac{\cdot}{0})$ 为概率全集中于原点的单点分布的 d. f. 即可).

2° 设 σ 是任一 r. v. ,而 $\xi(\sim\Phi)$ 与 $\sigma(\sim F)$ 独立. 则

$$Ee^{it\sigma\xi} = \iint e^{itxy}\mathrm{d}\Phi(x)\mathrm{d}F(y) = \int\left[\int e^{i\cdot ty\cdot x}\mathrm{d}\Phi(x)\right]\mathrm{d}F(y)$$

$$= \int e^{-\frac{t^2y^2}{2}}\mathrm{d}F(y) = Ee^{-\frac{\sigma^2t^2}{2}}.$$

此时由该定理及引理3. 8. 1推知:

$$S_n \xrightarrow{d} \sigma\xi.$$

称 $\sigma\xi$ 对应的 d. f. 为标准正态分布的混合分布的 d. f. . 而称上式为 S_n 依分布收敛到正态分布的混合.

3. 8. 3 平方可积鞅差阵列行和的中心极限定理

若对每个 $n\geqslant1$, $\{\xi_{n,k},\mathscr{F}_{n,k},1\leqslant k\leqslant k_n\}$ 是一个(有限的)鞅差序列(即对 $1\leqslant k\leqslant k_n$, 有 $E(\xi_{n,k}|\mathscr{F}_{n,k-1})=0$, 约定 $\mathscr{F}_{n,0}=\{\varnothing,\Omega\}$). 又若 $k_n\uparrow$, 而对于每个 $n\geqslant1$, $1\leqslant k\leqslant k_n$ 有

$$\mathscr{F}_{n,k}\subset\mathscr{F}_{n+1,k}, \tag{3. 8. 24}$$

就称阵列 $\{\xi_{n,k},\mathscr{F}_{n,k},1\leqslant k\leqslant k_n,n\geqslant1\}$ 为一个鞅差阵列. 现考虑 $\xi_{n,k}$ 平方可积时, 行和的中心极限定理.

定理3. 8. 3 设 $\{\xi_{n,k},\mathscr{F}_{n,k},1\leqslant k\leqslant k_n,n\geqslant1\}$ 是 L_2 鞅差阵列, σ^2 是非负 r. v. 若(3. 8. 16)与(3. 8. 17)成立, 又

$$\sup_{n\geqslant1}(E\max_{1\leqslant k\leqslant k_n}\xi_{n,k}^2)<\infty, \tag{3. 8. 25}$$

则(3. 8. 19)对由(3. 8. 20)所确定的 m. d. f. G 成立.

证 对每个 $n\geqslant1$, $1\leqslant k\leqslant k_n$, 记

$$\sigma_{n,k}^2 \triangleq \sum_{j=1}^{k} \xi_{n,j}^2$$

并约定 $\sigma_{n,0}^2=0$. 下面分两步证明：

第一步 设 σ^2是 a.s. 有界 r.v.，即有 $C>0$使

$$P(\sigma^2 < C) = 1.$$

不妨设 $C>1$. 对每个 $n\geqslant 1, 1\leqslant k\leqslant k_n$，令

$$\tilde{\xi}_{n,k} = \xi_{n,k} \cdot I_{[\sigma_{n,k-1}^2 \leqslant 2C]},$$

$$\tilde{S}_n = \sum_{k=1}^{k_n} \tilde{\xi}_{n,k} .$$

则有(注意(3.8.17))

$$|E(e^{itS_n} \cdot I_A) - E(e^{it\tilde{S}_n} I_A)| \leqslant E|e^{itS_n} - e^{it\tilde{S}_n}|$$

$$= \int_{[S_n=\tilde{S}_n]+[S_n\neq\tilde{S}_n]} |e^{itS_n} - e^{it\tilde{S}_n}| = \int_{[S_n\neq\tilde{S}_n]} |e^{itS_n} - e^{it\tilde{S}_n}|$$

$$\leqslant 2 \cdot P[S_n \neq \tilde{S}_n] \leqslant 2P(\bigcup_{k=1}^{k_n} [\xi_{n,k} \neq \tilde{\xi}_{n,k}])$$

$$\leqslant 2P(\bigcup_{k=1}^{k_n} [\sigma_{n,k-1}^2 > 2C]) \leqslant 2P[\sigma_{n,k_n}^2 > 2C] \longrightarrow 0.$$

故(由定理3.8.1)欲证(3.8.19)，只须证(3.8.23)，而由所述知，只须证

$$\lim_{n\to\infty} E(e^{it\tilde{S}_n} \cdot I_A) = E(e^{-\frac{\sigma^2+t^2}{2}} \cdot I_A). \qquad (*_1)$$

注意由于数值 C 的选取满足$0\leqslant\sigma^2\leqslant C$，故(3.8.16)、(3.8.17)当 ξ 易为$\tilde{\xi}$时仍成立. 因此由定理3.8.2知，为证($*_1$)，只须证$\{\tilde{\eta}_n(t) \triangleq \prod_{k=1}^{k_n} (1+it\,\tilde{\xi}_{n,k}), n\geqslant 1\}$满足

$$\lim_{n\to\infty} E\,\tilde{\eta}_n(t) \cdot I_A = P(A), \text{对 } A \in \mathscr{F} \text{ 及 } t \in R, \qquad (*_2)$$

且对每个 $t\in R$, $\{\tilde{\eta}_n(t), n\geqslant 1\}$为一致可积.

对每个 $n\geqslant 1$，令

$$\tau_n \triangleq k_n \wedge \inf\{k: 1 \leqslant k \leqslant k_n, \sigma_{n,k}^2 > 2C\}.$$

显然，对每个 $n\geqslant 1, 1\leqslant k\leqslant k_n$,

$$\tilde{\xi}_{n,k}=\begin{cases}0,\text{当 } k>\tau_n;\\ \xi_{n,k},\text{当 } k\leqslant\tau_n.\end{cases}\quad \text{即}\tilde{\xi}_{n,k}=\xi_{n,k}\cdot I_{[\tau_n\geqslant k]}\qquad (*_3)$$

成立.故

$$\begin{aligned}|\tilde{\eta}_n(t)|^2&=\prod_{k=1}^{k_n}(1+t^2\tilde{\xi}_{n,k}^2)=\prod_{k=1}^{k_n}(1+t^2\xi_{n,k}^2\cdot I_{[\tau_n\geqslant k]})\\&=\prod_{k=1}^{\tau_n}(1+t^2\xi_{n,k}^2)\overset{(1)}{=}(1+t^2\xi_{n,\tau_n}^2)\cdot\prod_{k=1}^{\tau_n-1}(1+t^2\xi_{n,k}^2)\\&\overset{(2)}{\leqslant}(1+t^2\xi_{n,\tau_n}^2)\cdot\prod_{k=1}^{\tau_n-1}e^{t^2\xi_{n,k}^2}=(1+t^2\xi_{n,\tau_n}^2)\cdot e^{t^2\cdot\sigma_{n,\tau_n-1}^2}\\&\leqslant(1+t^2\cdot\max_{1\leqslant k\leqslant k_n}\xi_{n,k}^2)\cdot e^{2Ct^2},\ n\geqslant 1.\end{aligned}$$

【(1):须约定 $\prod\limits_{k=1}^{0}\cdot=1$;(2)因 $e^x>1+x$.】这表明(注意(3.8.25))有

$$\sup_{n\geqslant 1}E|\tilde{\eta}_n(t)|^2<\infty.$$

从而(据习题一,17或附录定理9)有$\{\tilde{\eta}(t),n\geqslant 1\}$一致可积.因此只须证$(*_2)$.

我们首先证:对每个 $m\geqslant 1$,有

$$\lim_{n\to\infty}E\tilde{\eta}_n(t)I_A=P(A),\ t\in R,\ A\in\mathscr{F}_{m,k_m}.\qquad(3.8.26)$$

为此,注意(因 $I_{[\sigma_{n,k-1}^2\leqslant 2c]}$ 为 $\mathscr{F}_{n,k-1}$-可测)$\{\tilde{\xi}_{n,k},\mathscr{F}_{n,k},1\leqslant k\leqslant k_n,n\geqslant 1\}$仍是 L_2 鞅差阵列,并且(3.8.24)仍成立.当 $n>\max\{j:k_j=k_m\}$ 时,(因 $k_j\uparrow$)必有 $n>m,k_m<k_n$,因而 $k_n-1\geqslant k_m$.于是由 $A\in\mathscr{F}_{m,k_m}$ 知有 $A\in\mathscr{F}_{n,k_n-1}(\supset\mathscr{F}_{n,k_m}\supset\mathscr{F}_{m,k_m})$.从而有

$$\begin{aligned}E\tilde{\eta}_n(t)\cdot I_A&=EI_A\cdot\prod_{k=1}^{k_n}(1+it\tilde{\xi}_{n,k})\\&=E\{E\Big[I_A\cdot\prod_{k=1}^{k_n}(1+it\tilde{\xi}_{n,k})|\mathscr{F}_{n,k_n-1}\Big]\}\\&=E\{I_A\cdot\prod_{k=1}^{k_n-1}(1+it\tilde{\xi}_{n,k})\cdot E[1+it\tilde{\xi}_{n,k_n}|\mathscr{F}_{n,k_n-1}]\}\end{aligned}$$

$$
\begin{aligned}
&= E\Big[I_A\cdot\prod_{k=1}^{k_n-1}(1+it\,\tilde{\xi}_{n,k})\cdot 1\Big]=\cdots\\
&= EI_A\cdot\prod_{k=1}^{k_m}(1+it\,\tilde{\xi}_{n,k})\\
&= E\Big\{I_A\cdot\Big[1+\sum_{r=1}^{k_m}(it)^r\cdot\sum_{1\leqslant l_1<l_2<\cdots<l_r\leqslant k_m}\tilde{\xi}_{n,l_1}\cdot\cdots\cdot\tilde{\xi}_{n,l_r}\Big]\Big\}\\
&= P(A)+\sum_{r=1}^{k_m}(it)^r\cdot\sum_{1\leqslant l_1<\cdots<l_r\leqslant k_m}E[\tilde{\xi}_{n,l_1}\cdot\cdots\cdot\tilde{\xi}_{n,l_r}\cdot I_A]\\
&\triangleq P(A)+R_n. \qquad (*_4)
\end{aligned}
$$

因为

$$
\begin{aligned}
|R_n| &\leqslant \sum_{r=1}^{k_m}|t|^r\cdot\sum_{1\leqslant l_1<\cdots<l_r\leqslant k_m}E|\,\tilde{\xi}_{n,l_1}\cdot\cdots\cdot\tilde{\xi}_{n,l_r}|\\
&= \sum_{r=1}^{k_m}|t|^r\cdot\sum_{1\leqslant l_1<\cdots<l_r\leqslant k_m}E|\xi_{n,l_1}\cdot\cdots\cdot\xi_{n,l_r}|\cdot I_{[\tau_n\geqslant l_r]}\\
&\leqslant (|t|^1\vee|t|^{k_m})\cdot\sum_{r=1}^{k_m}\sum_{1\leqslant l_1<\cdots<l_r\leqslant k_m}E|\xi_{n,l_1}\cdot\cdots\cdot\xi_{n,l_{r-1}}|\cdot I_{[\tau_n\geqslant l_r]}\cdot|\xi_{n,l_r}|, \qquad (*_5)
\end{aligned}
$$

而

$$
\begin{aligned}
E|\xi_{n,l_1}\cdot\cdots\cdot\xi_{n,l_{r-1}}|\cdot I_{[\tau_n\geqslant l_r]}\cdot|\xi_{n,l_r}| &\overset{(1)}{\leqslant} E(2C)^{\frac{r-1}{2}}\cdot\max_{1\leqslant i\leqslant k_m<k_n}|\xi_{n,i}|\\
&\leqslant (2C)^{\frac{r-1}{2}}\cdot E\max_{1\leqslant i\leqslant k_n}|\xi_{n,i}|\leqslant(2C)^{\frac{k_m}{2}}E\max_{1\leqslant i\leqslant k_n}|\xi_{n,i}|,
\end{aligned}
$$

代入$(*_5)$即得

$$
\begin{aligned}
|R_n| &\leqslant (|t|^1\vee|t|^{k_m})\cdot(2C)^{\frac{k_m}{2}}\sum_{r=1}^{k_m}\binom{k_m}{r}\cdot E\max_{1\leqslant i\leqslant k_n}|\xi_{n,i}|\\
&\overset{(3)}{=}(|t|^1\vee|t|^{k_m})\cdot(2C)^{\frac{k_m}{2}}(2^{k_m}-1)\cdot E\max_{1\leqslant i\leqslant k_n}|\xi_{n,i}|. \qquad (*_6)
\end{aligned}
$$

【(1):每个$\xi_{n,l}<\sqrt{2C}$,$l_1\leqslant l\leqslant l_{r-1}$;(2):$C>1$;(3):$m$是固定的.】

但对任意$\varepsilon>0$,有

$$
\begin{aligned}
&E(\max_{1\leqslant i\leqslant k_n}|\xi_{n,i}|)_1=E\{(\cdots)_1\cdot I_{[\max_{1\leqslant i\leqslant k_n}|\xi_{n,i}|\leqslant\varepsilon]_2}+(\cdots)_1\cdot I_{[\cdots]_2^c}\}\\
&\leqslant\varepsilon+E[(\cdots)_1 I_{[\cdots]_2^c}]
\end{aligned}
$$

$$\overset{(1)}{\leqslant}\varepsilon + E^{\frac{1}{2}}(\max_{1\leqslant i\leqslant k_n}\xi_{n,i}^2)\cdot E^{\frac{1}{2}}I_{[\cdots]_2^c}$$

$$\leqslant\varepsilon + \sqrt{\sup_{n\geqslant 1}E(\max_{1\leqslant i\leqslant k_n}\xi_{n,i}^2)}\cdot\sqrt{P[\max_{1\leqslant i\leqslant k_n}|\xi_{n,i}|>\varepsilon]}$$

$$\xrightarrow[(n\to\infty)]{(2)}\varepsilon$$

【(1):用 Hölder 不等式;(2):因(3.8.16)与(3.8.25)】又以 ε 为任给,知

$$\lim_{n\to\infty}E(\max_{1\leqslant i\leqslant k_n}|\xi_{n,i}|)=0\ .$$

因此,由($*_6$)便得

$$\lim_{n\to\infty}|R_n|=0.$$

从而由($*_4$)得证(3.8.26).

其次,记 $\mathscr{F}_\infty=\sigma(\bigcup_{n=1}^{\infty}\mathscr{F}_{n,k_n})$. 现证明对 $t\in R$ 与 $A\in\mathscr{F}_\infty$ 有

$$\lim_{n\to\infty}E\,\tilde{\eta}_n(t)I_A=P(A). \tag{3.8.27}$$

对任意的 $A\in\mathscr{F}_\infty$,任意的 $m\geqslant 1$ 及任意 $A\in\mathscr{F}_{m,k_m}$,我们有

$$\begin{aligned}|E\,\tilde{\eta}_n(t)I_A-P(A)|&=|(E\,\tilde{\eta}_n(t)I_A-E\,\tilde{\eta}_n(t)I_{A_m})\\&\quad+(E\tilde{\eta}_n(t)I_{A_m}-P(A_m))+(P(A_m)-P(A))|\\&\leqslant E|\tilde{\eta}_n(t)|\cdot I_{A\triangle Am}+|E\,\tilde{\eta}_n(t)I_{A_m}-P(A_m)|\\&\quad+P(A\triangle A_m)\\&\leqslant\sup_{n\geqslant 1}E|\tilde{\eta}_n(t)|\cdot I_{A\triangle A_m}+|E\,\tilde{\eta}_n(t)I_{A_m}-P(A_m)|\\&\quad+P(A\triangle A_m).\end{aligned} \tag{$*_7$}$$

由于 $\mathscr{F}_\infty$ 是由域 $\bigcup_{n=1}^{\infty}\mathscr{F}_{n,k_n}$ 生成的 σ-域,故对每个 $A\in\mathscr{F}_\infty$ 可选 $\{A_m\in\mathscr{F}_{m,k_m},m\geqslant 1\}$ 使得

$$P(A\triangle A_m)\longrightarrow 0\quad(m\to\infty\text{ 时}).$$

对这样选取的 $\{A_m,m\geqslant 1\}$,由 $\{\tilde{\eta}_n(t),n\geqslant 1\}$ 的一致可积性就又推知

$$\sup_{n\geqslant 1}E|\,\tilde{\eta}_n(t)\,|\cdot I_{A\triangle A_m}\longrightarrow 0\quad(m\to\infty\text{ 时}).$$

于是在($*_7$)中,利用(3.8.26)先令 $n\to\infty$,再令 $m\to\infty$ 就可得证

(3.8.27).

最后，再证

$$\lim_{n\to\infty} E\,\tilde{\eta}_n(t) I_A = P(A), \text{对} \forall\, t \in R \text{及} \forall\, A \in \mathscr{F}. \qquad (*_2)$$

注意$\tilde{\eta}_n(t)$的表达式，易知$\tilde{\eta}_n(t)$是$\mathscr{F}_\infty$-可测的. 又(3.8.27)可写成：

对$\forall\, B\in\mathscr{F}_\infty$有$\lim\limits_{n\to\infty} E\,\tilde{\eta}_n(t) I_B = E\,\tilde{\eta}\cdot I_B$，其中$\tilde{\eta}=1$. 于是由引理3.8.3(i)知：对$\mathscr{F}_\infty$可测的函数$\zeta \triangleq E[I_A|\mathscr{F}_\infty]$(此处$A\in\mathscr{F}$)(其满足$|\zeta|\leqslant 1$ a.s.)应有

$$\lim_{n\to\infty} E[\tilde{\eta}_n(t)\cdot E(I_A|\mathscr{F}_\infty)] = E[1\cdot E(I_A|\mathscr{F}_\infty)] = EI_A = P(A).$$

但以$\tilde{\eta}_n(t)$为$\mathscr{F}_\infty$可测，左端即

$$\lim_{n\to\infty} E[E(\tilde{\eta}_n(t)\cdot I_A|\mathscr{F}_\infty)] = \lim_{n\to\infty} E\,\tilde{\eta}_n(t) I_A.$$

于是$(*_2)$得证.

第二步　设σ^2为任一非负 r.v..

对于每个$C>0$，每个$n\geqslant 1$及每个$1\leqslant k\leqslant k_n$，记

$$\hat{\xi}_{n,k} \triangleq \xi_{n,k}\cdot I_{[\sigma^2_{n,k-1}\leqslant C]}.$$

则

$$\begin{aligned}
\hat{\sigma}^2_{n,k_n} &\triangleq \sum_{k=1}^{k_n} \hat{\xi}^2_{n,k} = \sum_{k=1}^{k_n} \xi^2_{n,k}\cdot I_{[\sigma^2_{n,k-1}\leqslant C]} \\
&\overset{(1)}{=} \sum_{k=1}^{k_n} \xi^2_{n,k}\cdot \left\{ \sum_{l=k}^{k_n} I_{[\sigma^2_{n,l-1}\leqslant C,\sigma^2_{n,l}>C]} + I_{[\sigma^2_{n,k_n}\leqslant C]} \right\} \\
&\overset{(2)}{=} \sum_{l=1}^{k_n} \sigma^2_{n,l}\cdot I_{[\sigma^2_{n,l-1}\leqslant C,\sigma^2_{n,l}>C]} + \sigma^2_{n,k_n}\cdot I_{[\sigma^2_{n,k_n}\leqslant C]}.
\end{aligned}$$

【此处(1)因事件$[\sigma^2_{n,k-1}\leqslant C]$可分解成诸多互斥事件之并：$[\sigma^2_{n,k-1}\leqslant C] = [\sigma^2_{n,k-1}\leqslant C, \sigma^2_{n,k}>C] + [\sigma^2_{n,k}\leqslant C, \sigma^2_{n,k+1}>C] + \cdots + [\sigma^2_{n,k_n-1}\leqslant C, \sigma^2_{n,k_n}>C] + [\sigma^2_{n,k_n}\leqslant C]$. (2)用到求和公式$\sum\limits_{k=1}^{n} a_k \sum\limits_{l=k}^{n} b_l = \sum\limits_{l=1}^{n} b_l \sum\limits_{k=1}^{l} a_k$，并视$\xi^2_{n,k}$为$a_k$，$I_{[\sigma^2_{n,l-1}\leqslant C,\sigma^2_{n,l}>C]}$为$b_l$.】

注意事件的互斥分解关系式$[\sigma_{n,k_n}^2>C]=[\sigma_{n,0}^2=0\leqslant C,\sigma_{n,1}^2>C]+[\sigma_{n,1}^2\leqslant C,\sigma_{n,2}^2>C]+\cdots+[\sigma_{n,k_n-1}^2\leqslant C,\sigma_{n,k_n}^2>C]$，故有

$\sum\limits_{l=1}^{k_n}\sigma_{n,l}^2\cdot I_{[\sigma_{n,l-1}^2\leqslant C,\sigma_{n,l}^2>C]}\geqslant C\sum\limits_{l=1}^{k_n}I_{[\sigma_{n,l-1}^2\leqslant C,\sigma_{n,l}^2>C]}=CI_{[\sigma_{n,k_n}^2>C]}$. 另外 $\sigma_{n,l}^2\cdot I_{[\sigma_{n,l-1}^2\leqslant C,\sigma_{n,l}^2>C]}\leqslant C+\max\limits_{1\leqslant l\leqslant k_n}\xi_{n,l}^2$，故又有

$$\sum_{l=1}^{k_n}\sigma_{n,l}^2I_{[\sigma_{n,l-1}^2\leqslant C,\sigma_{n,l}^2>C]}\leqslant(C+\max_{1\leqslant l\leqslant k_n}\xi_{n,l}^2)\cdot I_{[\sigma_{n,k_n}^2>C]}.$$

于是对每个 $n\geqslant1$有 $\hat{\sigma}_{n,k_n}^2$的双边估计

$$\begin{aligned}CI_{[\sigma_{n,k_n}^2>C]}+\sigma_{n,k_n}^2\cdot I_{[\sigma_{n,k_n}^2\leqslant C]}&\leqslant\hat{\sigma}_{n,k_n}^2\\&\leqslant(C+\max_{1\leqslant k\leqslant k_n}\xi_{n,k}^2)\cdot I_{[\sigma_{n,k_n}^2>C]}+\sigma_{n,k_n}^2I_{[\sigma_{n,k_n}^2\leqslant C]}.\end{aligned}$$

由此可知：取 C 为 σ^2的连续点，在上式中取 $n\to\infty$时的极限（因(3.8.16)、(3.8.17)及习题一，23)得

$$\hat{\sigma}_{n,k_n}^2\xrightarrow{P}CI_{[\sigma^2>C]}+\sigma^2I_{[\sigma^2\leqslant C]}\triangleq\sigma_C^2.$$

把第一步所证结论用于 L_2鞅差列$\{\hat{\xi}_{n,k},\mathscr{F}_{n,k},1\leqslant k\leqslant k_n,n\geqslant1\}$并记 $\hat{S}_n\triangleq\sum\limits_{k=1}^{k_n}\hat{\xi}_{n,k}$，就得

$$\lim_{n\to\infty}Ee^{it\hat{S}_n}\cdot I_A=Ee^{-\frac{\sigma_C^2\cdot t^2}{2}}\cdot I_A.\qquad(*_8)$$

由于对每个 $n\geqslant1$

$$\begin{aligned}&|Ee^{itS_n}\cdot I_A-Ee^{it\hat{S}_n}\cdot I_A|\leqslant E|e^{itS_n}-e^{it\hat{S}_n}|\\&=\int_{[S_n=\hat{S}_n]+[S_n\neq\hat{S}_n]}|e^{itS_n}-e^{it\hat{S}_n}|=\int_{[S_n\neq\hat{S}_n]}|e^{itS_n}-e^{it\hat{S}_n}|\leqslant2P[S_n\neq\hat{S}_n]\\&=2P(\bigcup_{k=1}^{k_n}[\xi_{n,k}\neq\hat{\xi}_{n,k}])\leqslant2P(\sigma_{n,k_n}^2>C).\end{aligned}$$

由此又得

$$\limsup_{n\to\infty}|Ee^{itS_n}I_A-Ee^{it\hat{S}_n}I_A|\leqslant2P(\sigma^2>C).\qquad(*_9)$$

于是当 C 是 σ^2的连续点时，在不等式

$$|Ee^{itS_n}\cdot I_A-Ee^{-\frac{\sigma^2t^2}{2}}\cdot I_A|\leqslant|Ee^{itS_n}\cdot I_A-Ee^{it\hat{S}_n}\cdot I_A|$$

$$+\left|Ee^{it\dot{S}_n}\cdot I_A-Ee^{-\frac{\sigma_C^2\cdot t^2}{2}}\cdot I_A\right|+\left|Ee^{-\frac{\sigma_C^2\cdot t^2}{2}}-Ee^{-\frac{\sigma^2\cdot t^2}{2}}\right|$$

中取 $n\to\infty$ 时的上极限就有(注意($*_8$)、($*_9$))

$$\limsup_{n\to\infty}\left|Ee^{itS_n}\cdot I_A-Ee^{-\frac{\sigma^2t^2}{2}}\cdot I_A\right|$$

$$\leqslant 2P(\sigma^2>C)+\left|Ee^{-\frac{\sigma_C^2\cdot t^2}{2}}\cdot I_A-Ee^{-\frac{\sigma^2t^2}{2}}\cdot I_A\right|$$

$$\overset{(1)}{\leqslant}4P(\sigma^2>C).\qquad(*_{10})$$

【此处(1)因 $\left|Ee^{-\frac{\sigma_C^2\cdot t^2}{2}}\cdot I_A-Ee^{-\frac{\sigma^2t^2}{2}}\cdot I_A\right|\leqslant E\left|e^{-\frac{\sigma_C^2\cdot t^2}{2}}-e^{-\frac{\sigma^2t^2}{2}}\right|$ $=\int_{[\sigma^2>C]+[\sigma^2\leqslant C]}|\cdot|=\int_{[\sigma^2>C]}|\cdot|\leqslant2\cdot P[\sigma^2>C]$.】在($*_{10}$)右方,令 C 沿 σ^2 的连续点趋于∞得,$4P(\sigma^2>C)\longrightarrow0$($C$ 沿 σ^2 的连续点$\to\infty$).因此证得

$$\lim_{n\to\infty}Ee^{itS_n}\cdot I_A=Ee^{-\frac{\sigma^2t^2}{2}}\cdot I_A.$$

再据定理 3.8.1 知:$S_n\xrightarrow{\text{s.d.}}G$,而 G 由 $\int_R e^{itx}G(\mathrm{d}x,A)=Ee^{-\frac{\sigma^2t^2}{2}}\cdot I_A$ 来定.证毕.

3.8.4 其他结果

作为本节的结束,我们乐意在此再引述(证明见[7])两个重要结果.

定理3.8.4(随机序列阵列的中心极限定理) 设随机序列阵列 $\{\xi_{n,k},\mathscr{F}_{n,k},1\leqslant k\leqslant k_n,n\geqslant1\}$(即对每个 $n\geqslant1$,$\{\xi_{n,k},\mathscr{F}_{n,k},1\leqslant k\leqslant k_n\}$为有限随机序列;$k_n\uparrow$;对 $n\geqslant1$及$1\leqslant k\leqslant k_n$ 有 $\mathscr{F}_{n,k}\subset\mathscr{F}_{n+1,k}$)满足:对每个 $\varepsilon>0$,

$$\sum_{k=1}^{k_n}P(|\xi_{n,k}|>\varepsilon|\mathscr{F}_{n,k-1})\xrightarrow{P}0;$$

存在 $\varepsilon_0>0$使

$$\sum_{k=1}^{k_n}E(\xi_{n,k}I_{[|\xi_{n,k}|\leqslant\varepsilon_0]}|\mathscr{F}_{n,k-1})\xrightarrow{P}0;$$

$$\sum_{k=1}^{k_n}\mathrm{Var}(\xi_{n,k}I_{[|\xi_{n,k}|\leqslant\varepsilon_0]}|\mathscr{F}_{n,k-1})\xrightarrow{P}\sigma^2,$$

其中 σ^2 为一非负 r.v.，则

$$S_n=\sum_{k=1}^{k_n}\xi_{n,k}\xrightarrow{\text{s.d.}}G.$$

而 G 由式子 $\int_R e^{itx}G(\mathrm{d}x,A)=Ee^{-\frac{\sigma^2t^2}{2}}\cdot I_A$ 来确定.

定理3.8.5（鞅差阵列的中心极限定理） 设鞅差阵列 $\{\xi_{n,k},\mathscr{F}_{n,k},1\leqslant k\leqslant k_n,n\geqslant1\}$ 满足条件 Lindeberg 条件：对一切 $\varepsilon>0$，$\sum_{k=1}^{k_n}E(\xi_{n,k}^2I_{[|\xi_{n,k}|>\varepsilon]}|\mathscr{F}_{n,k-1})\xrightarrow{P}0$，则在

$$\sigma_{n,k_n}^2\triangleq\sum_{k=1}^{k_n}\xi_{n,k}^2\xrightarrow{P}\sigma^2\text{ 或者 }\sum_{k=1}^{k_n}E(\xi_{n,k}^2|\mathscr{F}_{n,k-1})\xrightarrow{P}\sigma^2$$

条件下，有

$$S_n=\sum_{k=1}^{k_n}\xi_{n,k}\xrightarrow{\text{s.d.}}G,$$

这里 G 由关系式 $\int_R e^{itx}G(\mathrm{d}x,A)=Ee^{-\frac{\sigma^2t^2}{2}}\cdot I_A$ 来定出.

习题三

1. 一赌者玩一个掷一枚均匀硬币的赌博游戏. 掷得反面时输掉赌注，反之有等于赌注的赢得. 他用这样的下注策略：首次下注1元. 赢了即退场，输了就加倍赌注. 如此继续，直至赢得1元时退去. 以 $\{Y_n,n\geqslant1\}$ 表示他的赢得序列，令 $\mathscr{G}_n=\sigma(Y_1,\cdots,Y_n)$. 证明 $\{Y_n,\mathscr{G}_n,n\geqslant1\}$ 是一鞅差序列.

2. 若 $\{\xi_n,n\geqslant1\}$ 是 m 相倚序列（即对该 $m(\geqslant0)$ 与 $n\geqslant1$，$\sigma(\xi_i,1\leqslant i\leqslant n)$ 与 $\sigma(\xi_{n+m+i},i\geqslant1)$ 独立），又对 $n\geqslant1$ 有 $E\xi_n=0$.

令

$$S_n=\sum_{i=1}^{n}\xi_i,$$
$$\mathscr{F}_n=\sigma(\xi_i,1\leqslant i\leqslant n),$$
$$M_n=E(S_{n+m}|\mathscr{F}_n).$$

证明 $\{M_n,\mathscr{F}_n,n\geqslant1\}$ 是鞅.（$m=0$ 情形即3.1.3的例1.）

3. 设$\{\xi_n,n\geqslant1\}$是独立 r. v. 列. 对$n\geqslant1$有$E\xi_n=0,E\xi_n^2=\sigma^2<\infty$. 令

$$M_n=(\sum_{i=1}^n\xi_i)^2-n\sigma^2,\mathscr{F}_n=\sigma(\xi_1,\cdots,\xi_n),n\geqslant1.$$

证明$\{M_n,\mathscr{F}_n,n\geqslant1\}$是鞅.

4. 设$\{0<\xi_n,n\geqslant1\}$是独立 r. v. 列. 又$E\xi_n=1$(对于$n\geqslant1$). 令$M_n=\prod_{i=1}^n\xi_i,\mathscr{F}_n=\sigma(\xi_1,\cdots,\xi_n),n\geqslant1$. 证明$\{M_n,\mathscr{F}_n,n\geqslant1\}$是鞅.

5. 证明:若$\{\xi_n,\mathscr{F}_n,n\geqslant1\}$是鞅差列,$\{\eta_n,\mathscr{F}_{n-1},n\geqslant1\}$是随机序列,又对$n\geqslant1$,$E\xi_n$与$E\xi_n\eta_n$皆有意义,则$\{\xi_n\eta_n,\mathscr{F}_n,n\geqslant1\}$也是鞅差列.

6. 设$\xi_1,\cdots,\xi_n$是L_1中独立同分布的r. v.. 对每个$k=1,2,\cdots,n$,令$S_k=\sum_{i=1}^k\xi_i,\mathscr{F}_k=\sigma(S_n,\cdots,S_{n-k+1}),M_k=\dfrac{S_{n-k+1}}{n-k+1}$. 证明$\{M_k,\mathscr{F}_k,1\leqslant k\leqslant n\}$是鞅.

7. 设$\{\xi_n,n\geqslant1\}$是独立的L_1序列. 对每个$n\geqslant1,E\xi_n=0$. 对给定的正整数k,令

$$\mathscr{F}_n=\sigma(\xi_1,\cdots,\xi_n),n\geqslant k,$$

$$M_{n,k}=\sum_{1\leqslant i_1<i_2<\cdots<i_k\leqslant n}\xi_{i_1}\cdot\cdots\cdot\xi_{i_k},n\geqslant k.$$

证明$\{M_{n,k},\mathscr{F}_n,n\geqslant k\}$是$L_1$鞅.

8. 证明:若$\{\xi_n,\mathscr{F}_n,n\geqslant1\}$是$L_2$鞅差列,则

(1)$\{\sum_{k=1}^{n-1}\xi_k\xi_n,\mathscr{F}_n,n\geqslant1\}$是$L_1$鞅差列;

(2)$\{(\sum_{k=1}^n\xi_k)^2-\sum_{k=1}^n\xi_k^2,\mathscr{F}_n,n\geqslant1\}$是$L_1$鞅.

9. 证明随机序列$\{\xi_k,\mathscr{F}_k,k\geqslant1\}$为鞅差列的充要条件是:对每个$k\geqslant1$与每个$k$元有界 Borel 可测函数$f$,有$E\xi_{k+1}f(\xi_1,\cdots,\xi_k)=0$.

10. 设$\{Y_n,\mathscr{F}_n,n\geqslant1\}$是鞅差序列. 对$n\geqslant1$令$U_n=\sum_{i=1}^nY_i$.

(i)证明对每个$n\geqslant2$有$E[U_n|\mathscr{F}_{n-1}]=U_{n-1}$a. s.

(ii)又假设对每个$i\geqslant1$有$EY_i^2<\infty$,证明$\{Y_i,\mathscr{F}_i,i\geqslant1\}$是正交序列.

11. 设$\{Y_i,\mathscr{F}_i,i\geqslant1\}$是鞅差列,$EY_1=0$. t是一个停时,满足$t\leqslant M$ a. s.,对某个$M>0$. 证明

$$E\sum_{i=1}^tY_i=0.$$

(欲此结果成立,实则有$Et<\infty$就够了.)

12*. 若随机变量$\{T_n, n\geqslant 1\}$满足：对每个$1\leqslant k<n<\infty$. 有

$$E[T_n|T_k] = T_k \text{ a.s.}$$

就称之为**弱鞅**. 证明：每个鞅都是弱鞅. 但有的弱鞅并非鞅[见 Nelson, P. (1970). A class of orthogonal series related to martingales. Ann. Math. Statist. 41, 1689～1694].

13. 不用 Doob 分解定理，直接证明下鞅分解定理：下鞅$(S_n, \mathscr{F}_n, n\geqslant 1)$可分解成鞅$\{M_n, \mathscr{F}_n, n\geqslant 1\}$与适可测列$\{\eta_n, \mathscr{F}_{n-1}, n\geqslant 1\}$之和：$S_n=M_n+\eta_n, n\geqslant 1$.

【提示：注意 $S_n=(S_1+\sum\limits_{j=1}^{n-1}[S_{j+1}-E(S_{j+1}|\mathscr{F}_j)])+\sum\limits_{j=1}^{n-1}[E(S_{j+1}|\mathscr{F}_j)-S_j]$.】

14. 设$\{S_n, \mathscr{F}_n, n\geqslant 1\}$是$L_2$鞅. 试求下鞅$\{S_n^2, \mathscr{F}_n, n\geqslant 1\}$的 Doob 分解.

15. 证明：每个L_1下鞅$\{S_n, n\geqslant 1\}$可表为$S_n = S'_n + S''_n, n\geqslant 1$. 其中$\{S'_n, n\geqslant 1\}$是一个$L_1$鞅，而$0\leqslant S''_n\uparrow$ a.s.. 并且，若$\{S_n, n\geqslant 1\}$为L_1有界，则对$n\geqslant 1, S'_n$与S''_n亦然.

16. 证明：当T有限或$\overline{\lim}X_n$a.s.有限时，X_T为一随机变量.

17. 证明：当$T\equiv m$时有$\mathscr{F}_{T+m}=\mathscr{F}_{n+m}$.

18. 证明：若T_1、T_2皆为$\{\mathscr{F}_n, n\geqslant 1\}$时间，而$T_1<T_2$.

又

$$\tau = \begin{cases} T_2 - T_1, \text{当 } T_1 < \infty \text{ 时}; \\ \infty, \text{当 } T_1 = \infty \text{ 时}. \end{cases}$$

则$T_2=T_1+\tau$，且τ是一个$\{\mathscr{G}_n\triangleq\mathscr{F}_{T_1+n}, n\geqslant 1\}$-时间.

19. 证明：若T是$\{\mathscr{F}_n\}$-时间，亦有$[T\leqslant n]\in\mathscr{F}_n, n\geqslant 1$；反之，若对每个$n\geqslant 1$有$[T\leqslant n]\in\mathscr{F}_n$，则亦有$[T=n]\in\mathscr{F}_n$.

20. 若$\{\mathscr{F}_n, n\geqslant 1\}$是非降$\sigma$-域列，$\sigma$与$\tau$皆是$\{\mathscr{F}_n\}$时间. 证明$\sigma+\tau$亦是$\{\mathscr{F}_n\}$-时间. 又若$\sigma$与$\tau$为$\{\mathscr{F}_n\}$-时间，$\sigma-\tau$是否也是$\{\mathscr{F}_n\}$-时间？

21. 证明：若σ与τ皆是非降σ-域列$\{\mathscr{F}_n\}$-时间，则$[\sigma\leqslant\tau]$、$[\tau\leqslant\sigma]$、$[\tau=\sigma]$皆$\in\mathscr{F}_\sigma\cap\mathscr{F}_\tau=\mathscr{F}_{\sigma\wedge\tau}$.

22. 设$\{\xi_n, n\geqslant 1\}$是独立 r.v. 列. 记

$$\mathscr{F}_n \triangleq \sigma(\xi_1, \cdots, \xi_n), \mathscr{F}^n \triangleq \sigma(\xi_n, \xi_{n+1}, \cdots), \ n\geqslant 1.$$

证明：取正整数值的 r.v. τ为$\{\mathscr{F}_n\}$-停时，当且仅当对每个$n\geqslant 1$有$[\tau=n]$与$\mathscr{F}^n$独立.

23. 设$\{S_n, \mathscr{F}_n, n\geqslant 1\}$是随机序列，$\tau$是$\{\mathscr{F}_n\}$-停时.

令

$$S_\tau(\omega)=\begin{cases}S_{\tau(\omega)}(\omega),\tau(\omega)<\infty;\\ \overline{\lim\limits_{n\to\infty}}S_n(\omega),\tau(\omega)=\infty.\end{cases}$$

证明 S_τ 是 $\mathscr{F}_\tau$- 可测函数．

24. 设 $\{S_n,\mathscr{F}_n,n\geqslant 1\}$ 是一(下)鞅，τ 是 $\{\mathscr{F}_n\}$- 时间．证明 $\{S_{\tau\wedge n},\mathscr{F}_n,n\geqslant 1\}$、$\{S_{\tau\wedge n},\mathscr{F}_{\tau\wedge n},n\geqslant 1\}$ 皆是(下)鞅．

25*. 援用定理 3.2.3，证明 Kolmogorov 不等式：设 X 为非负下鞅，则对任意 $\lambda>0$，

$$P[X_n^*\geqslant\lambda]\leqslant\frac{1}{\lambda}\int_{[X_n^*\geqslant\lambda]}X_nP(d\omega)\leqslant\frac{1}{\lambda}EX_n\qquad(*)$$

成立．其中 $X_n^*\triangleq\sup\limits_{k\leqslant n}X_k$.

【提示：可用以下**典型证法**．令 $\sigma\triangleq\min\{k:X_k\geqslant\lambda\}$，取 $\tau=\infty$．由定理 3.2.3 知：对任意正整数 n 有

$$E(X_\sigma I_{[\sigma\leqslant n]})\leqslant E(X_nI_{[\sigma\leqslant n]}).$$

因为在 $[\tau<\infty]$ 上 $X_\sigma\geqslant\lambda$，故 $E(X_\sigma I_{[\sigma\leqslant n]})\geqslant E(\lambda\cdot I_{[\sigma\leqslant n]})=\lambda\cdot P[\sigma\leqslant n]$．因此

$$\lambda P[\sigma\leqslant n]\leqslant E(X_nI_{[\sigma\leqslant n]})=\int_{[\sigma\leqslant n]}X_nP(\mathrm{d}\omega).$$

但易见 $[\sigma\leqslant n]=[X_n^*\geqslant\lambda]$，故由上式即得证$(*)$．】

26*. 试证：若 $\{X_t,\mathscr{F}_t,t\in T\}$ 依 t 的增、减排列皆为鞅，则对任意 $t_1\neq t_2$ 恒有 $X_{t_1}=X_{t_2}$ a.s.

【提示：只须由 X、Y 均可积，且对任意 Borel 集 B 有 $\int\limits_{(Y\in B)}(Y-X)=0=\int\limits_{(X\in B)}(Y-X)$，来证明 $X=Y$ a.s.(先对每个 $C\in R$ 证明 $\int\limits_{(Y>C,X<C)}(Y-X)=\int\limits_{(X\geqslant C,Y\leqslant C)}(Y-X)$，即 $P(Y>C>X)=P(Y<C<X)=0$．再注意 $P(X\neq Y)=\sum\limits_{r\in Q}P(Y>r>X)+\sum\limits_{r\in Q}P(Y<r<X)$，$Q$ 为有理数集)．】

27* (Garsia 不等式)．设 $(X_n,\mathscr{F}_n,n\geqslant 0)$ 为非负下鞅，$F(t)$ 是 $[0,\infty)$ 上任意非降右连续函数 $F(0)=0$．试证有

$$E\int_{(0,X_n^*]}t\mathrm{d}F(t)\leqslant E[X_nF(X_n^*)],$$

其中 $X_n^*=\sup\limits_{k\leqslant n}X_k$.

【提示：由 $X_r^* = \begin{cases} X_{r-1}^*, \\ X_r, \end{cases}$ 当 $X_r \begin{matrix}\leqslant \\ > \end{matrix} X_{r-1}^*$ 时，得 $\int_{X_{r-1}^*}^{X_r^*} t\mathrm{d}F(t) =$
$\begin{cases} 0, \\ \int_{X_{r-1}^*}^{X_r} t\mathrm{d}F(t) \leqslant X_r \int_{X_{r-1}^*}^{X_r} \mathrm{d}F(t), \end{cases}$ 若 $X_r \begin{matrix}\leqslant \\ > \end{matrix} X_{r-1}^*$. 积分得

$E\int_{X_{r-1}^*}^{X_r^*} t\mathrm{d}F(t) \leqslant E\{X_r \cdot [F(X_r) - F(X_{r-1}^*)]\}$. 再用 $X_r \leqslant E[X_n | \mathscr{F}_r]$ $(r \leqslant n)$ 及 $F\uparrow$，把右方放大为：$E\{E(X_n|\mathscr{F}_r) \cdot [F(X_r^*) - F(X_{r-1}^*)]_1\} = E\{E(X_n \cdot [\cdots]_1 | \mathscr{F}_r)\} = E(X_n[\cdots]_1)$，然后关于 r（自 1 至 n）求和．】

28*．证明对下鞅列 $\{X_n, n \geqslant 1\}$ 有 $(r \geqslant 1)$：$X_n \xrightarrow{L_r} X_\infty \overset{(1)}{\Leftrightarrow} \{|X_n|^r, n \geqslant 1\}$ 为 u.i. $\overset{(2)}{\Rightarrow} X_n \xrightarrow{\text{a.s.}} X_\infty$、$X_\infty^r$ 为封闭元．

【提示：(1) 见定理 3.3.1 注 2 与附录定理 7；(2) 见附录定理 6(ii) 与定理 3.3.1 注 1；X_∞ 的封闭性由 $E[X_{n+m}|\mathscr{F}_n] \geqslant X_n$ a.s. $(m \geqslant 1)$，用条件 Fatou 引理(2.2.2) 得：$X_n \leqslant \overline{\lim_{m\to\infty}} E[X_{n+m}|\mathscr{F}_n] \leqslant E[\overline{\lim_{m\to\infty}} X_{n+m}|\mathscr{F}_n] = E[X_\infty|\mathscr{F}_n]$.】

29*．设 $X = (X_n, \mathscr{F}_n, n \geqslant 1)$ 为非负下鞅．证明

(i) 若 Y 为封闭元且 $Y \in L_r(r \geqslant 1)$，则 $X_n \xrightarrow{L_r} X_\infty$.

(ii) 若 $\sup\limits_n E|X_n|^r < \infty (r > 1)$，则 $\{|X_n|^r, n \geqslant 1\}$ 为 u.i.

【提示：(i) 用 28* 及 Doob 不等式(3.4.5)．(ii) 先证 $\{|X_n|\}$ 为 u.i.．于是由 28* 有 $X_n \xrightarrow{L_1 \text{和 a.s.}} X_\infty$、$X_\infty$ 为封闭元．继而（用 Fatou）$EX_\infty^r < \infty$. 最后用 (i) 与 28* 的结果．（注意：(ii) 表明，在非负下鞅场合（当 $r > 1$ 时），$\{|X_n|^r\}$ 为 L_1 有界与 $\{|X_n|^r\}$ 为 u.i. 同义[见附录定理 6]）.】

30*．试证：对下鞅 $X = (X_n, \mathscr{F}_n, n \geqslant 1)$ 有 $\{X_n\}$ 为 u.i. $\Leftrightarrow X_n \xrightarrow{P} X_\infty$、$X_\infty$ 为封闭元且 $EX_n \to EX_\infty < \infty$.

【提示 ⇒：用 28*；⇐：先（用 29*、28*）证 $\{X_n^+\}$ 为 u.i.．再设法证 $\{X_n^-\}$ 为 u.i. 由 28* 只须证 $X_n^- \xrightarrow{L_1} X_\infty^-$. 为此须证有 $\int_\Omega (X_\infty^- - X_n^-)^+ \to 0$ 及 $\int_\Omega (X_\infty^- - X_n^-)^- \to 0$. 后者由前者及 $EX_n^- \to EX_\infty^-$ 得出；前者因 $(X_\infty^- - X_n^-)^+ \leqslant X_\infty^-$（可积．因 X_∞ 为封闭元，故 $E|X_\infty| < \infty$），故而 $E\sup\limits_n (X_\infty^- - X_n^-)^+ \leqslant EX_\infty^- < \infty$. 顾及 $(X_\infty^- - X_n^-)^+ \xrightarrow{P} 0$，由控制收敛定理即得．[由 $\{X_n^+\}$u.i. 得 $X_n^+ \xrightarrow{L_1} X_\infty^+$ 及 $X_n^+ \xrightarrow{\text{a.s.}} X_\infty^+$. 从而有 $EX_n^+ \to EX_\infty^+$ 与 $X_n^+ \xrightarrow{P} X_\infty^+$. 由 $EX_n^+ \to EX_\infty^+$ 与 EX_n

$\to EX_\infty$ 得 $EX_n^- \to EX_\infty^-$；由 $X_n \xrightarrow{P} X_\infty$ 及 $X_n^+ \xrightarrow{p} X_\infty^+$ 得 $X_\infty^- - X_n^- \xrightarrow{P}$ 0(更有 $(X_\infty^- - X_n^-)^+ \xrightarrow{P} 0$).]】

31*. 证明对鞅 $(X_n, n \geqslant 1)$，以下各命辞等价：

(i) $(X_n, n \geqslant 1)$ 为正则鞅[见 3.3.3]；

(ii) $(X_n, n \geqslant 1)$ 为 u.i.；

(iii) $(X_n, n \geqslant 1)$ 为 L_1 有界(即 $\sup\limits_n E|X_n| < \infty$).

【提示：用 28、29.】

32. 设 $\{S_n = \sum\limits_1^n \xi_i, \mathscr{F}_n, n \geqslant 1\}$ 是一(下)鞅，τ 是 $\{\mathscr{F}_n\}$ 停时，且 $E\tau < \infty$. 若存在 $C > 0$ 使在 $[\tau \geqslant k]$ 上有 $E(|\xi_k| \mid \mathscr{F}_{k-1}) \leqslant C$ a.s. 对每个 $k \geqslant 1$ 成立. 证明

$$E|S_\tau| < \infty \text{ 且 } ES_\tau \overset{(\geqslant)}{=} ES_1.$$

33. 设 $\{\xi_n, n \geqslant 1\}$ 是 i.i.d. r.v.，$P(\xi_1 = 1) = P(\xi_1 = -1) = \frac{1}{2}$. 对 $-\infty < a < 0 < b < \infty$，令

$$\tau = \inf\{n \geqslant 1: \sum_1^n \xi_i \leqslant a \text{ 或 } \sum_1^n \xi_i \geqslant b\}.$$

证明 τ 是 $\{\mathscr{F}_n\}$-时间，且

$$P(S_\tau = a) = \frac{b}{b-a}, P(S_\tau = b) = \frac{-a}{b-a},$$

其中 $S_n = \sum\limits_{i=1}^n \xi_i, n \geqslant 1$.

34. 设 $\{\xi_n, n \geqslant 1\}$ 为 i.i.d. r.v，对每个 $n \geqslant 1$，令

$$S_n = \sum_{i=1}^n \xi_i, \ \mathscr{F}_n = \sigma(\xi_1, \cdots, \xi_n).$$

设 τ 是 $\{\mathscr{F}_n\}$ 的可积停时，存在 $C > 0$ 使对每个 $n \geqslant 1$ 有

$$E(|S_n| I_{[\tau \geqslant n]} \mid \mathscr{F}_{n-1}) \leqslant C.$$

证明：如果对某个 $t_0 > 0$，对一切 $|t| \leqslant t_0$ 有

$$M(t) = Ee^{t\xi_1} < \infty$$

成立，则当 $t \in [-t_0, t_0]$ 时 $\{U_n \triangleq \frac{e^{tS_n}}{M^n(t)}, \mathscr{F}_n, n \geqslant 1\}$ 是鞅，且 $EU_\tau = 1$.

35. 设 $\{\xi_n, n \geqslant 1\}$ 是非负、非退化的独立同分布 r.v. 列. 记

$$S_0 = 0; \ S_n = \sum_{i=1}^n \xi_i, \ n \geqslant 1.$$

对每个 $t \geqslant 0$，令

$$N(t) = \sup\{n \geqslant 1 : S_n \leqslant t\}$$

称$\{N(t), t \geqslant 0\}$为更新过程．证明

(i) 对每个$t \geqslant 0, EN(t) < \infty$.

(ii) $\lim\limits_{t\to\infty} \dfrac{N(t)}{t} = \dfrac{1}{E\xi_1}$ a. s.

(iii) $\lim\limits_{t\to\infty} \dfrac{EN(t)}{t} = \dfrac{1}{E\xi_1}$.

36. 设$(S_n, n \geqslant 1)$是下鞅，满足(对某个$0 < p \leqslant 2$)$\sum\limits_{i=1}^{\infty} E|X_i|^p < \infty$，证明$S_n$ a.s. 收敛．

37. 设鞅差列$\{\xi_n, \mathscr{F}_n, n \geqslant 1\}$满足下列条件之一：

(i) $\sum\limits_{k=1}^{\infty} E|\xi_k|^p < \infty, 1 \leqslant p \leqslant 2$;

(ii) $\sum\limits_{k=1}^{\infty} E(|\xi_k| I_{[|\xi_k|>1]} + \xi_k^2 I_{[|\xi_k|\leqslant 1]}) < \infty$.

证明$S_n = \sum\limits_{k=1}^{n} \xi_k$当$n \to \infty$时a.s. 收敛．

38. 设$\{\mathscr{F}_n, n \geqslant 1\}$是$(\Omega, \mathscr{F}, P)$上的非降子$\sigma$-域列；r.v. 列$\{S_n, n \geqslant 1\}$满足

$$E \sup_{n\geqslant 1} |S_n| < \infty; \quad S_n \longrightarrow S \text{ a.s.}$$

试证明

$$E(S_n | \mathscr{F}_n) \longrightarrow E(S | \mathscr{F}_\infty) \text{ a.s.}, \ n \to \infty.$$

$$E(S_n | \mathscr{F}_n) \xrightarrow{L_1} E(S | \mathscr{F}_\infty), \ n \to \infty.$$

$$E(S_m | \mathscr{F}_n) \longrightarrow E(S | \mathscr{F}_\infty) \text{ a.s.}, \ m、n \to \infty.$$

39. 设$(\xi_n, n\geqslant 1)$是$L_1(\Omega, \mathscr{F}, P)$中的可交换的r.v.列(即对每个$n\geqslant 1$及$(1,2,\cdots,n)$的每一排列$(i_1,\cdots,i_n)$，$(\xi_{i_1},\cdots,\xi_{i_n})$与$(\xi_1,\cdots,\xi_n)$有相同的分布)试证明下列强大数律与平均收敛律：

$$\frac{1}{n}\sum_{1}^{n} \xi_i \longrightarrow E(\xi_1 | \mathscr{F}_\infty) \text{a.s.};$$

$$\frac{1}{n}\sum_{i=1}^{n} \xi_i \xrightarrow{L_1} E(\xi_1 | \mathscr{F}_\infty),$$

其中$\mathscr{F}_\infty = \bigcap\limits_{n=1}^{\infty} \mathscr{F}_n$.

40. 设$\{S_n, \mathscr{F}_n, n\geqslant 1\}$是$L_1$下鞅．证明：

$$\lambda P(\min_{1\leqslant k\leqslant n} S_k \leqslant \lambda) \geqslant \int_{(\min\limits_{1\leqslant k\leqslant n} S_k\leqslant\lambda)} S_n \mathrm{d}P - E(S_n - S_1)$$

$$\geqslant ES_1 - ES_n^+,\ n \geqslant 1,$$

对一切 $\lambda\in R$ 成立.

41. 设 $\{S_n=\sum\limits_{k=1}^{n}\xi_k,\mathscr{F}_n,n\geqslant 1\}$ 是非负 L_1 下鞅，$\{\eta_k,\mathscr{F}_{k-1},k\geqslant 1\}$ 是随机序列，且对每个 $k\geqslant 1$ 有 $\eta_k\geqslant\eta_{k+1}\geqslant 0$ a. s.. 证明：对任给 $\varepsilon>0$ 与 $n\geqslant 1$ 有

$$\varepsilon P(\max_{1\leqslant k\leqslant n}\eta_k S_k \geqslant \varepsilon) + \int_{(\max\limits_{1\leqslant k\leqslant n}\eta_k S_k<\varepsilon)} \eta_n S_n \mathrm{d}P \leqslant \sum_{k=1}^{n} E\eta_k\xi_k.$$

42. 设 $\{S_n,\mathscr{F}_n,n\geqslant 1\}$ 是 L_1 上鞅. 则对 $\forall\ \varepsilon>0$ 有

$$P(\max_{1\leqslant k\leqslant n}|S_k| > \varepsilon) \leqslant 3\max_{1\leqslant k\leqslant n} E|S_k|/\varepsilon.$$

43. 设 $\{\xi_k,\mathscr{F}_k,1\leqslant k\leqslant n\}$ 是鞅差列，$S_n\triangleq\sum\limits_{1}^{n}\xi_k$. 证明存在 $C>0$，可使

$$P[(\sum_{1}^{n}\xi_k^2)^{\frac{1}{2}} > \lambda] \leqslant \frac{CE|S_n|}{\lambda}$$

对一切 $\lambda>0$ 成立.

44. 设 $(\xi_n,n\geqslant 1)$ 是独立 r. v. 列. 令

$$S_{m,n} = \sum_{k=m+1}^{n}\xi_k,\ 0\leqslant m\leqslant n;\ S_n = S_{0,n},\ n\geqslant 1.$$

证明(i)对任给 $\varepsilon>0$ 与 $n\geqslant 1$ 有

$$P(\max_{1\leqslant k\leqslant n}|S_k| > 2\varepsilon) \leqslant \frac{P(|S_n|>\varepsilon)}{\min\limits_{1\leqslant k\leqslant n} P(|S_{k,n}|\leqslant\varepsilon)}.$$

【提示　令 $\tau=\inf\{k\geqslant 1:|S_k|>2\varepsilon\}$，则

$$\bigcup_{k=1}^{n}\{\tau=k;|S_{k,n}|\leqslant\varepsilon\}\subset\{|S_n|>\varepsilon\}.】$$

(ii)对每个 $n\geqslant 1$，

$$\int_0^\infty P(\max_{1\leqslant k\leqslant n}|S_k| > 2t)\mathrm{d}t \leqslant 2E|S_n| + 2\int_{2E|S_n|}^{\infty} P(|S_n|>t)\mathrm{d}t.$$

45. 设 $(\xi_k,k\geqslant 1)$ 是独立 r. v. 列. 对每个 $k\geqslant 1$ 有 $E\xi_k=0$. 记 $S_n^*=\max\limits_{1\leqslant k\leqslant n}|S_k|$，$S_n=\sum\limits_{1}^{n}\xi_i$. 证明

$$ES_n^* \leqslant 8ES_n, n\geqslant 1.$$

46. 构造一个鞅 $\{U_n,n\geqslant 1\}$，使得 $0<P[U_n$ 收敛$]<1$. 构造一个鞅，使 $\sup|U_n|<\infty$ a. s.，而 U_n a. s. 发散.

47. 设 $\{X_i,\mathscr{F}_i,i\geqslant 1\}$ 是随机序列. 证明：对某个 $0<p<1$，有 $\sum_{i=1}^{\infty}E[|X_i|^p|\mathscr{F}_{i-1}]<\infty$ 成立，蕴涵 S_n 收敛.

48. 设 $E\sup|X_i|^2<\infty$. 证明 $\sum_{i=1}^{\infty}X_i^2<\infty$. 蕴涵 S_n 收敛.

【提示：设 t 是使 $\sum_{1}^{n}X_i^2\geqslant k$ 成立的最小的 $n\geqslant 1$，等等.】

49. 举例说明：在 $(\Omega,\mathscr{F},P)$ 上有 r.v. $\{\xi_n,n\geqslant 1\}$ 与 ξ，可使

$$\xi_n\xrightarrow{d}\xi$$

成立；但 $\xi_n\xrightarrow{\text{s.d.}}\xi$ 却不成立.

50. 设 $\{\xi,\xi_n,n\geqslant 1\}$ 为 $(\Omega,\mathscr{F},P)$ 上的 r.v. 列. 如果对每个 $A\in\mathscr{F}$，及 ξ 的每一连续点 x 有

$$P(\xi_n\leqslant x,A)\xrightarrow{P}P(\xi\leqslant x,A),$$

就称 $\{\xi_n,n\geqslant 1\}$ 为稳定地依分布收敛到 ξ，记作 $\xi_n\xrightarrow{\text{s.d.}}\xi$. 设 $(\xi,\xi_n,n\geqslant 1)$、$(\eta,\eta_n,n\geqslant 1)$ 都是 $(\Omega,\mathscr{F},P)$ 上的 r.v.，证明：如果

$$\xi_n\xrightarrow{\text{s.d.}}\xi,\ \sup_{n\geqslant 1}E\xi_n^2<\infty \text{ 且 } \eta_n\xrightarrow{P}\eta,$$

则

$$\xi_n\eta_n\xrightarrow{\text{s.d.}}\xi\eta.$$

51. 对适随机阵列 $\{\xi_{n,k},\mathscr{F}_{n,k},1\leqslant k\leqslant k_n,n\geqslant 1\}$，记

$$\sigma_n^2=\sum_{k=1}^{k_n}\xi_{n,k}^2,\ n\geqslant 1,$$

$$\eta_n^2=\sum_{k=1}^{k_n}E(\xi_{n,k}^2|\mathscr{F}_{n,k-1}),\ n\geqslant 1.$$

考虑下列命题：

(1) 对每个 $\varepsilon>0$，

$$\lim_{n\to\infty}\max_{1\leqslant k\leqslant k_n}P(|\xi_{n,k}|\geqslant\varepsilon)=0;$$

(2) 对每个 $\varepsilon>0$，

$$\lim_{n\to\infty}\sum_{k=1}^{k_n}P(|\xi_{n,k}|\geqslant\varepsilon)=0;$$

(3) $\max_{1\leqslant k\leqslant k_n}|\xi_{n,k}|\xrightarrow{P}0$;

(4)对每个 $\varepsilon>0$,

$$\sum_{k=1}^{k_n}\xi_{n,k}^2 I_{[|\xi_{n,k}|\geq\varepsilon]}\xrightarrow{P}0;$$

(5)对每个 $\varepsilon>0$,

$$\lim_{n\to\infty}\sum_{k=1}^{k_n}E\xi_{n,k}^2 I_{[|\xi_{n,k}|\geq\varepsilon]}=0;$$

(6)对每个 $\varepsilon>0$

$$\sum_{k=1}^{k_n}E[\xi_{n,k}^2 I_{[|\xi_{n,k}|\geq\varepsilon]}|\mathscr{F}_{n,k-1}]\xrightarrow{P}0.$$

证明下列结论:

1)各命题间有以下关系

$$(2)\Rightarrow(1)\Leftarrow(3)\Leftrightarrow(4)\Leftarrow(5)\Rightarrow(6).$$

2)若 $\{\sigma_n^2,n\geq 1\}$ 一致可积,则(4)$\Leftrightarrow$(5).

3)若 $\{\eta_n^2,n\geq 1\}$ 一致可积,则(5)$\Leftrightarrow$(6).

4)如果对每个 $n\geq 1$,$\{\xi_{n,k},1\leq k\leq k_n\}$ 独立,则(2)$\Leftrightarrow$(3).

52. 设 $\{\xi_{n,k},\mathscr{F}_{n,k},1\leq k\leq k_n,n\geq 1\}$ 是相适 r. v. 阵列. 证明:如果 $E\max\limits_{1\leq k\leq k_n}|\xi_{n,k}|\longrightarrow 0$,则 Lindeberg 条件成立. 特别地,如果 $A_{n,k}\in\mathscr{F}_{n,k}$ 满足

$$P(\bigcup_{k=1}^{k_n}A_{n,k})\longrightarrow 0,$$

则 $\sum\limits_{k=1}^{k_n}P(A_{n,k}|\mathscr{F}_{n,k-1})\xrightarrow{P}0$.

53. 设 $\xi,\xi_n\in L_1(\Omega,\mathscr{F},P)$. 证明

$$\xi_n\xrightarrow{L_1}\xi$$

当且仅当

$$E\xi_n I_A\longrightarrow E\xi I_A$$

对 $A\in\mathscr{F}$ 一致成立.

54. 设 $\{\eta_n,n\geq 1\}$ 是 $i.i.d.$ r. v.

$$P(\eta_n=-1)=P(\eta_n=1)=\frac{1}{2}.$$

令

$$\xi_{n,k}=\eta_k\Big(\sum_{i=1}^{k-1}\eta_i/i\Big)\Big/\sqrt{n},\quad k=1,2,\cdots,n;$$

$$S_n=\sum_{k=1}^{n}\xi_{n,k}.$$

证明

$$S_n \xrightarrow{\text{s.d.}} G,$$

其中 m.d.f. G 由下式唯一确定：

$$\int_R e^{itx} G(\mathrm{d}x, A) = Ee^{-\frac{\sigma^2 t^2}{2}} \cdot I_A, \sigma^2 \geqslant 0 \text{ 为某个 r.v.}$$

55. 设$\{\xi_k, k\geqslant 1\}$是独立 r.v. 列. 对每个 $k\geqslant 1, E\xi_k=0, E\xi_k^2=\sigma_k^2>0$. 记

$$S_n \triangleq \sum_{k=1}^n \xi_k,\ \sum\nolimits_n^2 \triangleq \sum_{k=1}^n \sigma_k^2,\ n\geqslant 1.$$

证明：如果对$\forall\ \varepsilon>0$，

$$\lim_{n\to\infty} \frac{1}{\sum_n^2} \sum_{k=1}^n E\xi_k^2 I_{[|\xi_k|\geqslant \varepsilon \sum_n]} = 0.$$

则

$$\frac{S_n}{\sum_n} \xrightarrow{\text{m.d.}} \Phi.$$

56. 设$\{\xi_k, \mathscr{F}_k, k\geqslant 1\}$是相适 r.v 列. $\{a_k, k\geqslant 1\}$是正实数列. 令

$$A = \{\sum_{k=1}^\infty P(|\xi_k| > a_k | \mathscr{F}_{k-1}) < \infty\}.$$

证明：在 A 上下式 a.s. 成立：

$$\left\{\sum_{k=1}^\infty \xi_k \text{ 收敛}\right\} = \left\{\sum_{k=1}^\infty \xi_k I_{[|\xi_k|\leqslant a_k]} \text{ 收敛}\right\}.$$

57. 设$\{\xi_k, \mathscr{F}_k, k\geqslant 1\}$是鞅差列. 令

$$A = \{\sum_{k=1}^\infty E(\xi_k^2 I_{[|\xi_k|\leqslant 1]} | \mathscr{F}_{k-1}) < \infty\}$$

$$\cap \{\sum_{k=1}^\infty E(|\xi_k| I_{[|\xi_k|>1]} | \mathscr{F}_{k-1}) < \infty\}.$$

证明在 A 上有

$$\sum_{k=1}^\infty \xi_k \text{ 收敛 a.s.}$$

58. 设$\{\xi_k, \mathscr{F}_k, k \geqslant 1\}$ 是鞅差列，对每个 $k \geqslant 1$ 有 $1 \leqslant \alpha_k \leqslant 2$. 证明在 $\{\sum_{k=1}^\infty E(|\xi_k|^{\alpha_k} | \mathscr{F}_{k-1}) < \infty\}$ 上

$$\cdot \sum_{k=1}^\infty \xi_k \text{ 收敛 a.s.}$$

59. 判断下列事件是否 r.v. 列$\{\xi_k, k\geqslant 1\}$的尾事件

(i) $\sum_{1}^{\infty}\xi_k$ 收敛；

(ii) $\sum_{k=1}^{\infty}\xi_k$ 收敛到 r. v. S；

(iii) $\{\xi_k\in B_k, \text{i. o.}\}$，此处对每个 $k\geqslant 1, B_k\in\mathscr{R}\triangleq\sigma(\{(-\infty,x]:x\in R\})$；

(iv) $\{\lim\limits_{k\to\infty}\xi_k$ 存在$\}$；

(v) $\left\{\lim\limits_{k\to\infty}\frac{1}{k}\sum_{i=1}^{k}\xi_i \text{ 存在}\right\}$

并陈述理由.

60. 设$\{\xi_k, k\geqslant 1\}$独立，又对每个 $k\geqslant 1$有

$$P(\xi_k=\frac{1}{k})+P(\xi_k=\frac{-1}{k})=1.$$

讨论级数 $\sum_{k=1}^{\infty}\xi_k$ 的收敛性.

61. 设$\{\xi_k, k\geqslant 1\}$是 i. i. d. r. v. s. 它们的分布函数连续. 令

$$N_n=\sum_{k=1}^{n}\eta_k,\ n\geqslant 1,$$

其中 $\eta_1=1$；对 $k>1$，$\eta_k\triangleq I_{[\xi_i<\xi_k, 1\leqslant i<k]}$. N_n 称为时刻 n 以前$\{\xi_n, n\geqslant 1\}$的破记录的次数. 证明

$$\frac{N_n}{\log n}\longrightarrow 1\quad \text{a. s.}$$

【提示：证明$\{\eta_n, n\geqslant 1\}$独立且

$$P(\eta_n=1)=\frac{1}{n},\ n\geqslant 1.】$$

附　　录

Ⅰ.收敛关系

定义1(四种收敛)　设$\{X_n, n\geqslant 1\}$为随机变量序列.若对$\forall\ \varepsilon>0$有$\lim\limits_{n\to\infty}P(|X_n-X|>\varepsilon)=0$,称$X_n$依概率收敛于$X$,记作$X_n\xrightarrow{P}X$;若$P\{\lim X_n=X\}=1$,称$X_n$概率为1地收敛于$X$,记作$X_n\xrightarrow{\text{a.s.}}X$;若$E|X_n|^r<\infty$(称$X_n\in L_r$),且$\lim\limits_{n\to\infty}E|X_n-X|^r=0$,称$X_n$ r阶收敛于X(或r均方收敛于X),记作$X_n\xrightarrow{L_r}X$;设F_n、F分别为X_n、X的分布函数,$C(F)$为F的连续点集合,若$\forall\ x\in C(F)$有$\lim\limits_{n\to\infty}F_n(x)=F(x)$称$X_n$依分布律收敛于$X$(或$F_n$弱收敛于$F$),记作$X_n\xrightarrow{\mathscr{L}}X$.

定理1(依概率收敛与a.s.收敛的关系)①

(i)$X_n\xrightarrow{\text{a.s.}}X\Rightarrow X_n\xrightarrow{P}X$;

(ii)$X_n\xrightarrow{P}X\Rightarrow$有升子列$\{n_k\}$使$X_{n_k}\xrightarrow{\text{a.s.}}X$.

定理2(依概率收敛的充要条件)

(i)$X_n\xrightarrow{P}X\Leftrightarrow\{X_n, n\geqslant 1\}$为依概率收敛意义下的Canchy列(即$|X_n-X_m|\xrightarrow[m,n\to\infty]{P}0$).

(ii)$X_n\xrightarrow{P}X\Leftrightarrow$对任意$r>0$有$E\dfrac{|X_n-X|^r}{1+|X_n-X|^r}\xrightarrow[n\to\infty]{}0$.

证　仅证(ii).注意以下矩基本不等式:对任意r.v.X,若g在$[0,\infty)$上非降,在R上为偶函数,则对每个$a\geqslant 0$有

---

① 独立r.v.列的部分和a.s.收敛与其依概率收敛等价(Lévy)(详见[1],定理3.3.1)

$$\frac{Eg(X)-g(a)}{\|g(X)\|_\infty} \leqslant P\{|X| \geqslant a\} \leqslant \frac{Eg(X)}{g(a)} \tag{1}$$

(若 g 在 R 上非降,上式中项易作 $P\{X\geqslant a\}$,$a\in R$),其中 $\|X\|_\infty \triangleq \sup\{x;P[|X|>x]>0\}$(若 $\|X\|_\infty=K<\infty$,称 X 为 a.s. 有界). 于(1)中取 $g(x)=\dfrac{|x|^r}{1+|x|^r}$,$r>0$,即明.

定理3 (r-阶收敛及其与依概率收敛的关系)

(i) $X_n \xrightarrow{L_r} X \Rightarrow E|X|^r<\infty$(即 $X\in L_r$);

(ii) $X_n \xrightarrow{L_r} X \Rightarrow E|X_n|^r \longrightarrow E|X|^r$;

(iii) $X_n \xrightarrow{L_r} X \Rightarrow X_n \xrightarrow{P} X$;

反之 $X_n \xrightarrow{P} X$ 且 $\sup\limits_n \|X_n\|_\infty<K$(几乎处处一致有界)$\Rightarrow X_n \xrightarrow{L_r} X$.

证 (i)对 $E|X|^r=E|(X-X_n)+X_n|^r$ 用 C_r-不等式(即 $E|X+Y|^r \leqslant C_rE|X|^r+C_rE|Y|^r$,$r>0$,而 $C_r=\begin{cases}1, r\leqslant 1;\\ 2^{r-1}, r\geqslant 1.\end{cases}$)即可.

(ii) $0<r\leqslant 1$ 时对 $E|X|^r=E|(X-X_n)+X_n|^r$、$E|X_n|^r=E|(X_n-X)+X|^r$ 分别用 C_r-不等式;当 $r>1$ 时对 $E^{\frac{1}{r}}|X_n|^r$、$E^{\frac{1}{r}}|X|^r$ 分别用 Minkowski 不等式.

(iii)对 X_n-X 用矩基本不等式(1)即可.

定理4 $X_n \xrightarrow{P} X \Rightarrow X_n \xrightarrow{\mathscr{L}} X$.

Ⅱ. 一致可积

定义2 若 $\lim\limits_{a\to\infty}\sup\limits_{n\in I}\int\limits_{|X_n|\geqslant a}|X_n|P(d\omega)=0$,就称 $\{X_n,n\in I\}$ 为一致可积(u.i.).

定理5 (一致可积的某些充分、必要与充要条件)

(i) $\{X_n\}$ 为 u.i. $\Leftrightarrow$ $\{|X_n|\}$ 为 u.i.;

(ii) $\{X_n\}$ 为 u.i. $\Leftrightarrow$ $\{X_n^+\}$、$\{X_n^-\}$ 皆为 u.i.;

(iii)若$|X_n|\leqslant X$ a.s.,且$EX<\infty\Rightarrow\{X_n\}$为u.i.;

(iv)$\{X_n\}$为u.i.$\Rightarrow$对任一子列$\{n_k\}$有$\{X_{n_k}\}$为u.i.;

(v)$\{X_n\}$、$\{Y_n\}$皆为u.i.$\Rightarrow\{X_n+Y_n\}$为u.i..

定理6

$$\{X_n\}\text{为 u.i.}\Leftrightarrow\begin{cases}\text{(i)(一致 }P\text{ 绝对连续)}:\text{对}\forall\ \varepsilon>0,\text{有 }\delta>0,\text{当}\\ P(A)\leqslant\delta\text{ 时,有}\sup\limits_n\int_A|X_n|\leqslant\varepsilon;\\ \text{(ii)(}L_1\text{有界)}:\sup\limits_{n\in I}\int_\Omega|X_n|<\infty.\end{cases}$$

证 $\Rightarrow$对$\forall\ A\in\mathscr{F}$及$a>0$有

$$\int_A|X_n|=\int_{A[|X_n|\geqslant a]}|X_n|+\int_{A[|X_n|<a]}|X_n|\leqslant\int_{[|X_n|\geqslant a]}|X_n|+aP(A).\tag{2}$$

若$\{X_n,n\in I\}$为u.i.,则对任给的$\varepsilon>0$可先取到使$\sup\limits_{n\in I}\int_{|X_n|\geqslant a}|X_n|<\frac{\varepsilon}{2}$成立的$a$. 于是由(2)得

$$\sup_{n\in I}\int_A|X_n|<\frac{\varepsilon}{2}+aP(A).\tag{3}$$

再取A使$P(A)<\frac{\varepsilon}{2a}$,于是有$\sup\limits_{n\in I}\int_A|X_n|<\varepsilon$. 此即(i).

往证(ii):对$\forall\ \varepsilon>0$,由(3)可得$\sup\limits_I\int_\Omega|X_n|\leqslant\frac{\varepsilon}{2}+a<\infty$,此即(ii).

$\Leftarrow$由(i)知,对$\forall\ \varepsilon>0$,$\exists\ \delta(\varepsilon)$,只要$P(A)\leqslant\delta$便有$\sup\limits_n\int_A|X_n|<\varepsilon$;由(ii)及Markov不等式知$\sup\limits_n P\{|X_n|\geqslant a\}\leqslant\frac{1}{a}\cdot\sup\limits_n\int_\Omega|X_n|\triangleq\frac{\mathrm{K}}{a}$,所以只要$a$满足$a\geqslant\frac{\mathrm{K}}{\delta}$,对每个$i\in I$就有$P\{|X_i|\geqslant a\}\leqslant\delta$. 从而对每个$A_i\triangleq[|X_i|>a]$皆有$\sup\limits_n\int_{A_i}|X_n|<\varepsilon$. 取阵列$\{\int_{A_i}|X_n|:n、i=1,2,\cdots\}$中的对角线元,就得$\sup\limits_n\int_{A_n}|X_n|\leqslant\varepsilon$,即$\{X_n\}$

为 u.i.. 证毕.

定理7(L_r 收敛与一致可积的关系) 设$\{X_n\}$为 $L_r(r>0)$中的随机变量列,则下述各款等价:

(i)$\{X_n\}$ 为 L_r 收敛(即有 $X\in L_r$,使 $E|X_n-X|^r \xrightarrow[n\to\infty]{} 0$);

(ii)$\{X_n\}$ 为 L_r 中的 Cauchy 列(即 $E|X_m-X_n|^r \xrightarrow[m、n\to\infty]{} 0$);

(iii)$\{|X_n|^r\}$ 为 u.i.,且有 r.v. X 使 $X_n \xrightarrow{P} X$.

证 (i)⇒(ii):对 $E|X_m-X_n|^r=E|(X_m-X)+(X-X_n)|^r$ 用 C_r- 不等式.

(ii)⇒(iii):由(ii)知对 $\forall\ \varepsilon>0$,有 $N(\varepsilon)$ 使当 m、$n\geqslant N$ 时成立 $\int_\Omega|X_m-X_n|^r<\varepsilon$. 因此对 $\forall\ A\in\mathscr{F}$(用 C_r- 不等式)有

$$\int_A|X_n|^r=\int_A|(X_n-X_m)+X_m|^r\leqslant C_r\int_A|X_m|^r+C_r\int_\Omega|X_n-X_m|^r$$

$$\leqslant C_r\cdot\sup_{k\leqslant N}\int_A|X_k|^r+C_r\cdot\varepsilon,\text{当 } m=N,n>N \text{ 时},$$

从而

$$\sup_{n\geqslant N}\int_A|X_n|^r\leqslant C_r\cdot\sup_{k\leqslant N}\int_A|X_k|^r+C_r\cdot\varepsilon. \tag{4}$$

因$(X_1\cdots,X_N)$必定一致可积,据此由(4)可知

1° 对所给 $\varepsilon>0$,只要 $P(A)<\delta(\varepsilon)$,就有$\sup\limits_{n\geqslant 1}\int_A|X_n|^r\leqslant 2C_r\cdot\varepsilon$.

2° 于(4)中置 $A=\Omega$ 得$\sup\limits_{n\geqslant N}\int_\Omega|X_n|^r\leqslant C_r\sup\limits_{k\leqslant N}\int_\Omega|X_k|^r+C_r\cdot\varepsilon$,

从而$\sup\limits_{n\geqslant 1}\int_\Omega|X_n|^r\leqslant\max\{C_r\cdot\max\limits_{k\leqslant N}\int_\Omega|X_k|^r+C_r\cdot\varepsilon,\ \max\limits_{k\leqslant N}\int_\Omega|X_k|^r\}<\infty$. 即$\{|X_n|^r\}$满足定理 6 中(i)、(ii),因而其为 u.i..

另外因由矩基本不等式知,对 $\forall\ \varepsilon>0$ 有 $P\{|X_n-X_m|>\varepsilon\}\leqslant\dfrac{E|X_m-X_n|^r}{\varepsilon^r}\longrightarrow 0(m、n\to\infty)$,即$\{X_n\}$为依概率收敛意下的 Cauchy 列,故由定理 2 知 $X_n\xrightarrow{P}X$.

(iii)⇒(i):由(iii)首先可证 $|X|^r$ 可积. 事实上,由定理 1 设 X_{n_j}

$\xrightarrow{\text{a.s.}} X$，必有 $|X_{n_j}| \xrightarrow{\text{a.s.}} |X|$，因此由 Fatou 引理及定理 6 之(ii)有 $E|X|^r = E(\varliminf_j |X_{n_j}|^r) \leqslant \varliminf_j E|X_{n_j}|^r \leqslant \sup_n E|X_n|^r < \infty$.

此外，注意对 $\forall\ \varepsilon > 0$，因为 $X_n \xrightarrow{P} X$，有 $N(\varepsilon)$，当 $n \geqslant N$ 时，$P(A_n) \triangleq P[|X_n - X| > \varepsilon] < \delta(\varepsilon)$. 又因 $|X|^r$ 可积，$\{|X_n|^r\}$ 为 u. i.，故 $\{|X_n|^r, |X|^r\}$ 为 u. i. 于是依定理 6 之(i)有 $\delta(\varepsilon)$，只要 $P(A) \leqslant \delta(\varepsilon)$ 便有 $\max\{\sup_{n\geqslant 1}\int_A |X_n|^r, \int_A |X|^r\} \leqslant \varepsilon$. 特别当取 $A = A_N, A_{N+1}, \cdots$ 时如此，从而阵列 $\{\int_{A_i} |X_n|^r : n、i = N, N+1, \cdots\}$ 的对角线元的上确界亦小于 ε（即 $\sup_{n\geqslant N}\int_{A_n} |X_n|^r < \varepsilon$），且 $\sup_{i\geqslant N}\int_A |X|^r \leqslant \varepsilon$. 据此知 $n \geqslant N(\varepsilon)$ 时有

$$\int_\Omega |X_n - X|^r P(d\omega) = \int_{|X_n - X| \leqslant \varepsilon} |X_n - X|^r + \int_{[|X_n - X| > \varepsilon] \triangleq A_n} |X_n - X|^r$$

$$\leqslant \varepsilon^r + C_r \int_{A_n} |X_n|^r + C_r \int_{A_n} |X|^r$$

$$\leqslant \varepsilon^r + C_r[\sup_{n\geqslant N}\int_{A_n} |X_n|^r + \sup_{n\geqslant N}\int_{A_n} |X|^r] \leqslant \varepsilon^r + 2 \cdot C_r \cdot \varepsilon.$$

因 ε 为任意，故有 $\lim_{n\to\infty}\int_\Omega |X_n - X|^r P(\mathrm{d}\omega) = 0$，即(i)成立.

系 1. $X_n \xrightarrow{P} X$ 且 $\sup_n E|X_n|^r < \infty \Rightarrow X_n \xrightarrow{L_{r'}} X \quad (r' < r)$.

证： 由条件易证得 $\{|X_n|^{r'}\}$ 为 u.i.，从而由定理知 $X_n \xrightarrow{L_{r'}} X$.

注 联系定理 6、7 却知：$X_n \xrightarrow{P} X$，$\sup_n E|X_n|^r < \infty$，$|X_n|^r$ 一致 P 绝对连续 $\Rightarrow X_n \xrightarrow{L_r} X$.

系 2. $X_n \xrightarrow{P} X$，且 $|X_n| \leqslant Y \in L_r$，当 $n \geqslant n_0$ 时 $\Rightarrow X_n \xrightarrow{L_r} X$.

证 由定理 5(iii) 与定理 7 知此.

定理8 设 r. v. ξ 及 $\{\xi_n\}$ 皆属于 $L_r(\Omega, \mathscr{F}, P)$ $(0 < r < \infty)$ 则在

$\xi_n \xrightarrow{P} \xi$ 且 $E|\xi_n|^r \to E|\xi|^r$ 时有 $\{|\xi_n|^r, n\geqslant 1\}$ 为一致可积.

证 首先对任意 $\lambda>0$，可以证明 $\xi_n I_{\{|\xi_n|<\lambda\}} \xrightarrow{P} \xi I_{\{|\xi|<\lambda\}}$. 事实上，因为对 $\forall\ \varepsilon>0$，有 $P[|\xi_n-\xi|>\varepsilon]_0 \longrightarrow 0$. 但

$$
\begin{aligned}
[|\xi_n-\xi|>\varepsilon]_0 &= [\cdots]_0\cdot(\{|\xi_n|<\lambda,|\xi|<\lambda\}_1+\{\cdots\}_1^c)\\
&= [\cdots]_0\{\cdots\}_1+[\cdots]_0\cdot\{\cdots\}_1^c\\
&= \left[|\xi_n I_{\{|\xi_n|<\lambda\}}-\xi I_{\{|\xi|<\lambda\}}|>\varepsilon\right]_1+[\cdots]_0\{\cdots\}_1^c
\end{aligned}
$$

从而亦有 $P[\cdots]_1 \longrightarrow 0$.

其次对 ξ，总可找到任意大的满足 $P[|\xi|=\lambda]=0$ 的 λ. 对这样的 λ，因为 $\xi_n I_{[|\xi_n|<\lambda]} \xrightarrow{P} \xi I_{[|\xi|<\lambda]}$ 及 $|\xi_n\cdot I_{[|\xi_n|<\lambda]}|^r<\lambda^r(n\geqslant 1)$，故由定理5(iii)知 $\left\{|\xi_n I_{\{|\xi_n|<\lambda\}}|^r, n\geqslant 1\right\}$ 为 u.i.，继而由定理7知 $E|\xi_n I_{\{|\xi_n|<\lambda\}}-\xi I_{\{|\xi|<\lambda\}}|^r \xrightarrow[n\to\infty]{} 0$. 由此依定理3知 $E|\xi_n I_{\{|\xi_n|<\lambda\}}|^r \longrightarrow E|\xi I_{\{|\xi|<\lambda\}}|^r$，即 $E|\xi_n|^r I_{\{|\xi_n|<x\}} \longrightarrow E|\xi|^r I_{\{|\xi|<\lambda\}}$.

又知

$$
\begin{aligned}
E|\xi_n|^r = E|\xi_n|^r I_{\{|\xi_n|<\lambda\}} + E|\xi_n|^r I_{\{|\xi_n|\geqslant\lambda\}} \longrightarrow\\
E|\xi|^r I_{\{|\xi|<\lambda\}} + E|\xi|^r I_{\{|\xi|\geqslant\lambda\}},
\end{aligned}
$$

因而

$$
E|\xi_n|^r I_{\{|\xi_n|\geqslant\lambda\}} \longrightarrow E|\xi|^r I_{\{|\xi|>\lambda\}}.
$$

这样，对 $\forall\ \varepsilon>0$，可先取 λ_ε 使 $P(|\xi|=\lambda_\varepsilon)=0$ 且 $E|\xi|^r I_{\{|\xi|\geqslant\lambda_\varepsilon\}}<\frac{\varepsilon}{2}$，于是就有 $n_0\geqslant 1$，使 $n\geqslant n_0$ 时有 $E|\xi_n|^r I_{\{|\xi_n|\geqslant\lambda_\varepsilon\}}\leqslant\varepsilon$. 对有限的r.v.族 $\{|\xi_n|^r: 1\leqslant n<n_0\}$ 再取 $\lambda'_\varepsilon>0$，使 $\sup\limits_{1\leqslant n<n_0} E|\xi_n|^r I_{\{|\xi_n|\geqslant\lambda'_\varepsilon\}}<\varepsilon$. 因而当 $\lambda\geqslant\max(\lambda_\varepsilon,\lambda'_\varepsilon)$ 时便有 $\sup\limits_{n\geqslant 1} E|\xi_n|^r I_{\{|\xi_n|\geqslant\lambda\}}<\varepsilon$. 这表明 $\{|\xi_n|^r, n\geqslant 1\}$ 为 u.i. 证毕.

系3. $X_n \xrightarrow{L_r} X \Leftrightarrow X_n \xrightarrow{P} X$ 且 $E|X_n|^r \longrightarrow E|X|^r$.

证 $\Rightarrow$由定理3得；$\Leftarrow$借定理8、7得出.

定理9(一致可积的又一充要条件)

$\{X_n, n\geqslant 1\}$ 为 u.i. $\Leftrightarrow$有定义于$[0,\infty)$上的 $G(t)$，满足

$$\begin{cases} G(t) > 0, \\ \lim\limits_{t\to\infty}\dfrac{G(t)}{t} = \infty, \\ \{G(|X_n|): n \geqslant 1\} \text{ 为 } L_1 \text{ 有界 } [\sup\limits_{n\geqslant 1} EG(|X_n|) < \infty]. \end{cases}$$

证 $\Leftarrow$：对 $\forall\ \varepsilon > 0$，令 $a = \dfrac{1}{\varepsilon}\sup\limits_{n\geqslant 1} EG(|X_n|)$. 再选 C 充分大使当 $t \geqslant C$ 时有 $\dfrac{G(t)}{t} \geqslant a$. 于是在集合 $\{|X_n| \geqslant C\}$ 上，有 $|X_n| \leqslant \dfrac{G(|X_n|)}{a}$，对每个 $n \geqslant 1$ 成立 . 因此对 $n \geqslant 1$ 皆有 $\int\limits_{|X_n|\geqslant C} |X_n| \leqslant \dfrac{1}{a}\int\limits_{|X_n|\geqslant C} G(|X_n|) \leqslant \dfrac{1}{a}\int\limits_{\Omega} G(|X_n|) \leqslant \dfrac{1}{a}\cdot\sup\limits_{n\geqslant 1} EG(|X_n|) = \varepsilon$. 故有

$$\sup_{n\geqslant 1}\int\limits_{|X_n|\geqslant C} |X_n| \leqslant \varepsilon, \text{即} \{X_n, n \geqslant 1\} \text{ 为 u.i.}$$

$\Rightarrow$：由于 $\{X_n, n\geqslant 1\}$ 为 u.i.，故可选到单增至 $+\infty$ 的正整数列 $\{C_k\}$，使得

$$\sup_{n\geqslant 1}\int\limits_{|X_n|\geqslant C_k} |X_n| \leqslant \frac{1}{2^k}. \tag{5}$$

故对每个 $n\geqslant 1$，有

$$\begin{aligned} \frac{1}{2^k} &\geqslant \int\limits_{|X_n|>C_k} |X_n| = \sum_{m=C_k}^{\infty} \int\limits_{[m<|X_n|\leqslant m+1]} |X_n| \\ &\geqslant \sum_{m=C_k}^{\infty} m\cdot P[m < |X_k| \leqslant m+1] \\ &= \sum_{m=C_k}^{\infty} m\cdot\{P[|X_n| > m] - P[|X_n| > m+1]\} \\ &\geqslant \sum_{m=C_k}^{\infty} P[|X_n| > m], \end{aligned} \tag{6}$$

从而，对每个 $n\geqslant 1$ 有

$$\sum_{k=1}^{\infty}\sum_{m=C_k}^{\infty} P[|X_n| > m] \leqslant \sum_{k=1}^{\infty}\frac{1}{2^k} = 1. \tag{7}$$

但（把下式左方按阵列表示即见）

$$\sum_{k=1}^{\infty}\sum_{m=C_k}^{\infty}P[|X_n|>m]=\sum_{m=1}^{\infty}g_m\cdot P[|X_n|>m], \tag{8}$$

其中 $g_m=\sum_{k=1}^{\infty}I_{(C_k\leqslant m)}=$集$\{k:C_k\leqslant m\}$内的元素个数. 显然当 $m\uparrow\infty$ 时 $g_m\uparrow\infty$. 定义

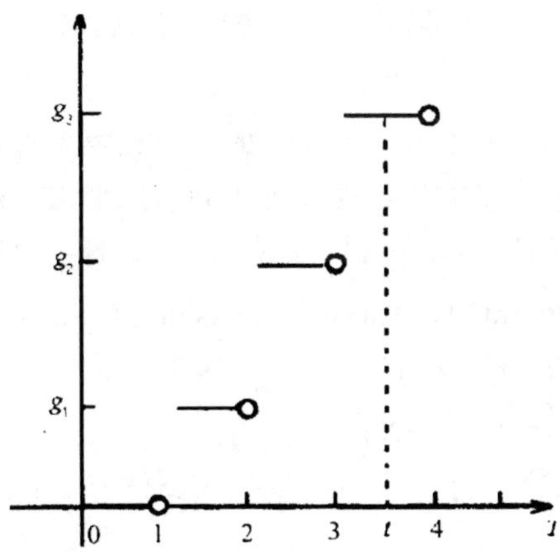

$$g(t)=\sum_{m=0}^{\infty}g_m\cdot I_{(m,m+1]}(t),t\in[0,\infty)$$

$$G(t)=\int_0^t g(s)\mathrm{d}s$$

=直线 $T=t$ 左方的阶梯形曲线与 T 轴所围的面积.

易见(因 $g_m\uparrow\infty$,当 $m\uparrow\infty$)

$$\frac{G(t)}{t}\xrightarrow[t\to\infty]{}\infty.$$

此外对每个 $n\geqslant1$有(注意 $g_0=0$与(7)、(8))

$$EG(|X_n|)=\int_{\bigcup\limits_{k=0}^{\infty}[k<|X_n|\leqslant k+1]}G(|X_n|)=\sum_{k=0}^{\infty}\int_{[k<|X_n|\leqslant k+1]}G(|X_n|)$$

$$=\sum_{k=0}^{\infty}\int_{[k<|X_n|\leqslant k+1]}\left\{\sum_{i=1}^{k-1}g_i+g_k\cdot(|X_n|-k)\right\}$$

$$\leqslant \sum_{k=0}^{\infty}\left(\sum_{i=1}^{k} g_i\right)\cdot P[k<|X_n|\leqslant k+1]$$

$$=\sum_{k=1}^{\infty} g_k P[|X_n|>k]\leqslant 1,$$

从而$\sup\limits_{n\geqslant 1} EG(|X_n|)<\infty$. 证毕.

系4. 当$\sup\limits_{n\geqslant 1} E|X_n|^{1+\delta}<\infty$时($\delta>0$),$\{X_n,n\geqslant 1\}$为 u.i..

证 取$G(t)=|t|^{1+\delta}$,即明.

注 顺便提及,一族 r.v. 为 u.i. 的另一充要条件是:该族为弱紧,即族中每列 r.v.,含有弱收敛的子列[序列$\{X_n,n\geqslant 1\}$弱收敛于 X,即对每个有界 r.v. Y,有$\lim\limits_{n\to\infty} EX_n\cdot Y=EXY$(见 Meyer,P·A·, Probobility and Potential, Blaisdell Publishing Company, 1966).]

定理10 对$0<r'<r$,有

(i)$X_n \xrightarrow{L_r} X \Rightarrow X_n \xrightarrow{L_{r'}} X$;

(ii)$\{|X_n|^r,n\geqslant 1\}$为 u.i. $\Rightarrow \{|X_n|^{r'},n\geqslant 1\}$为 u.i..

证 (i)因为

$$X_n \xrightarrow{L_r} X \overset{\text{定理7}}{\Longleftrightarrow} \begin{cases}\{|X_n|^r,n\geqslant 1\}\text{为 u.i.}\\ X_n \xrightarrow{P} X\end{cases} \qquad (*_1)$$

$$\overset{\text{定理6}}{\Longleftrightarrow} \begin{cases}|X_n|^r\text{ 为一致 } P \text{ 绝对连续;}\\ |X_n|^r\text{ 为 } L_1\text{有界,即}\sup\limits_n\int_\Omega |X_n|^r<\infty.\end{cases} \qquad (*_2)$$

而$\left.\begin{matrix}(*_1)\\(*_2)\end{matrix}\right\}\overset{\text{系1}}{\Rightarrow} X_n \xrightarrow{L_{r'}} X.$

(ii)因为

$$\{|X_n|^r,n\geqslant 1\}\text{为 u.i.}\Leftrightarrow \begin{cases}|X_n|^r\text{ 为一致 } P \text{ 绝对连续;}\\ |X_n|^r\text{ 为 } L_1\text{有界:}\sup\int_\Omega |X_n|^r<\infty\end{cases} \qquad (*_2)$$

而$(*_2)\Rightarrow\{|X_n|^{r'},n\geqslant 1\}$为 u.i.

(由$\int_{|X_n|\geqslant a}|X_n|^{r'}\leqslant \frac{1}{a^{r-r'}}\int_{|X_n|\geqslant a}|X_n|^r$,两端皆取$\sup\limits_{n\geqslant 1}$,后令$a\to\infty$即明.)证毕.

参 考 文 献

[1] Y. S. Chow & H. Teicher, Probability Theory, 2nd edition, Springer-Verlag, New York, 1988.

[2] W. F. Stout, Almost Sure Convergence, Academic Press, New York, 1974.

[3] P. Hall & C. C. Heyde Martingale Limit Theory and Its Application, Academic Press, New York, 1980.

[4] R. G. Laha & V. K. Rohatgi, Probability Theory, John Wiley & Sons, New York, 1979.

[5] 王梓坤,随机过程论,科学出版社,北京,1978.

[6] 王寿仁,概率论基础与随机过程,科学出版社,北京,1997.

[7] 程士宏,高等概率论,北京大学出版社,1996.

[8] G. H. 哈代等,不等式,科学出版社,1965.

[9] Г. М. 菲赫金哥尔茨,微积分学教程,人民教育出版社,1964.

[10] P. R. 哈尔摩斯,测度论,科学出版社,1965.

[11] M. Rosenblatt, Random Processes, Springer-Verlag, New York, 1974.

内 容 索 引

《现代数学基础丛书》已出版书目

31　仿微分算子引论　1990.2　陈恕行　仇庆久　李成章　编
32　公理集合论导引　1991.1　张锦文　著
33　解析数论基础　1991.2　潘承洞　潘承彪　著
34　二阶椭圆型方程与椭圆型方程组　1991.4　陈亚浙　吴兰成　著
35　黎曼曲面　1991.4　吕以辇　张学莲　著
36　复变函数逼近论　1992.3　沈燮昌　著
37　Banach 代数　1992.11　李炳仁　著
38　随机点过程及其应用　1992.12　邓永录　梁之舜　著
39　丢番图逼近引论　1993.4　朱尧辰　王连祥　著
40　线性整数规划的数学基础　1995.2　马仲蕃　著
41　单复变函数论中的几个论题　1995.8　庄圻泰　杨重骏　何育赞　闻国椿　著
42　复解析动力系统　1995.10　吕以辇　著
43　组合矩阵论(第二版)　2005.1　柳柏濂　著
44　Banach 空间中的非线性逼近理论　1997.5　徐士英　李　冲　杨文善　著
45　实分析导论　1998.2　丁传松　李秉彝　布　伦　著
46　对称性分岔理论基础　1998.3　唐　云　著
47　Gel'fond-Baker 方法在丢番图方程中的应用　1998.10　乐茂华　著
48　随机模型的密度演化方法　1999.6　史定华　著
49　非线性偏微分复方程　1999.6　闻国椿　著
50　复合算子理论　1999.8　徐宪民　著
51　离散鞅及其应用　1999.9　史及民　编著
52　惯性流形与近似惯性流形　2000.1　戴正德　郭柏灵　著
53　数学规划导论　2000.6　徐增堃　著
54　拓扑空间中的反例　2000.6　汪　林　杨富春　编著
55　序半群引论　2001.1　谢祥云　著
56　动力系统的定性与分支理论　2001.2　罗定军　张　祥　董梅芳　著
57　随机分析学基础(第二版)　2001.3　黄志远　著
58　非线性动力系统分析引论　2001.9　盛昭瀚　马军海　著
59　高斯过程的样本轨道性质　2001.11　林正炎　陆传荣　张立新　著
60　光滑映射的奇点理论　2002.1　李养成　著
61　动力系统的周期解与分支理论　2002.4　韩茂安　著
62　神经动力学模型方法和应用　2002.4　阮　炯　顾凡及　蔡志杰　编著
63　同调论——代数拓扑之一　2002.7　沈信耀　著
64　金兹堡-朗道方程　2002.8　郭柏灵　黄海洋　蒋慕容　著

65　排队论基础　2002.10　孙荣恒　李建平　著
66　算子代数上线性映射引论　2002.12　侯晋川　崔建莲　著
67　微分方法中的变分方法　2003.2　陆文端　著
68　周期小波及其应用　2003.3　彭思龙　李登峰　谌秋辉　著
69　集值分析　2003.8　李　雷　吴从炘　著
70　强偏差定理与分析方法　2003.8　刘　文　著
71　椭圆与抛物型方程引论　2003.9　伍卓群　尹景学　王春朋　著
72　有限典型群子空间轨道生成的格(第二版)　2003.10　万哲先　霍元极　著
73　调和分析及其在偏微分方程中的应用(第二版)　2004.3　苗长兴　著
74　稳定性和单纯性理论　2004.6　史念东　著
75　发展方程数值计算方法　2004.6　黄明游　编著
76　传染病动力学的数学建模与研究　2004.8　马知恩　周义仓　王稳地　靳　祯　著
77　模李超代数　2004.9　张永正　刘文德　著
78　巴拿赫空间中算子广义逆理论及其应用　2005.1　王玉文　著
79　巴拿赫空间结构和算子理想　2005.3　钟怀杰　著
80　脉冲微分系统引论　2005.3　傅希林　闫宝强　刘衍胜　著
81　代数学中的 Frobenius 结构　2005.7　汪明义　著
82　生存数据统计分析　2005.12　王启华　著
83　数理逻辑引论与归结原理(第二版)　2006.3　王国俊　著
84　数据包络分析　2006.3　魏权龄　著
85　代数群引论　2006.9　黎景辉　陈志杰　赵春来　著
86　矩阵结合方案　2006.9　王仰贤　霍元极　麻常利　著
87　椭圆曲线公钥密码导引　2006.10　祝跃飞　张亚娟　著
88　椭圆与超椭圆曲线公钥密码的理论与实现　2006.12　王学理　裴定一　著
89　散乱数据拟合的模型、方法和理论　2007.1　吴宗敏　著
90　非线性演化方程的稳定性与分歧　2007.4　马　天　汪宁宏　著
91　正规族理论及其应用　2007.4　顾永兴　庞学诚　方明亮　著
92　组合网络理论　2007.5　徐俊明　著
93　矩阵的半张量积:理论与应用　2007.5　程代展　齐洪胜　著
94　鞅与 Banach 空间几何学　2007.5　刘培德　著
95　非线性常微分方程边值问题　2007.6　葛渭高　著
96　戴维-斯特瓦尔松方程　2007.5　戴正德　蒋慕蓉　李栋龙　著
97　广义哈密顿系统理论及其应用　2007.7　李继彬　赵晓华　刘正荣　著
98　Adams 谱序列和球面稳定同伦群　2007.7　林金坤　著

99 矩阵理论及其应用 2007.8 陈公宁 编著
100 集值随机过程引论 2007.8 张文修 李寿梅 汪振鹏 高 勇 著
101 偏微分方程的调和分析方法 2008.1 苗长兴 张 波 著
102 拓扑动力系统概论 2008.1 叶向东 黄 文 邵 松 著
103 线性微分方程的非线性扰动(第二版) 2008.3 徐登洲 马如云 著
104 数组合地图论(第二版) 2008.3 刘彦佩 著
105 半群的 S–系理论(第二版) 2008.3 刘仲奎 乔虎生 著
106 巴拿赫空间引论(第二版) 2008.4 定光桂 著
107 拓扑空间论(第二版) 2008.4 高国士 著
108 非经典数理逻辑与近似推理(第二版) 2008.5 王国俊 著
109 非参数蒙特卡罗检验及其应用 2008.8 朱力行 许王莉 著
110 Camassa-Holm 方程 2008.8 郭柏灵 田立新 杨灵娥 殷朝阳 著
111 环与代数(第二版) 2009.1 刘绍学 郭晋云 朱 彬 韩 阳 著
112 泛函微分方程的相空间理论及应用 2009.4 王 克 范 猛 著
113 概率论基础(第二版) 2009.8 严士健 王隽骧 刘秀芳 著
114 自相似集的结构 2010.1 周作领 瞿成勤 朱智伟 著
115 现代统计研究基础 2010.3 王启华 史宁中 耿 直 主编
116 图的可嵌入性理论(第二版) 2010.3 刘彦佩 著
117 非线性波动方程的现代方法(第二版) 2010.4 苗长兴 著
118 算子代数与非交换 L_p 空间引论 2010.5 许全华 吐尔德别克 陈泽乾 著
119 非线性椭圆型方程 2010.7 王明新 著
120 流形拓扑学 2010.8 马 天 著
121 局部域上的调和分析与分形分析及其应用 2011.4 苏维宜 著
122 Zakharov 方程及其孤立波解 2011.6 郭柏灵 甘在会 张景军 著
123 反应扩散方程引论(第二版) 2011.9 叶其孝 李正元 王明新 吴雅萍 著
124 代数模型论引论 2011.10 史念东 著
125 拓扑动力系统——从拓扑方法到遍历理论方法 2011.12 周作领 尹建东 许绍元 著
126 Littlewood-Paley 理论及其在流体动力学方程中的应用 2012.3 苗长兴 吴家宏 章志飞 著
127 有约束条件的统计推断及其应用 2012.3 王金德 著
128 混沌、Mel'nikov 方法及新发展 2012.6 李继彬 陈凤娟 著
129 现代统计模型 2012.6 薛留根 著
130 金融数学引论 2012.7 严加安 著
131 零过多数据的统计分析及其应用 2013.1 解锋昌 韦博成 林金官 著

132　分形分析引论　2013.6　胡家信　著
133　索伯列夫空间导论　2013.8　陈国旺　编著
134　广义估计方程估计方程　2013.8　周　勇　著
135　统计质量控制图理论与方法　2013.8　王兆军　邹长亮　李忠华　著
136　有限群初步　2014.1　徐明曜　著
137　拓扑群引论(第二版)　2014.3　黎景辉　冯绪宁　著
138　现代非参数统计　2015.1　薛留根　著